LangChain
大模型应用开发

[英] 本·奥法斯(Ben Auffarth)　　著

郭涛　　　　　　　　　　　译

清華大學出版社

北　京

北京市版权局著作权合同登记号　图字：01-2024-3384

图书在版编目（CIP）数据

LangChain 大模型应用开发 / (英) 本·奥法斯
(Ben Auffarth) 著；郭涛译. -- 北京：清华大学出版社，
2025. 1. -- ISBN 978-7-302-67729-1

Ⅰ. TP311.561

中国国家版本馆 CIP 数据核字第 2024AQ0586 号

责任编辑：王　军
封面设计：高娟妮
版式设计：恒复文化
责任校对：成凤进
责任印制：沈　露

出版发行：清华大学出版社
　　　　　网　　址：https://www.tup.com.cn，https://www.wqxuetang.com
　　　　　地　　址：北京清华大学学研大厦 A 座　　　　邮　　编：100084
　　　　　社 总 机：010-83470000　　　　　　　　　　邮　　购：010-62786544
　　　　　投稿与读者服务：010-62776969，c-service@tup.tsinghua.edu.cn
　　　　　质 量 反 馈：010-62772015，zhiliang@tup.tsinghua.edu.cn
印 装 者：北京同文印刷有限责任公司
经　　销：全国新华书店
开　　本：170mm×240mm　　印　　张：16.25　　字　　数：347 千字
版　　次：2025 年 1 月第 1 版　　印　　次：2025 年 1 月第 1 次印刷
定　　价：79.80 元

产品编号：105021-01

译 者 序

　　大模型的出现和落地开启了人工智能(AI)新一轮的信息技术革命，改变了人们的生活方式、工作方式和思维方式。大模型的落地需要数据、算力和算法三大要素。经过几年发展，大模型的数据集(包括多模态数据集)制作已经形成了规约，Meta、Google 和百度等人工智能公司都有自己的一套数据集标准制作流程。算力方面主要依托 GPU、TPU 等硬件资源进行集群计算(即并行计算)。在算法方面，主要以 Transformer 架构为主流框架，出现了 OpenAI 的 GPT 系列大模型、Meta 的 Llama 系列大模型以及清华大学的 ChatGLM 系列大模型。目前虽然已经有几千个甚至更多的大模型，但要从零开始训练一个大模型，需要很大的财力、物力和资源，个人和一些小团队很难做到。从数据集制作来说，需要几十位数据科学家和工程师构建数据预处理工作流，要安排大量标注人员实现数据标注。从硬件资源来看，训练一个大模型需要几千张甚至更多的 GPU 卡，需要训练几个月甚至更久。从人力资源来看，需要投入十几位计算机科学家、算法工程师和软件工程师，这是很多企业及个人望尘莫及的。

　　通过"七七四十九天炼丹"，大模型出炉了。但也并不意味着可以直接拿来使用，横扫市场，挣得盆满钵满。有了基础大模型，还要根据应用领域、场景和需求，在基础上做微调，使大模型既具备通用知识，又有"专业技能"。接下来，急需一个平台来实现大模型微调、部署、管理、接口设计和应用开发，打造开启大模型时代的钥匙。

　　在这种背景下，在基础大模型基础上形成了微调和提示工程等新的技术范式。同时也出现了大模型应用落地的软件产品，如 LangChain、Ollama、Chatbox、LM Studio、AnythingLLM、LocalAI 和 MaxKB 等，主要用于大模型微调、部署、管理和应用服务开发。这些产品各有特色，要根据自己的业务场景、业务需求和特色选择。本书主要讨论 LangChain，它提供了一个完整的生态系统，为开发者带来了一系列核心模块和工具。另外值得一提的是，针对大模型，各个企业研发出了向量数据库，向量数据库可以很好地组织和管理半结构化、非结构化数据，将所有数据以嵌入方式形成向量表示。

　　本书围绕大模型、生成式人工智能、LangChain 等主题，以理论、案例和近几年的技术前沿为主线展开，以代码实现为途径，适合大模型应用开发、人工智能和大数据等领域的学者和工程师阅读，也可以作为非计算机背景人员作为入门大模型应用实战的读物。

在翻译本书的过程中，我查阅了大量的经典著(译)作，也得到了很多人的帮助。感谢本书的审校者——电子科技大学外国语学院研究生相思思。最后，感谢清华大学出版社的编辑，他们做了大量的编辑与校对工作，保证了本书的质量，使得本书符合出版要求。在此深表谢意。

由于本书涉及的内容广度和深度较大，加上译者翻译水平有限，在翻译过程中难免有不足之处，若各位读者在阅读过程中发现问题，欢迎批评指正。

译者

译 者 简 介

　　郭涛，主要从事人工智能、智能计算、概率与统计学、现代软件工程等前沿技术的交叉研究。出版多部译作，包括《OpenAI API 编程实践 III(Java 版)》《Python 预训练视觉和大语言模型》《概率图模型原理与应用(第 2 版)》。

作 者 简 介

　　Ben Auffarth 是一位经验丰富的数据科学领导者，拥有计算神经科学博士学位。Ben 分析过 TB 级数据，在核数多达 64k 的超级计算机上模拟过大脑活动，设计并开展过湿法实验室实验，构建过处理承保应用的生产系统，并在数百万文档上训练过神经网络。他著有 *Machine Learning for Time Series* 和 *Artificial Intelligence with Python Cookbook* 两本书，现于 Hastings Direct 从事保险工作。

撰稿人简介

Leonid Ganeline 是一名机器学习工程师，在自然语言处理方面拥有丰富的经验。他曾在多家初创公司工作，创建模型和生产系统。他是 LangChain 和其他几个开源项目的积极贡献者。他的兴趣是模型评估，特别是大规模语言模型评估。

审校者简介

Ruchi Bhatia 是一名计算机工程师，拥有卡内基梅隆大学信息系统管理硕士学位。目前，她在惠普公司担任产品营销经理，在快速发展的数据科学和人工智能领域发挥自己的一技之长。作为 Kaggle 的 Notebooks，Datasets and Discussion(笔记、数据集和讨论)类别中最年轻的三连冠顶级大师，她为此感到自豪。她曾在 OpenMined 担任数据科学负责人，带领数据科学家团队创造出创新而有影响力的解决方案。

致　　谢

　　创作本书是一段漫长(甚至是艰难)的旅程，但也是一段激动人心的旅程。我非常感谢几位关键人物的贡献，他们的贡献让本书更加丰富多彩。首先，我衷心感谢 Leo，他富有洞察力的反馈意见极大地完善了本书。同样让我感到高兴的还有我睿智的编辑们——Tanya、Elliot 和 Kushal。他们的努力超出了我的预期。尤其是 Tanya，她在指导我写作的过程中发挥了重要作用，不断地督促我理清思路，对成书产生了重要影响。

Ben Auffarth

　　我要感谢我的父母，感谢他们教会我如何理性思考；还要感谢我的妻子，感谢她支持我的工作。

Leonid Ganeline

　　我想借此机会向我的父母表示衷心的感谢。在我的人生旅途中，他们给予我坚定的支持和鼓励，这对我来说弥足珍贵。如果没有他们对我能力的信任和长期的指导，我不可能取得今天的成就。爸爸妈妈，谢谢你们一直陪在我身边。

Ruchi Bhatia

前　言

在充满活力、飞速发展的人工智能领域，生成式人工智能作为一股颠覆性力量脱颖而出，它将改变我们与技术的交互方式。本书是对**大规模语言模型(Large Language Model，LLM)**(推动这一变革的强大引擎)这一错综复杂的世界的一次探险，旨在让开发人员、研究人员和人工智能爱好者掌握利用这些工具所需要的知识。

探究深度学习的奥秘，让非结构化数据焕发生机，了解 GPT-4 等大规模语言模型如何为人工智能影响企业、社会和个人开辟道路。随着科技行业和媒体对这些模型的能力和潜力的热切关注，现在正是探索它们如何发挥作用、蓬勃发展并推动我们迈向未来的大好时机。

这本书就像你的指南针，指引你理解支撑大规模语言模型的技术框架。本书提供了一个引子，让你了解它们的广泛应用、基础架构的精巧以及其存在的强大意义。本书面向不同的读者，从初涉人工智能领域的人到经验丰富的开发人员。我们将理论概念与实用的、代码丰富的示例融为一体，让你不仅从知识上掌握大规模语言模型，还能创造性地、负责任地应用大规模语言模型。

当我们一起踏上这段旅程时，让我们做好准备，塑造此时此刻正在展开的人工智能生成叙事，同时也被它所塑造——在这一叙事中，你将用知识和远见武装自己，站在这一令人振奋的技术演进的最前沿。

读者对象

本书面向开发人员、研究人员以及其他任何有兴趣进一步了解大规模语言模型的人。本书的编写简洁明了，包含大量代码示例，你可以边做边学。

无论是初学者还是经验丰富的开发人员，对于任何想要充分利用大规模语言模型并在大规模语言模型和 LangChain 方面保持领先的人来说，这本书都将是宝贵的资源。

主要内容

第 1 章介绍了以深度学习为核心的生成式人工智能如何彻底改变了文本、图像和视频的处理方式。该章介绍了大规模语言模型等生成式模型，详细介绍了它们的技术基础和在各个领域的变革潜力；涵盖了这些模型背后的理论，重点介绍了神经网络和训练方法，以及类人内容的创建。该章概述了人工智能的演变、Transformer 架构、文本到图像模型(如 Stable Diffusion)，并涉及声音和视频应用。

第 2 章揭示了超越大规模语言模型随机鹦鹉(模仿语言但无法真正理解语言的模型)的必要性。针对过时的知识、行动限制和幻觉风险等局限性,该章重点介绍了 LangChain 如何集成外部数据和干预措施,以实现更连贯的人工智能应用。该章批判性地探讨了随机鹦鹉的概念,揭示了产生流畅但无意义语言的模型缺陷,并阐述了提示、思维链推理和检索增强生成是如何改善大规模语言模型以解决语境、偏差和不透明等问题。

第 3 章介绍了基础知识,帮助设置运行书中所有示例的环境。该章首先介绍了 Docker、Conda、Pip 和 Poetry 的安装指南,然后详细介绍了如何集成 OpenAI 的 ChatGPT 和 Hugging Face 等不同提供商的模型,包括获取必要的 API 密钥。该章还讨论了在本地运行开源模型的问题。最后,该章将构建一个大规模语言模型应用程序来协助客户服务智能体,以实例说明 LangChain 如何简化操作并提高响应的准确性。

第 4 章通过加入事实核查来减少虚假信息,采用复杂的提示策略进行总结,整合外部工具来增强知识,从而将大规模语言模型转变为可靠的助手。该章探讨了用于信息提取的密度链(Chain of Density),以及用于自定义行为的 LangChain 装饰器和表达语言。该章还介绍了 LangChain 中处理长文档的 map-reduce,并讨论了管理 API 使用成本的词元数监控。

该章着眼于实现一个 Streamlit 应用程序来创建交互式大规模语言模型应用程序,并利用函数调用和工具的使用来超越基本的文本生成。该章介绍了两种不同的智能体范式——规划-求解(plan-and-solve)和零样本(zero-shot)——以演示决策策略。

第 5 章深入探讨了利用**检索增强生成**(Retrieval-Augmented Generation,RAG)来增强聊天机器人的能力,这种方法可让大规模语言模型获取外部知识,提高其准确性和特定领域的熟练程度。该章讨论了文档向量化、高效索引以及使用 Milvus 和 Pinecone 等向量数据库进行语义搜索。我们实现了一个聊天机器人,结合调节链来确保负责任的沟通。这个聊天机器人可以在 GitHub 上找到,它是探索对话记忆和上下文管理等高级主题的基础。

第 6 章探讨了大规模语言模型在软件开发中的新兴作用,强调了人工智能在自动编码任务和充当动态编码助手方面的潜力。该章探讨了人工智能驱动的软件开发现状,用模型进行实验以生成代码片段,并介绍了使用 LangChain 智能体来自动化软件设计开发。对智能体性能的批判性反思强调了人类监督对减少错误和复杂设计的重要性,为人工智能和人类开发人员共生合作的未来奠定了基础。

第 7 章探讨了生成式人工智能与数据科学的交集,强调了大规模语言模型在提高生产力和推动科学发现方面的潜力。该章概述了当前通过 AutoML 实现数据科学自动化的范围,并将大规模语言模型与增强数据集和生成可执行代码等高级任务相结合,扩展了 AutoML 数据学科自动化概念。该章还介绍了使用大规模语言模型进行探索性数据分析、运行 SQL 查询和可视化统计数据的实用方法。最后,智能体和工具的使用展示了大规模语言模型如何解决以数据为中心的复杂问题。

第 8 章深入探讨了微调和提示工程等调节技术，这些技术对于定制大规模语言模型性能以适应复杂的推理和专业任务至关重要。该章对微调(fine-tuning)和提示工程(prompting)进行了解读。微调是指根据特定任务的数据对大规模语言模型进行进一步训练，而提示工程则是指战略性地引导大规模语言模型生成所需要的输出。该章还实施了高级提示策略，如少样本学习(few-shot learning)和思维链(chain-of-thought)，以增强大规模语言模型的推理能力。该章不仅提供了微调和提示工程的具体实例，还讨论了大规模语言模型的未来发展及领域应用。

第 9 章探讨了在实际应用中部署大规模语言模型的复杂性，涵盖了确保性能、满足监管要求、规模稳健性和有效监控的最佳实践。该章强调了评估、可观察性和系统化操作的重要性，以使生成式人工智能在客户参与和具有财务后果的决策中受益。该章还概述了利用 Fast API、Ray 等工具以及 LangServe 和 LangSmith 等新工具部署和持续监控大规模语言模型应用程序的实用策略。这些工具可以提供自动评估和衡量标准，支持各部门负责任地采用生成式人工智能。

第 10 章探讨了生成式人工智能的潜在进步和社会技术挑战，探讨了这些技术对经济和社会的影响，讨论了工作取代、虚假信息及人类价值一致性等伦理问题。在各行各业为人工智能引发的颠覆性变革做好准备之际，本章反思了企业、立法者和技术专家建立有效治理框架的责任。该章还强调了引导人工智能发展以增强人类潜能的重要性，同时解决了深度伪造、偏见和人工智能武器化等风险；还强调了透明度、道德部署和公平使用的紧迫性，以积极引导生成式人工智能革命。

充分利用本书

要充分受益于本书所提供的价值，至少需要对 Python 的基本知识有一个了解。此外，掌握一些机器学习或神经网络的基础知识也会有所帮助，但这并不是必需的。请务必遵守第 3 章 3.1 节中设置的 Python 环境说明，并获取 OpenAI 和其他提供商的访问密钥。

notebook 和项目使用方式

本书的代码托管在 GitHub 上，网址是 https://github.com/benman1/generative_ai_with_langchain。在该仓库中，你可以找到每一章目录，其中包含了本书中需要的 notebook 和项目。也可扫描封底二维码下载本书源代码。如前所述，在使用代码之前，请确保按照第 3 章所述的说明安装必要的依赖项。如果你有任何问题或疑虑，请在 Discord 上提问或在 GitHub 上提交问题。

下载彩色图片

我们还提供了一个 PDF 文件，其中包含本书所用截图/图表的彩色图片。可扫描封底的二维码下载。

文本约定

本书中使用了一些文本约定。

CodeInText(文本代码)：表示文本、数据库表名、文件夹名、文件名、文件扩展名、路径名、虚拟 URL、用户输入和 Twitter 句柄中的代码词。例如"将下载的 WebStorm-10*.dmg 磁盘镜像文件挂载到系统中的另一个磁盘"。

代码块设置如下：

```
from langchain.chains import LLMCheckerChain
from langchain.llms import OpenAI

llm = OpenAI(temperature=0.7)

text = "What type of mammal lays the biggest eggs?"
```

当我们希望你注意代码块中的特定部分时，相关的行或项会以粗体显示：

```
from pandasai.llm.openai import OpenAI
llm = OpenAI(api_token="YOUR_API_TOKEN")

pandas_ai = PandasAI(llm)
```

任何命令行输入或输出的写法如下：

```
pip install -r requirements.txt
```

目　　录

第1章　什么是生成式人工智能 ……… 1
1.1　生成式人工智能简介 ……… 1
　　1.1.1　什么是生成式模型 …… 4
　　1.1.2　为什么是现在 ……… 5
1.2　了解大规模语言模型 ……… 6
　　1.2.1　GPT 模型是如何工作的 …… 7
　　1.2.2　GPT 模型是如何发展的 …… 12
　　1.2.3　如何使用大规模语言模型 …… 17
1.3　什么是文本到图像模型 …… 18
1.4　人工智能在其他领域的作用 …… 22
1.5　小结 ……… 23
1.6　问题 ……… 23

第2章　面向大规模语言模型
　　　　应用程序：LangChain …… 25
2.1　超越随机鹦鹉 ……… 25
　　2.1.1　大规模语言模型的局限性 …… 27
　　2.1.2　如何减少大规模语言模型
　　　　　 的局限性 ……… 27
　　2.1.3　什么是大规模语言模型
　　　　　 应用程序 ……… 28
2.2　LangChain 简介 ……… 30
2.3　探索 LangChain 的关键组件 …… 33
　　2.3.1　链 ……… 33
　　2.3.2　智能体 ……… 34
　　2.3.3　记忆 ……… 35
　　2.3.4　工具 ……… 36
2.4　LangChain 如何工作 ……… 38
2.5　LangChain 软件包结构 …… 40

2.6　LangChain 与其他框架
　　　的比较 ……… 41
2.7　小结 ……… 43
2.8　问题 ……… 44

第3章　LangChain 入门 ……… 45
3.1　如何为本书设置依赖 ……… 46
3.2　探索 API 模型集成 ……… 49
　　3.2.1　环境设置和 API 密钥 …… 50
　　3.2.2　OpenAI ……… 51
　　3.2.3　Hugging Face ……… 52
　　3.2.4　谷歌云平台 ……… 53
3.3　大规模语言模型交互基石 …… 54
　　3.3.1　大规模语言模型 ……… 54
　　3.3.2　模拟大规模语言模型 …… 55
　　3.3.3　聊天模型 ……… 56
　　3.3.4　提示 ……… 57
　　3.3.5　链 ……… 59
　　3.3.6　LangChain 表达式语言 …… 60
　　3.3.7　文本到图像 ……… 61
　　3.3.8　Dall-E ……… 61
　　3.3.9　Replicate ……… 63
　　3.3.10　图像理解 ……… 64
3.4　运行本地模型 ……… 65
　　3.4.1　Hugging Face transformers …… 66
　　3.4.2　llama.cpp ……… 68
　　3.4.3　GPT4All ……… 69
3.5　构建客户服务应用程序 ……… 70
　　3.5.1　情感分析 ……… 70
　　3.5.2　文本分类 ……… 71

3.5.3 生成摘要 ·············· 72
3.5.4 应用 map-reduce ········ 73
3.5.5 监控词元使用情况 ······ 76
3.6 小结 ······················ 77
3.7 问题 ······················ 77

第4章 构建得力助手 ·········· 79
4.1 使用工具回答问题 ·········· 80
4.1.1 工具使用 ············· 80
4.1.2 定义自定义工具 ········ 81
4.1.3 工具装饰器 ··········· 82
4.1.4 子类化 BaseTool ······· 82
4.1.5 StructuredTool 数据类 ··· 83
4.1.6 错误处理 ············· 84
4.2 使用工具实现研究助手 ······ 85
4.3 探索推理策略 ············· 89
4.4 从文件中提取结构化信息 ··· 95
4.5 通过事实核查减少幻觉 ···· 100
4.6 小结 ···················· 102
4.7 问题 ···················· 102

第5章 构建类似 ChatGPT
的聊天机器人 ········· 103
5.1 什么是聊天机器人 ········· 104
5.2 从向量到 RAG ············ 105
5.2.1 向量嵌入 ············ 106
5.2.2 在 LangChain 中的嵌入 ······ 107
5.2.3 向量存储 ············ 109
5.2.4 向量索引 ············ 110
5.2.5 向量库 ·············· 111
5.2.6 向量数据库 ·········· 112
5.2.7 文档加载器 ·········· 117
5.2.8 LangChain 中的检索器 ····· 118
5.3 使用检索器实现
聊天机器人 ············· 120
5.3.1 文档加载器 ·········· 121
5.3.2 向量存储 ············ 122

5.3.3 对话记忆：保留上下文 ······· 125
5.4 调节响应 ················ 130
5.5 防护 ···················· 131
5.6 小结 ···················· 132
5.7 问题 ···················· 132

第6章 利用生成式人工智能
开发软件 ············· 133
6.1 软件开发与人工智能 ······ 134
6.2 使用大规模语言模型
编写代码 ··············· 138
6.2.1 Vertex AI ·········· 138
6.2.2 StarCoder ········· 139
6.2.3 StarChat ·········· 143
6.2.4 Llama 2 ··········· 144
6.2.5 小型本地模型 ········ 145
6.3 自动化软件开发 ·········· 147
6.3.1 实现反馈回路 ········ 149
6.3.2 使用工具 ··········· 152
6.3.3 错误处理 ··········· 154
6.3.4 为开发人员做最后
的润色 ············ 155
6.4 小结 ···················· 157
6.5 问题 ···················· 157

第7章 用于数据科学的大规模
语言模型 ············· 159
7.1 生成式模型对数据科学
的影响 ················· 160
7.2 自动化数据科学 ·········· 162
7.2.1 数据收集 ··········· 163
7.2.2 可视化和 EDA ······· 164
7.2.3 预处理和特征提取 ···· 164
7.2.4 AutoML ··········· 164
7.3 使用智能体回答数据科学
的问题 ················· 166

7.4　使用大规模语言模型
　　　进行数据探索 ················ 169
7.5　小结 ···························· 173
7.6　问题 ···························· 173

**第 8 章　定制大规模语言模型
　　　　　及其输出** ·············· 175
8.1　调节大规模语言模型 ···· 176
8.2　微调 ···························· 180
　8.2.1　微调设置 ··············· 181
　8.2.2　开源模型 ··············· 184
　8.2.3　商业模型 ··············· 187
8.3　提示工程 ····················· 188
　8.3.1　提示技术 ··············· 190
　8.3.2　思维链提示 ··········· 192
　8.3.3　自一致性 ··············· 193
　8.3.4　思维树 ·················· 195
8.4　小结 ···························· 198
8.5　问题 ···························· 198

**第 9 章　生产中的生成式
　　　　　人工智能** ············· 199
9.1　如何让大规模语言模型
　　　应用程序做好生产准备 ····· 200
9.2　如何评估大规模语言模型
　　　应用程序 ···················· 202
　9.2.1　比较两个输出 ········· 204
　9.2.2　根据标准进行比较 ··· 205
　9.2.3　字符串和语义比较 ··· 206
　9.2.4　根据数据集进行评估 ····· 207
9.3　如何部署大规模语言模型

　　　应用程序 ···················· 211
　9.3.1　FastAPI Web 服务 ····· 213
　9.3.2　Ray ······················· 216
9.4　如何观察大规模语言模型
　　　应用程序 ···················· 219
　9.4.1　跟踪响应 ··············· 221
　9.4.2　可观察性工具 ········· 223
　9.4.3　LangSmith ·············· 224
　9.4.4　PromptWatch ·········· 225
9.5　小结 ···························· 227
9.6　问题 ···························· 227

第 10 章　生成式模型的未来 ····· 229
10.1　生成式人工智能的现状 ····· 229
　10.1.1　挑战 ···················· 230
　10.1.2　模型开发的趋势 ········ 231
　10.1.3　大科技公司与小企业 ·· 234
　10.1.4　通用人工智能 ········ 235
10.2　经济后果 ···················· 236
　10.2.1　创意产业 ·············· 238
　10.2.2　教育 ···················· 239
　10.2.3　法律 ···················· 239
　10.2.4　制造业 ················· 239
　10.2.5　医学 ···················· 240
　10.2.6　军事 ···················· 240
10.3　社会影响 ···················· 240
　10.3.1　虚假信息与网络安全 ···· 241
　10.3.2　法规和实施挑战 ········ 241
10.4　未来之路 ···················· 243

## 第1章

什么是生成式人工智能

在过去 10 年中，深度学习在处理和生成文本、图像和视频等非结构化数据方面取得了巨大发展。这些先进的人工智能模型在各行各业都备受欢迎，其中包括**大规模语言模型(Large Language Models，LLM)**。目前，媒体和业界都在大张旗鼓地宣传人工智能，有理由相信，随着这些进步，**人工智能(Artificial Intelligence，AI)**即将对企业、社会和个人产生广泛而重大的影响。推动人工智能发展的因素有很多，包括技术进步、高知名度的应用程序以及在多个领域产生变革性影响的潜力。

本章将探讨生成式模型及其基础知识。将对技术概念和训练方法进行概述，这些技术概念和训练方法是模型生成新颖内容的驱动力。本章不会深入探讨声音或视频的生成式模型，我们的目标是传达一种高层次的理解，即神经网络、大型数据集和计算规模等技术如何使生成式模型在文本和图像生成中实现新功能。我们要揭开这些模型的神秘面纱，看看它们有什么魔力，能在不同领域生成与人类相似的内容。在此基础上，读者将能更好地思考这一快速发展的技术所带来的机遇和挑战。

本章主要内容：
- 生成式人工智能简介
- 了解大规模语言模型
- 模型开发
- 什么是文本到图像模型
- 人工智能在其他领域能做些什么

从介绍术语开始吧！

1.1 生成式人工智能简介

媒体对人工智能相关突破及其潜在影响进行了大量报道，其中包括**自然语言处理(Natural Language Processing，NLP)**和计算机视觉的进步，以及 GPT-4 等复杂语言模型的开发。特别值得一提的是生成式模型，该模型能够生成文本、图像和其他创造性内容，且生成的内容往往与人类生成的内容无异，因此受到了广泛关注。这些模型还具有语义搜索、内容处理和分类等广泛的功能。这些功能可以实现自动化，从而节省成本，使人类的创造力发挥到前所未有的水平。

注意：
生成式人工智能是指能够生成新内容的算法，与传统的预测性机器学习或人工智能系统不同，它并非仅限于分析或操作现有数据。

基准测试能捕获模型在不同领域的任务性能，是模型开发的主要驱动因素。**大规模多任务语言理解(Massive Multitask Language Understanding，MMLU)**基准是一个包含 57 项任务的综合套件，横跨数学、历史、计算机科学和法律等多个领域。它是一种标准化的方法，用于评估大规模语言模型在零样本和少样本任务设置下的多任务性能和泛化能力。大规模多任务语言理解基准的重要性在于它提供了一个具有挑战性的、多方面的测试，以检验模型对各种主题的理解和解决问题的能力。它允许对不同的大规模语言模型进行系统比较，并跟踪在开发具有鲁棒性语言理解和推理能力的模型方面所取得的进展，而不仅仅局限于狭窄的领域。

图 1.1 的灵感来自 Stephen McAleese 在 LessWrong 上发表的一篇名为 "GPT-4 Predictions" 的博文，文章显示了大规模语言模型在**大规模多任务语言理解**基准测试中的进步。

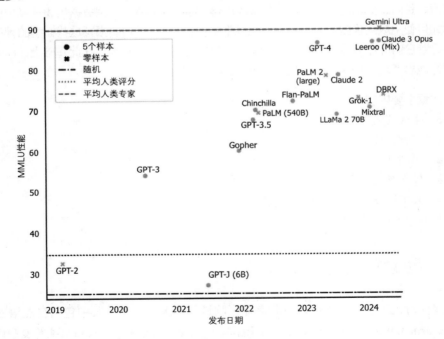

图1.1　大规模语言模型在大规模多任务语言理解基准测试中的平均性能

注意：

请注意，由于这些结果都是自我报告的，并且是通过 5 个样本或 0 个样本条件下获得的，因此应谨慎对待。大多数基准结果来自 5 个样本(用"o"表示)。对于一部分结果，如 GPT-2、PaLM 和 PaLM-2 的结果，则是指零样本("x")。

从图 1.1 中可以看出，近年来大规模多任务语言理解基准有了显著提高。特别是它强调了 OpenAI 通过公共用户界面提供的模型的提升，尤其是从 GTP-2 到 GPT-3，从 GPT-3.5 到 GPT-4 版本之间的改进。

图 1.1 中显示的是模型的大规模多任务语言理解基准性能。零样本是指只给模型提示问题，而 5 个样本是指给模型额外的 5 个问答示例。根据"Measuring Massive Multitask Language Understanding"(Hendrycks 等，2023 年修订)，这些额外的示例占到性能的 20% 左右。

在 Claude3、GPT-4 和 Gemini 中，很难明确宣布最强的大规模语言模型，因为它们的性能似乎非常匹配，而且在不同任务中也各不相同。最终，最强大规模语言模型的选择可能取决于具体的用例和要求，包括其成本。

这些模型之间存在一些差异，它们的训练方式也可能导致性能差异，例如规模、指令微调、注意力机制的调整以及训练数据的选择。首先，从 15 亿(GPT-2)到 1 750 亿(GPT-3) 再到超过 1 万亿(GPT-4)的大规模参数增长使模型能够学习更复杂的模式。然而，2022 年初的另一个重大变化是根据人类指令对模型进行训练后微调，即通过提供示范和反馈来教模型如何执行任务。

在基准测试中，一些模型最近开始比一般人类评分者表现更好，但总体上仍未达到人类专家的表现。人类工程学的这些成就令人印象深刻，但应该注意的是，这些模型的性能取决于领域，在小学数学单词问题的 GSM8K 基准上，大多数模型的性能仍然很差。随着像 OpenAI 的 GPT 这样的人工智能模型不断改进，它们可能成为需要各种知识和技能的团队不可或缺的资产。

你可以把像 GPT 4 或 Claude 3 这样强大的大规模语言模型视为一个多面手，它不辞辛劳地工作，不要求报酬(除了订阅费或 API 费用)，在数学和统计学、宏观经济学、生物学和法律(该模型在统一律师资格考试中表现出色)等学科能提供合格的帮助。随着这些人工智能模型更加熟练和易于使用，它们很可能在塑造未来的工作和学习方面发挥重要作用。

通过提高知识获取和适应的便利性，这些模型有可能为各行各业的人们带来新机遇，创造公平的竞争环境。这些模型在需要高水平的推理和理解的领域已显示出潜力，不过进展取决于所涉任务的复杂程度。

至于图像生成式模型，在视觉内容创作及计算机视觉任务(如目标检测、分割、字幕等)方面已经突破了界限。

下面厘清术语，详细解释生成式模型、人工智能、深度学习和机器学习的含义。

1.1.1　什么是生成式模型

在大众媒体中，谈到这些新模型时，常常使用"人工智能"这一术语。然而，在理论和应用研究领域里，人们经常开玩笑说，人工智能只不过是机器学习的一种花哨的说法，或者说人工智能就是穿着西装的机器学习，如图 1.2 所示。

图 1.2　穿着西装的机器学习。由 replicate.com 上的一个模型生成(基于 Stable Diffusion v2.1)

明确区分生成式模型、人工智能、机器学习、深度学习和语言模型等术语是值得的。

- 人工智能(Artificial Intelligence，AI)是一个广泛的计算机科学领域，其重点是创建能够自主推理、学习和动作的智能体。
- 机器学习(Machine Learning，ML)是人工智能的一个子集，侧重于开发能够从数据中学习的算法。
- 深度学习(Deep Learning，DL)是一种使用多层的深度神经网络，从数据中学习复杂模式机制的机器学习算法。
- 生成式模型(Generative Model)是一种机器学习模型，可以根据从输入数据中学到的模式生成新数据。
- 语言模型(Language Model，LM)是用于预测自然语言序列中单词的统计模型。一些语言模型利用深度学习，在海量数据集上进行训练，成为**大规模语言模型**(LLM)。

图 1.3 说明了大规模语言模型如何将神经网络等深度学习技术与语言建模中的序列建模目标相结合，并实现超大规模的应用。

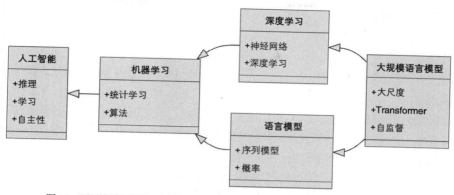

图1.3 不同模型的类图。大规模语言模型代表深度学习技术与语言建模目标的交叉点

生成式模型是一种强大的人工智能，可以生成与训练数据相似的新数据。生成式人工智能模型已经取得了长足的进步，能够利用数据中的模式从零开始生成新的示例。这些模型可以处理不同的数据模式，并可用于不同的领域，包括文本、图像、音乐和视频。主要的区别在于，生成式模型可以合成新数据，而不仅仅是做出预测或决策。这使得生成文本、图像、音乐和视频等的应用成为可能。

在真实数据稀缺或受到限制的情况下，生成式模型有助于生成合成数据来训练人工智能模型。这种数据生成方式可以降低打标签的成本，提高训练效率。微软研究院在训练其 phi-1 模型时采用了这种方法(*Textbooks Are All You Need*，2023 年 6 月)，他们使用GPT-3.5 创建了合成 Python 教科书和练习。

不同领域的快速进步显示了生成式人工智能的潜力。在行业内，人们对人工智能的能力及其对业务操作的潜在影响越来越感到兴奋。但是，在第 10 章中将讨论一些关键挑战，如数据可用性、计算要求、数据偏差、评估困难、潜在滥用和其他社会影响，这些都是未来需要解决的问题。

生成式人工智能广泛应用于生成三维图像、头像、视频、图表和插图，用于虚拟现实或增强现实、视频游戏图形设计、徽标创建、图像编辑或增强。这里最流行的模型类别是以文本为条件的图像合成，特别是文本到图像的生成。如前所述，本书将重点讨论大规模语言模型，因为它们具有最广泛的实际应用，但也会涉及图像模型，因为它们有时也非常有用。

下面深入探讨一下这一进展，并提出这样一个问题：为什么现在会出现这种情况？是什么条件使这一进展成为可能？

1.1.2 为什么是现在

生成式人工智能的成功有以下几个因素。
- **改进的算法**
- **计算力和硬件设计的长足进步**

- **大量标注数据集的可用性**
- **活跃的合作研究社区**

此外，开发更复杂的数学和计算方法对生成式模型的发展起到了至关重要的作用。20 世纪 80 年代提出的反向传播算法就是这样一个示例。它提供了一种有效训练多层神经网络的方法。

21 世纪初，随着研究人员开发出更复杂的架构，神经网络开始重新流行起来。然而，深度学习(一种具有多层的神经网络)的出现标志着这些模型性能和能力的重大转折。有趣的是，虽然深度学习的概念已存在一段时间，但生成式模型的发展和扩展与硬件的显著进步密切相关，特别是**图形处理器(Graphics Processing Units，GPU)**，它在推动更深层模型发展中发挥了重要作用。这是因为深度学习模型的训练和运行需要大量的计算力。这涉及处理能力、内存和磁盘空间等各个方面。

一旦大规模语言模型变大，其能力就会发生巨大变化。一个模型的参数越多，它捕捉单词和短语之间知识关系的能力就越强。举一个简单的例子来说明这些高阶相关性，一个大规模语言模型可以学习到：如果单词"cat"前面有"chase"，那么单词"dog"后面更有可能出现"cat"，即使中间还有其他单词。一般来说，一个模型的困惑度越低，它的表现就越好，例如在回答问题方面。

特别是，在拥有 20 亿～70 亿个参数的模型中，似乎出现了新的能力，例如能够生成诗歌、代码、脚本、音乐作品、电子邮件和信件等格式的创意文本，甚至能够以信息丰富的方式回答开放式和具有挑战性的问题。

1.2　了解大规模语言模型

大规模语言模型是一种擅长理解和生成人类语言的深度神经网络。这些模型可实际应用于内容创建和 NLP 等领域，其最终目标是创建能够理解和生成自然语言文本的算法。

目前的新一代大规模语言模型(如 GPT-4 等)是一种深度神经网络架构，它利用 Transformer 模型，通过对大量文本数据使用无监督学习进行预训练，使模型能够学习语言模式和结构。模型的发展日新月异，能够创建适用于各种下游任务和模式的通用基础人工智能模型，最终推动各种应用和行业的创新。

作为对话界面(聊天机器人)，最新一代大规模语言模型的显著优势在于，即使是在开放式对话中，它们也能生成连贯并与上下文相符的响应。根据前面的单词反复生成下一个单词，模型生成的文本流畅连贯，与人类生成的文本往往无法区分。

语言建模，乃至更广泛的 NLP，其核心都在很大程度上依赖于表征学习的质量。生成式语言模型对其训练过的文本信息进行编码，并根据学习结果生成新的文本，从而完成文本生成的任务。

注意:

表征学习(representation Learning)是指模型通过学习原始数据的内部表征来执行机器学习任务, 而不是仅仅依赖于工程特征提取。例如, 基于表征学习的图像分类模型可以根据边缘、形状和纹理等视觉特征来表征图像。模型不会被明确告知要寻找哪些特征, 而是学习原始像素数据的表征, 从而帮助它做出预测。

最近, 大规模语言模型已被应用于论文生成、代码开发、翻译和理解基因序列等任务。更广泛地说, 语言模型的应用涉及多个领域。

- **问题回答**: 人工智能聊天机器人和虚拟助理可以提供个性化和高效的帮助, 缩短客户支持的响应时间, 从而提升客户体验。这些系统可用于餐厅预约和机票预订等特定场景。
- **自动摘要**: 语言模型可以创建文章、研究论文和其他内容的简明摘要, 使用户能够快速使用和理解信息。
- **情感分析**: 通过分析文本中的观点和情感, 语言模型可以帮助企业更有效地理解客户的反馈和意见。
- **主题建模**: 大规模语言模型可以发现文档语料库中的抽象标题和主题, 可以识别词簇和潜在的语义结构。
- **语义搜索**: 大规模语言模型可以理解单个文档中的含义。它使用 NLP 解释单词和概念, 以提高搜索相关性。
- **机器翻译**: 语言模型可以将文本从一种语言翻译成另一种语言, 为企业的全球扩张提供支持。新的生成式模型可以与商业产品(如谷歌翻译)相媲美。

尽管取得了令人瞩目的成就, 但语言模型在处理复杂的数学或逻辑推理任务时仍有局限性。目前还不能确定, 不断扩大语言模型的规模是否一定能带来新的推理能力。此外, 众所周知, 大规模语言模型会根据上下文返回最有可能的答案, 这有时会产生捏造的信息, 称为幻觉。这既是一个功能, 也是一个缺陷, 因为它凸显了大规模语言模型的创造潜力。

第 5 章将讨论幻觉问题, 现在, 让我们更详细地讨论大规模语言模型的技术背景。

1.2.1 GPT 模型是如何工作的

Transformer 是一种深度学习架构, 于 2017 年由谷歌和多伦多大学的研究人员首次推出(文章名为 "Attention Is All You Need", Vaswani 等), 它由自注意力和前馈神经网络组成, 能够有效捕捉句子中的单词关系。

2018 年, 研究人员通过创建生成式预训练 Transformer(Generative Pre-Trained Transformer, GPT)(见 *Improving Language Understanding by Generative Pre-Training*; Radford 等), 将 Transformer 提升到了一个新的水平。这些模型通过预测序列中的下一

个单词来进行训练，就像一个大型的猜词游戏，帮助它们掌握语言模式。经过这种预训练过程后，GPT 可以针对翻译或情感分析等特定任务进一步完善。这就将无监督学习(预训练)和有监督学习(微调)结合起来，从而在各种任务中取得更好的性能。也降低了大规模语言模型的训练难度。

1. Transformer

基于 Transformer 的模型优于以往的方法，例如使用循环神经网络，特别是长短期记忆(LSTM)网络。LSTM 等循环神经网络的记忆有限，这对于长句子或复杂的想法来说可能是个问题，因为早期的信息仍然是相关的。

Transformer 的工作方式与此不同，这意味着它们可以利用完整的上下文，并在处理句子中的更多单词时不断学习和完善自己的理解。这种在整个句子中充分利用上下文的能力，可以提高翻译、摘要和问题回答等任务的性能。该模型可以捕捉到长句的细微差别和词语之间的复杂关系。从本质上讲，Transformer 取得成功的一个关键原因是，与循环神经网络等其他模型相比，它能够在长序列中更好地保持性能。

Transformer 模型架构具有编码器-解码器结构，其中编码器将输入序列映射到隐藏状态序列，解码器将隐藏状态映射到输出序列。隐藏状态表示不仅考虑单词的固有含义(语义值)，还考虑单词在序列中的上下文。

编码器由相同的层组成，每个层有两个子层。输入嵌入通过注意力机制传递，第二个子层是一个全连接的前馈网络。每个子层之后都有一个残差连接和层归一化。每个子层的输出是子层输入与输出的总和，然后进行归一化处理。

解码器利用这些编码信息，结合之前生成的项的上下文，逐个生成输出序列。解码器与编码器的模块相同，也有两个子层。

此外，解码器还有第三个子层，该子层对编码器堆栈的输出执行**多头注意力(Multi-Head Attention，MHA)**。解码器还使用残差连接和层归一化。解码器中的自注意子层经过了修改，目的是防止位置编码影响到后续位置。这种掩码加上输出嵌入偏移一个位置，用来确保对位置 i 的预测只能依赖于小于 i 的已知输出位置。

Transformer 的成功得益于以下架构特点，如图 1.4 所示。

- **位置编码**：由于 Transformer 不是按顺序处理单词，而是同时处理所有单词，因此它缺乏单词顺序的概念。为了解决这一问题，使用位置编码将单词在序列中的位置信息添加到模型中。这些编码被添加到代表每个单词的输入嵌入中，从而使模型能够考虑单词在序列中的顺序。
- **层归一化**：为了稳定网络的学习，Transformer 使用了层归一化技术。该技术在特征维度上(而不是在批归一化中的批量维度)对模型的输入进行归一化，从而提高学习的整体速度和稳定性。
- **多头注意力**：Transformer 不是一次应用注意力，而是多次并行应用，这提高了模型关注不同类型信息的能力，从而捕获更丰富的特征组合。

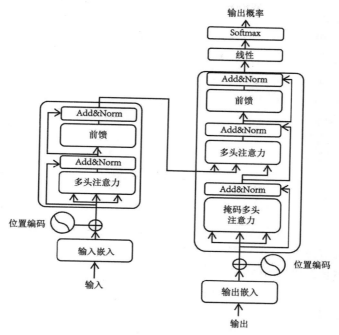

图 1.4 Transformer 架构

注意力机制背后的基本思想是，根据当前位置与所有其他位置之间的相似性，计算与输入序列中每个位置相关的值(通常称为值或内容向量)的加权和。这个加权和被称为上下文向量，然后被用作模型后续层的输入，使模型在解码过程中能够选择性地关注输入的相关部分。

为了增强注意力机制的表现力，通常会将其扩展到多个所谓的"头"，每个"头"都有自己的一组查询、键和值向量，使模型能够捕获输入表征的各个方面。然后，每个头的单个上下文向量会以某种方式进行串联或组合，形成最终输出。

早期的注意力机制与序列长度(上下文大小)成二次方关系，因此不适用于长序列设置。为了缓解这一问题，人们尝试了不同的机制。许多大规模语言模型都使用了某种形式的**多查询注意力(Multi-Query Attention，MQA)**，包括 OpenAI 的 GPT 系列模型、Falcon、SantaCoder 和 StarCoder。

多查询注意力是多头注意力的扩展，在多查询注意力中注意力计算被多次复制。多查询注意力提高了语言模型在各种语言任务中的性能和效率。通过从某些计算中移除头注意力并优化内存使用，与没有多查询注意力的基线模型相比，多查询注意力可使推理任务的吞吐量提高 11 倍，延迟降低 30%。

LLaMa 2 和其他一些模型使用了**分组查询注意力(Grouped-Query Attention，GQA)**，这是自回归解码中应用的一种实践，可以缓存序列中前一个词元的键(K)和值(V)对，从而加快注意力的计算速度。然而，随着上下文窗口或批次大小的增加，多头注意力模型中与 KV 缓存大小相关的内存成本也会显著增加。为了解决这个问题，可以在多个头之间共享键和值预测，而不会降低性能。

为了提高效率，还提出了许多其他方法，如稀疏、低秩自注意力和潜在瓶颈等。其他研究还试图将序列扩展到固定输入大小之外的方法中；transformer-XL 等架构通过存储已编码句子的隐藏状态来重新引入递归，以便在下一个句子的后续编码中利用。

结合这些架构特点，GPT 模型可以成功地处理理解和生成人类语言和其他领域文本的任务。绝大多数大规模语言模型都是 Transformer，后文还将遇到许多其他更先进的模型，包括图像、声音和 3D 对象模型。

顾名思义，GPT 的特殊性在于预训练。下面看看这些大规模语言模型是如何训练的！

2. 预训练

Transformer 的训练分为两个阶段，采用无监督预训练和区别特定任务微调相结合的方法。预训练的目标是学习一种通用的表征，以适应各种任务。

无监督预训练可以遵循不同的目标。在由 Devlin 等(2019)于"BERT: Deep Bidirectional transformer for Language Understanding"中引入的**掩码语言建模(Masked Language Modeling，MLM)**中，输入被掩码，模型试图根据非掩码部分提供的上下文预测缺失的词元。例如，如果输入句子是"The cat [MASK] over the wall，"理想情况下，模型将学习预测被掩码的"jumped"(跳)。

在这种情况下，训练目标是根据损失函数来最小化预测与掩码词元之间的差异。然后根据比较结果对模型参数进行迭代更新。

负对数似然(Negative Log-Likelihood，NLL)和**困惑度(Perplexity，PPL)**是用于训练和评估语言模型的重要指标。负对数似然是机器学习算法中使用的损失函数，旨在使正确预测的概率最大化。负对数似然越低，表明网络已经成功地从训练集中学习到了模式，因此可以准确预测训练样本的标签。值得一提的是，负对数似然是一个被限制在正区间内的值。

另一方面，困惑度是负对数似然的指数化，可用于更直观地了解模型的性能。困惑度值越小，表明网络从训练集中成功地学习到了模式，因此能准确地预测训练样本的标签。困惑度值越大，表明学习性能越差。直观地说，低困惑度意味着模型对下一个单词预测程度较低。因此，预训练的目标就是尽量降低困惑度，这意味着模型的预测结果与实际结果更加一致。

在比较不同的语言模型时，困惑度通常被用作各种任务的基准指标。它能让人了解语言模型的性能如何，较低的困惑度表示模型对其预测更有把握。因此，与其他复杂度较高的模型相比，困惑度较低的模型会被认为性能更好。

训练大规模语言模型的第一步是**词元化(tokenization)**。这个过程包括建立一个词汇表，将词元映射为唯一的数字表征，以便模型能对其进行处理，因为大规模语言模型是需要数字输入和输出的数学函数。

3. 词元化

词元化是指将文本划分成词元(单词或子单词)，然后将文本中的单词映射到相应整数列表的查找表，从而将词元转换为 ID。

在训练大规模语言模型之前，通常会将词元分析器(更准确地说，是其字典)与整个训练数据集进行匹配，然后冻结。需要注意的是，词元分析器不会产生任意整数。相反，它们会在特定范围内输出整数——从 0 到 N，其中 N 表示词元分析器的词汇量大小。

>
> **定义**
>
> **词元:** 词元是字符序列的一个实例，通常由单词、标点符号或数字组成。词元是构建文本序列的基本元素。
>
> **词元化:** 词元化是指将文本划分成词元的过程。词元分析器会根据空白和标点符号将文本划分成单个词元。
>
> **举例说明:**
>
> 考虑以下文本:
>
> The quick brown fox jumps over the lazy dog!
>
> 这句话会被划分成以下词元:
>
> [the、quick、brown、fox、jumps、over、the、lazy、dog、!]
> 每个单词和标点符号都是一个单独的词元。

许多词元分析器根据不同的原理工作，但模型中常用的词元分析器类型有**字节对编码(Byte-Pair Encoding，BPE)**、单词片段(WordPiece)和句子片段(SentencePiece)。例如，LLaMa 2 的 BPE 词元分析器将数字划分成单个数字，并使用字节来分解未知的 UTF-8 字符。总词汇量为 32000(表示 32KB)个词元。

有必要指出的是，大规模语言模型只能根据不超过其上下文窗口的词元序列生成输出。上下文窗口指的是大规模语言模型可以使用的最长词元序列的长度。大规模语言模型的典型上下文窗口大小约为 1000～10 000 个词元。

在预训练之后，一个重要步骤是如何通过微调或提示让模型为特定任务做好准备。下面来看看这种任务调节是怎么回事！

4. 调节

调节大规模语言模型指的是针对特定任务调整模型，包括微调和提示工程。

- **微调(Fine-tuning)**是指通过监督学习对特定任务进行训练，以修改预训练的语言模型。例如，为了更适合与人类聊天，模型需要在表述为自然语言指令形式的任务示例上进行训练(即指令微调)。为了进行微调，通常会使用**基于人类反馈的强化学习(Reinforcement Learning from Human Feedback，RLHF)**再次训练预训练模型，使其既能提供帮助又不产生危害。

- **提示工程(prompting techniques)**以文本形式将问题呈现给生成式模型。有很多
不同的提示方法，从简单的问题到详细的说明。提示可能包含类似问题及其解
决方案的示例。零样本提示不包含任何示例，而少样本提示则包括少量相关问
题和解决方案的示例。

这些调节方法不断发展，在广泛的应用中变得更加有效和实用。提示工程和调节方
法将在第 8 章中进一步探讨。

1.2.2 GPT 模型是如何发展的

GPT 模型的开发取得了长足的进步，OpenAI 的 GPT-n 系列在创建基础人工智能模
型方面处于领先地位。一个主要驱动因素是模型参数的规模，但其他驱动因素也发挥了
作用。

> **注意:**
> **基础模型**(有时也称为基本模型)是一种大模型，它在大量数据上进行大规
> 模训练，因此可以适应各种下游任务。在 GPT 模型中，这种预训练是通
> 过自监督学习完成的。

除了简单地扩大模型规模之外，最近的重点已经转向探索其他方法，以提高模型在
大规模多任务语言理解等基准上的性能。重点关注的一个关键领域是训练数据的处理和
质量。精心选择和筛选训练数据以确保其相关性、多样性和质量，可以显著影响模型的
性能，尤其是在测试各种知识和推理能力的基准上。

另一个关键的创新领域是模型架构。例如，Mixtral 和 Leeroo 模型采用了专家混合
方法，即针对不同任务专门设置模型参数的不同子集，从而可能提高性能和计算效率。

通过探索这些替代方法，同时继续努力扩大规模，该领域正在努力开发具有更鲁棒
的语言理解能力和跨领域推理能力的语言模型。

模型训练的计算要求和成本一直很高，未来可能还会增加。大规模语言模型的计算
成本足以让你的钱包哭泣。不过不用担心! 在探索减轻负担的方法之前，先来探讨一下
是什么让这些模型如此沉重: 它们的规模!

1. 模型大小

大规模语言模型的训练语料规模一直在急剧增加。2018 年，OpenAI 推出了 GPT-1，
在拥有 9.85 亿单词的 BookCorpus 上进行了训练。同年发布的 BERT 是在 BookCorpus
和英文维基百科的合并语料库上训练的，总计 33 亿单词。现在，大规模语言模型的训
练语料库已达到数万亿词元。

OpenAI 一直对模型的技术细节守口如瓶，但有消息称，GPT-4 拥有约 1.8 万亿个
参数，是 GPT-3 的 10 倍多。此外，OpenAI 能够通过使用专家混合(Mixture of Expert，
MoE)模型使成本保持在合理水平，该模型由 16 位专家组成，每位专家有约 1110 亿个

参数。

　　显然，GPT-4 是在大约 13 万亿个词元上训练出来的。不过，这些词元并不是唯一的，因为算上了每个迭代周期中重复呈现的数据。对基于文本的数据训练了两个迭代周期，对基于代码的数据训练了 4 个迭代周期。对于微调后的数据集是由数百万行指令微调而来的。另一个传言是，OpenAI 可能会对 GPT-4 的推理应用推测解码，即一个较小的模型(Oracle 模型)可能会预测大模型的响应，而这些预测响应可以通过将其输入大模型来帮助加快解码速度，从而跳过词元。这是一种有风险的策略，因为根据 Oracle 响应的置信度阈值，质量可能会下降。

　　语言模型规模的扩大是其令人印象深刻的性能提升的主要推动力，谷歌的 Gemini 等模型不断突破规模和能力的极限。图 1.5 说明了大规模语言模型的增长情况。

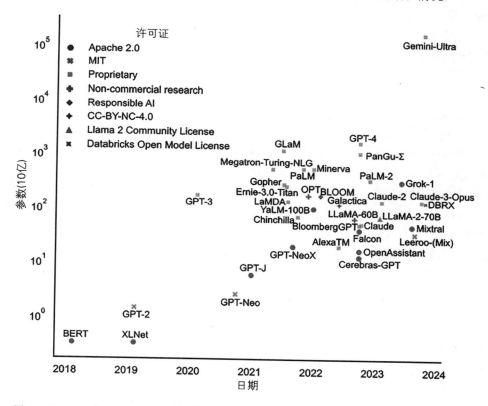

图 1.5　从 BERT 到 GPT-4 的大规模语言模型规模(参数量)、许可证。对于专有模型，参数规模通常是估算值

　　从图 1.5 中描述的历史进程可以看出，大规模语言模型的规模在不断扩大，参数数量也在不断增加。这一趋势与机器学习中观察到的更广泛的模式相一致，在机器学习中，提高模型性能往往需要扩大模型规模。Kaplan 等在 2020 年发表的 OpenAI 论文"Scaling laws for neural language models"中讨论了缩放法则和参数选择问题。

他们发现了一种幂律关系，表明大规模语言模型性能的提高与数据集规模、模型规模的增加成正比。具体来说，要想将性能提高某个系数，数据集或模型的规模以幂律形式呈指数增长。为获得最佳结果，这两个要素应同时扩展，从而防止模型训练和性能出现潜在瓶颈。

除数据集和模型大小外，考虑训练预算也很重要，因为它对训练过程的效率和结果有重大影响。训练预算包括分配给模型训练的计算力和时间等因素。这一指标可替代以迭代周期为单位的训练衡量标准，在确定停止训练的最佳时间点时更具灵活性和精确性。鉴于大规模语言模型的复杂性和广泛的训练要求，精确定位收敛点可能具有挑战性。因此，训练预算在有效管理资源，同时努力实现最高模型性能方面起着至关重要的作用。

DeepMind 的研究人员 Hoffmann 等在 2022 年发表的"An empirical analysis of compute-optimal large language model training"一文中分析了大规模语言模型的训练计算和数据集大小。他们得出结论：根据缩放法则，大规模语言模型在计算预算与数据集规模之间存在训练不足的情况。

他们预测，如果规模更小、训练时间更长，大模型将表现更出色。他们通过对比拥有 700 亿个参数的 Chinchilla 模型和由 2800 亿个参数组成的 Gopher 模型在基准测试中的结果来验证他们的预测。

不过，最近微软研究院的一个团队对这些结论提出了质疑，并让所有人大吃一惊（"Textbooks Are All You Need"，Gunaseka 等，2023 年 6 月）。他们发现，在高质量数据集上训练的小型网络(3.5 亿个参数)的性能非常具有竞争力。第 6 章将再次讨论这一模型，并在第 10 章中探讨缩放的意义。

可能会看到，将性能与数据质量联系在一起的新的缩放法则，观察大规模语言模型的模型规模是否以与以往相同的速度增长，很有启发意义。这是一个重要问题，因为它决定了大规模语言模型的开发是否会牢牢掌握在大型组织手中。在一定规模下，可能会出现性能饱和，只有改变方法才能解决这一问题。不过，还没有看到这种平缓的趋势。

2. GPT 模型系列

GPT-3 在 3000 亿个词元上进行了训练，有 1750 亿个参数，这是深度学习模型前所未有的规模。GPT-4 是该系列中的最新版，但出于竞争和安全方面的考虑，它的规模和训练细节尚未公布。不过，不同的估计表明，它的参数数量为 2000 亿～5000 亿。OpenAI 首席执行官 Sam Altman 曾表示，GPT-4 的训练成本超过 1 亿美元。

ChatGPT 由 OpenAI 于 2022 年 11 月推出，是在早期 GPT 模型(尤其是 GPT-3)基础上开发的对话模型。它专为对话量身定制，采用人类角色扮演场景和实例相结合的方式，引导模型做出预期行为，并通过基于人类反馈的强化学习(RLHF)得到显著增强。RLHF 不是根据任务表现从预先设定的奖励中学习，而是利用人类的反馈来训练模型，以了解好(高奖励)和坏(低奖励)的响应是什么样的。事实证明，RLHF 能有效地使人工智能模型更符合人类的价值观和偏好，适用于对话智能体和计算机视觉等领域。

2023 年 3 月推出的 GPT-4 标志着在能力方面得到了进一步飞跃。GPT-4 在各种评估任务中表现出色，而且由于在训练过程中进行了 6 个月的迭代微调，对恶意或挑衅性查询的响应避免能力显著提高。

图 1.6 显示了不同模型迭代的时间轴：

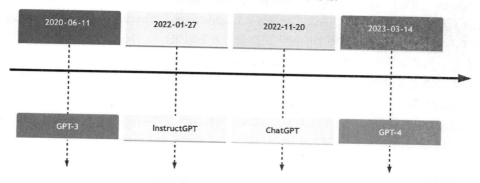

图 1.6 OpenAI GPT 模型系列的发展历程

GPT-4 还有一个多模态版本，其中包含一个独立的视觉编码器，通过图像和文本数据进行训练，从而使模型能够阅读网页并转录图像和视频内容。

从图 1.5 中可以看出，除了 OpenAI 的模型之外，还有很多开源和闭源模型，其中一些在性能上已经接近 OpenAI 模型。

3. PaLM 和 Gemini

PaLM 2 于 2023 年 5 月发布，其训练重点是提高多语言和推理能力，同时提高计算效率。通过对不同计算缩放的评估，作者估算出了训练数据规模和参数的最佳缩放。PaLM 2 的规模更小，推理速度更快，效率更高，因此可以进行更广泛的部署，响应速度更快，交互节奏更自然。

对不同大小的模型进行的广泛基准测试表明，与前代 PaLM 相比，PaLM 2 在下游任务(包括多语言常识和数学推理、编码和自然语言生成)上的质量有了显著提高。

PaLM 2 还在各种专业语言水平考试中进行了测试，包括汉语(HSK 7-9 写作和 HSK 7-9 综合)、日语(J-Test A-C 综合)、意大利语(PLIDA C2 写作和 PLIDA C2 综合)、法语(TCF 综合)和西班牙语(DELE C2 写作和 DELE C2 综合)。这些考试的目标是测试 C2 级水平，根据 **CEFR(Common European Framework of Reference for Languages，欧洲语言共同参考框架)**，C2 级被视为精通或高级专业水平。

谷歌于 2023 年 12 月发布的 Gemini 是一个功能强大的多模态模型系列，可对图像、音频、视频和文本数据进行联合训练。最大版本的 Gemini Ultra 在语言、编码、推理和 MMMU(大规模多学科多模态)等多模态任务的 30 项基准测试中创造了新的先进结果。

它展示了令人印象深刻的跨模态推理能力、理解能力以及跨文本、图像和音频等不同模态的推理能力。

4. LLaMa 和 LLaMa 2

Meta AI 公司分别于 2023 年 2 月和 7 月发布了 **LLaMa** 和 **LLaMa 2** 系列模型(有多达 700 亿个参数)。这些模型极具影响力，因为社区能够在这些模型的基础上进行构建，开启了开源大规模语言模型的寒武纪爆发。LLaMa 引发了 Vicuna、Koala、RedPajama、MPT、Alpaca 和 Gorilla 等模型的诞生。自最近发布以来，LLaMa 2 已经激发了几个非常有竞争力的编码模型的诞生，如 WizardCoder。

大规模语言模型针对对话用例进行了优化，在发布之初，大规模语言模型在大多数基准测试中都优于其他开源聊天模型，而且根据人工评估，似乎与一些闭源模型不相上下。LLaMa 2 70B 模型在几乎所有基准测试中的表现都与 PaLM (5400 亿个参数)相当或更好，但 LLaMa 2 70B 与 GPT- 4 和 PaLM-2-L 之间仍有很大的性能差距。

LLaMa 2 是 LLaMa 1 的升级版，在新的公开数据组合上进行了训练。预训练的语料规模增加了 40%(2 万亿个词元)，模型的上下文长度增加了 1 倍，并采用了分组查询注意力。不同参数大小(70 亿、130 亿、340 亿和 700 亿)的 LLaMa 2 变体已经发布。虽然 LLaMa 是在非商业许可证下发布的，但 LLaMa 2 对公众开放，供研究和商业使用。

与其他开源和闭源模型相比，LLaMa 2-Chat 已进行了安全性评估。人类评测员在大约 2000 次对抗性提示(包括单轮提示和多轮提示)中对各代模型的安全违规行为进行了评测。

5. Claude 1－3

Claude、Claude 2 和 Claude 3 是 Anthropic 创造的人工智能助手。Claude 2 在乐于助人、诚实和减少偏见等方面对以前的版本进行了改进。主要的增强功能包括大量增加了上下文窗口，可容纳多达 20 万个词元，并在编码、摘要和长文档理解任务中表现出色。

最新发布的 Claude 3 是一个全新的大型多模态模型系列，包括旗舰 Claude 3 Opus(能力最强)、Claude 3 Sonnet(兼顾技能和速度)和 Claude 3 Haiku(速度最快、成本最低)。凭借视觉功能，它们在包括大规模多任务语言理解在内的各种基准测试中均表现出强劲的性能。值得注意的是，Claude 3 Opus 在聊天机器人竞技场排行榜上超过了 OpenAI 的 GPT-4，同时表现出更高的多语言流畅性。

6. 专家混合(MoE)

最近，MoE 模型成功地以较低的资源使用率实现了高性能。Mistral AI 公司的 Mixtral 8x7B 是一种稀疏 MoE 模型，在各种基准测试中的表现均优于或不逊色于 Llama 2 70B 和 GPT-3.5，尤其是在数学、代码生成和多语言任务方面。其指令调整版本 Mixtral 8x7B-Instruct 在人类基准测试中超过了其他几个著名模型，如 GPT-3.5 Turbo 和

Claude-2.1。

Grok-1 是 xAI 从头开始训练的一个拥有 3140 亿个参数的 MoE 大规模语言模型，以 Apache 2.0 许可证发行。xAI 使用基于 JAX 和 Rust 的定制训练堆栈训练 Grok-1，展示了他们在开发尖端大规模语言模型方面的专业知识。Leeroo 使用 Leeroo 编排器提出了一种整合多个大规模语言模型的架构，以创建一种新的先进模型。它以更低的计算成本实现了与 Mixtral 不相上下的性能，甚至在大规模多任务语言理解基准测试中超过了 GPT-4 的准确性，并进一步降低了成本。

DBRX 是 Databricks 的开放式大规模语言模型，它建立了跨标准基准的开放式大规模语言模型。它超越了 GPT-3.5，并与 Gemini 1.0 Pro 竞争。作为一种代码模型，其性能优于 CodeLLaMA-70B 等专用模型。DBRX 采用细粒度 MoE 架构，推理速度比 LLaMA2-70B 快 2 倍，参数数量比 Grok-1 少 40%，从而提高了效率。在 Mosaic AI 模型服务上，它生成文本的速度高达 150 个词元/秒/用户。在相同质量的情况下，训练的计算效率是密集模型的 2 倍，在总体计算量减少至原来的 1/4 的情况下，达到了以前 MPT 模型的质量。其他为大规模语言模型进步做出贡献的著名模型包括 DeepMind 的 Chinchilla、Meta 的 OPT、Google 的 Gopher、Hugging Face 的 BLOOM，以及 EleutherAI 的 GPT-NeoX 等研究小组的各种模型。

1.2.3   如何使用大规模语言模型

可以通过 OpenAI、Google 和 Anthropic 的网站或 API 访问它们的大规模语言模型。如果想在笔记本电脑上尝试其他大规模语言模型，开源大规模语言模型是一个不错的开始。这里有整个模型所需要的一切！你可以通过 Hugging Face 或其他提供商访问这些模型(参见第 3 章)。你甚至可以下载这些开源模型，对其进行微调或从头开始训练。第 8 章将介绍如何对模型进行微调。

大规模语言模型的许可证不同，对如何使用、修改和进一步开发大规模语言模型以用于商业或研究目的有很大影响。一些用于训练、训练数据集和权重本身的代码已向社区开放，供本地运行、调查、进一步开发、微调和改进。其他模型则被隐藏在 API 之后，其性能背后的秘密只能靠谣传和猜测。以下是一些关键许可证类型及其影响的细分。

开放源码许可证(如 Apache 2.0、MIT)：
- 允许为商业和非商业目的自由使用、修改和再发布。
- 允许创作衍生作品并将模型集成到产品/服务中。
- 研究机构和商业实体可以在这些模型的基础上进行构建和扩展。
- 例如 BERT、Mistral。

非商业许可证(如 CC-BY-NC-4.0，非商业研究)：
- 仅允许为非商业研究目的使用和修改。
- 商业实体不能直接使用或将这些模型集成到产品/服务中。
- 研究人员可以在学术环境中研究、评估和构建这些模型。

- 例如 Galactica、OPT、Llama 60B。

专有许可证：

- 模型是闭源的，不能自由使用、修改或再发布。
- 商业实体保留完全控制权，可将模型作为产品/服务盈利。
- 研究机构可为评估/基准测试目的有限度地使用模型。
- 例如 GPT‑4、Claude、Gemini。

新许可证，如 Databricks 开放模型许可证和 Llama 2 社区许可证：

- 允许为商业和非商业目的使用、修改和创作衍生作品。
- 可能对再发布、赔偿或使用跟踪设置某些条件。
- 在开源访问和商业利益之间取得平衡。

一般来说，开放源码许可证促进了模型的广泛采用、合作和创新，有利于研究和商业开发。专有许可证给了公司独家控制权，但可能会限制学术研究的进展。非商业许可证在促进研究的同时，也限制了商业使用。新许可证旨在减少这些权衡。

1.3 节将回顾最先进的文本条件图像生成方法，将重点介绍该领域迄今为止取得的进展，也会讨论现有的挑战和未来的方向。

1.3 什么是文本到图像模型

文本到图像模型是一种功能强大的生成式人工智能，可通过文本描述生成逼真的图像。这类模型在创意产业和设计领域有多种应用案例，可用于生成广告、产品原型、时尚图像和视觉效果。主要应用有以下几种。

- **文本条件图像生成**：根据文本提示创建原始图像，如"一幅花丛中的猫的画"。可用于艺术、设计、原型设计和视觉效果。
- **图像补全**：根据周围环境填补图像缺失或损坏的部分，可以恢复损坏的图像(去噪、去雾和去模糊)或编辑掉不需要的元素。
- **图像到图像的转换**：将输入图像转换为通过文本指定的不同风格或领域，如"让这张照片看起来像莫奈的画"。
- **图像识别**：大规模基础模型可用于图像识别，包括场景分类和目标检测，如检测人脸。

Midjourney、DALL-E 2 和 Stable Diffusion 等模型可以提供派生自文本输入或其他图像的创造性的逼真图像。这些模型的工作原理是在大型图像-文本对数据集上训练深度神经网络。所使用的关键技术是扩散模型，该模型从随机噪声开始，通过反复的去噪步骤，逐渐将噪声还原成图像。

Stable Diffusion 和 DALL-E 2 等流行模型使用文本编码器将输入文本映射到嵌入空间。文本嵌入被输入到一系列条件扩散模型中，这些模型在连续的阶段中对潜在图像进行去噪和细化。模型的最终输出是与文本描述一致的高分辨率图像。

主要使用两类模型：**生成对抗网络(Generative Adversarial Networks，GAN)**和扩散模型。生成对抗网络模型(如 StyleGAN 或 GANPaint Studio)可以生成高度逼真的图像，但训练不稳定且计算成本高昂。这类模型由生成器和判别器两个网络组成，这两个网络在类似游戏的环境中相互竞争，生成器负责从文本嵌入和噪声中生成新图像，判别器负责估计新数据是真实数据的概率。随着这两个网络的竞争，生成对抗网络在生成真实图像和其他类型数据的任务中表现得越来越好。

训练生成对抗网络的设置如图 1.7 所示(摘自 "A Survey on Text Generation Using Generative Adversarial Networks"，G de Rosa 和 J P. Papa，2022；https://arxiv.org/pdf/2212.11119.pdf)。

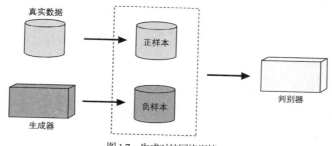

图 1.7　生成对抗网络训练

扩散模型在各种生成任务(包括文本到图像的合成)中很受欢迎，前景广阔。与以往的方法(如生成对抗网络)相比，扩散模型的优势是降低计算成本和减少序列误差积累。扩散模型的运行过程与物理学中的扩散过程类似。它们遵循**前向扩散过程(forward diffusion process)**，向图像中添加噪声，直到图像变得不再有特征，不再嘈杂。这一过程类似墨水滴入水杯中逐渐扩散的过程。

生成式图像模型的独特之处在于**后向扩散过程(reverse diffusion process)**，即模型试图从噪声、无意义的图像中恢复原始图像。通过迭代应用去噪变换，模型生成的图像分辨率越来越高，与给定的文本输入达成一致。最终输出的图像是根据文本输入修改过的图像。这方面的一个示例是 Imagen 文本到图像模型(谷歌研究院 2022 年 5 月发表的 "Photorealistic Text-to-Image Diffusion Models with Deep Language Understanding")，该模型结合了来自大规模语言模型的固定文本嵌入，在纯文本语料库中进行了预训练。文本编码器首先将输入文本映射到嵌入序列。一系列条件扩散模型将文本嵌入作为输入并生成图像。

图 1.8 展示了去噪过程(来源：用户 Benlisquare 通过维基共享资源提供)。

图 1.8 仅展示了 40 步生成过程中的部分步骤。你可以看到图像生成的各个步骤，包括使用去噪扩散隐式模型**(Denoising Diffusion Implicit Model，DDIM)**采样方法的 U-Net 去噪过程，该方法可反复去除高斯噪声，然后将去噪后的输出解码到像素空间。

图 1.8　使用 Stable Diffusion V1-5 AI 扩散模型创建的日本欧式城堡

　　使用扩散模型，只需要对模型的初始设置或(在本例中的)数字求解器和采样器进行最小限度的修改，就能看到各种结果。虽然这些模型有时会产生惊人的结果，但不稳定性和不一致性是广泛应用这些模型的一个重大挑战。

　　Stable Diffusion 模型是由慕尼黑大学的 CompVis 小组开发的。与之前的(基于像素的)扩散模型相比，Stable Diffusion 模型大大减少了训练成本和采样时间。该模型可在配备普通 GPU(如 GeForce 40 系列)的消费级硬件上运行。通过在消费级 GPU 上根据文本创建高保真图像，Stable Diffusion 模型实现了访问的平民化。此外，该模型的源代码甚至权重都是在 CreativeML OpenRAIL-M 许可证下发布的，该许可证对重用、分发、商业化和改编不加限制。

　　值得注意的是，为了提高计算效率，Stable Diffusion 模型在潜在(低维)空间表征中引入了操作，以捕捉图像的基本属性。VAE 提供潜在空间压缩(在本文中称为感知压缩)，而 U-Net 执行迭代去噪。

　　Stable Diffusion 模型通过以下几个清晰的步骤根据文本提示生成图像。

　　(1) 在潜在空间中生成一个随机张量(随机图像)，作为初始图像的噪声。

　　(2) 噪声预测器(U-Net)同时接收具有潜在噪声的图像和提供的文本提示，并预测噪声。

　　(3) 模型从具有潜在噪声的图像中减去潜在噪声。

　　(4) 如图 1.8 所示，重复第(2)步和第(3)步进行一定次数的采样，如 40 次。

　　(5) VAE 的解码器组件将具有潜在噪声的图像转换回像素空间，提供最终的输出图像。

　　VAE 将数据编码到已学习到和较小的表征模型中。然后，这些表征可用于生成与训练所用数据类似的新数据(解码)。这种 VAE 要先经过训练。

> **注意:**
>
> **U-Net** 是一种流行的卷积神经网络**(Convolutional Neural Network, CNN)**,具有对称的编码器-解码器结构。它通常用于图像分割任务,但在 Stable Diffusion 中,它可以帮助引入和去除图像中的噪声。U-Net 将噪声图像(种子)作为输入,通过一系列卷积层对其进行处理,以提取特征并学习语义表征。
>
> 这些卷积层通常以收缩路径组织,在增加通道数量的同时降低空间维度。一旦收缩路径到达 U-Net 的瓶颈,U-Net 就会通过对称扩展路径进行扩展。在扩展路径中,转置卷积(也称为上采样或展开卷积)被应用于逐步上采样空间维度,同时减少通道数量。

为了在潜在空间本身**(潜在扩散模型)**中训练图像生成式模型,需要使用损失函数评估生成图像的质量。一种常用的损失函数是**均方差(Mean Squared Error,MSE)**损失,它量化了生成图像与目标图像之间的差异。模型进行了优化,以最小化这一损失,从而促使其生成的图像与需要输出的图像非常相似。

这种训练是在 LAION-5B 数据集上进行的,该数据集由数十亿图像-文本对组成,源自 Common Crawl 数据,其中包括来自 Pinterest、WordPress、Blogspot、Flickr 和 DeviantArt 等的数十亿图像-文本对。

图 1.9 说明了通过扩散从文本提示生成图像的过程。

(来源:Ramesh 等,"Hierarchical Text-Conditional Image Generation with CLIP Latents", 2022; https://arxiv.org/abs/2204.06125)

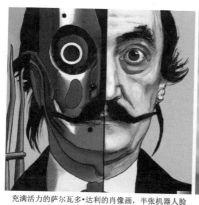

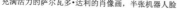

充满活力的萨尔瓦多·达利的肖像画,半张机器人脸　　　　戴贝雷帽、穿黑色高领毛衣的柴犬

图 1.9　根据文本提示生成图像

总体而言,Stable Diffusion 和 Midjourney 等图像生成式模型利用前向扩散和后向扩散过程,将文本提示转化为生成式图像,并在较低维度的潜在空间中运行,以提高效率。但是,在文本到图像的用例中,如何对模型进行调节?

调节过程允许这些模型受到特定输入文本提示或输入类型(如深度图或轮廓)的影响,从而更精确地创建相关图像。然后,文本 Transformer 会对这些嵌入进行处理,并将其输入噪声预测器,引导其生成与文本提示一致的图像。

所有模式的生成式人工智能模型的全面介绍超出了本书的讨论范围。不过,我们可以简单介绍模型在其他领域的作用。

1.4 人工智能在其他领域的作用

生成式人工智能模型在声音、音乐、视频和三维形状等各种模式中都展现了令人印象深刻的能力。在音频领域,模型可以合成自然语音,生成原创音乐作品,甚至可以模仿说话者的声音、节奏和韵律的模式。

语音到文本系统可以将口头语言转换成文本[自动语音识别(Automatic Speech Recognition,ASR)]。在视频方面,人工智能系统可以根据文字提示创建逼真的视频片段,并进行复杂的编辑,如删除物体。三维模型可以根据图像重建场景,并根据文本描述生成复杂的物体。

生成式模型有很多种类型,可以处理不同领域的不同数据模式,如表 1.1 所示。

表 1.1 音频、视频和其他领域的模型

类型	输入	输出	示例
文本到文本	文本	文本	Mixtral,GPT-4,Claude 3,Gemini
文本到图像	文本	图像	DALL-E 2,Stable Diffusion,Imagen
文本到音频	文本	音频	Jukebox,AudioLM,MusicGen
文本到视频	文本	视频	Sora
图像到文本	图像	文本	CLIP,DALL-E 3
图像到图像	图像	图像	超分辨率,风格迁移,绘画填充
文本到编码	文本	编码	Stable Diffusion,DALL-E 3,AlphaCode,Codex
视频到音频	视频	音频	Soundify
文本到数学	文本	数学表达式	ChatGPT,Claude
文本到科学	文本	科学输出	Minerva,Galactica
算法发现	文本/数据	算法	AlphaTensor
多模态输入	文本/图像	文本,图像	GPT-4V

要考虑的模式组合还有很多,以上只是我遇到的一些。此外,还可以考虑文本的子类别,如文本到数学,即根据文本生成数学表达式,ChatGPT 和 Claude 等模型在这方面大放异彩;或文本到代码,即根据文本生成编程代码的模型,如 AlphaCode 或 Codex。一些模型专门用于科学文本,如 Minerva 或 Galactica;或专门用于算法发现,

如 AlphaTensor。

还有一些模型使用多种输入或输出模式。例如，OpenAI 的 GPT- 4V 模型(GPT- 4 版本)就展示了多模态输入的生成能力，该模型于 2023 年 9 月发布，可以同时接收文本和图像，并且具有比老版本更好的**光学字符识别(Optical Character Recognition，OCR)**，可以从图像中读取文本。图像可以翻译成描述性的单词，然后应用现有的文本过滤器。这降低了生成无限制图像标题的风险。

如表 1.1 所示，文本是一种常见的输入模式，可以转换为图像、音频和视频等各种输出。这些输出也可以转换回文本或在同一模式下转换。大规模语言模型推动了以文本为中心的领域快速发展。这些模型通过不同的模式和领域实现了各种功能。大规模语言模型是本书的重点，不过，我们也会偶尔介绍其他模型，尤其是文本到图像的模型。这些模型通常基于 Transformer 架构，通过自监督学习在海量数据集上进行训练。

快速的发展显示了生成式人工智能在不同领域的潜力。在业内，人们对人工智能的能力及其对业务运营的潜在影响越来越兴奋。但是，还有一些关键挑战需要解决，如数据可用性、计算要求、数据偏差、评估困难、潜在滥用及其他社会影响，第 10 章将讨论这些问题。

这些创新成果的基础是生成对抗网络、扩散模型和 Transformer 等深度生成式架构的进步。谷歌、OpenAI、Meta 和 DeepMind 等领先的人工智能实验室正在引领创新。

1.5　小结

随着计算力的提升，深度神经网络、Transformer、生成对抗网络和 VAE 能够比前几代模型更有效地模拟现实世界数据的复杂性，从而推动了人工智能算法的发展。本章探讨了深度学习、人工智能以及大规模语言模型和 GPT 等生成式模型的近代史，以及它们的理论基础，尤其是 Transformer 架构。本章还解释了图像生成式模型的基本概念，如 Stable Diffusion 模型，最后讨论了文本和图像以外的应用，如声音和视频。

第 2 章将利用 LangChain 框架探讨生成式模型(尤其是大规模语言模型)的工具化，重点关注基本原理、实现以及如何利用这一特殊工具开发和扩展大规模语言模型的能力。

1.6　问题

我认为，在阅读技术类书籍时，检查自己是否消化了书中的内容是一个好习惯。为此，我设计了几个与本章内容相关的问题。看看你能否回答出来。

1. 什么是生成式模型？
2. 生成式模型有哪些应用？
3. 什么是大规模语言模型？它有什么用处？

4. 如何提高大规模语言模型的性能？

5. 要使这些模型成为可能需要哪些条件？

6. 哪些公司和组织是开发大规模语言模型的主要参与者？

7. 如何获取大规模语言模型许可证？举例说明。

8. 什么是 Transformer？它由哪些部分组成？

9. GPT 代表什么？

10. Stable Diffusion 是如何工作的？

第2章

面向大规模语言模型应用程序：LangChain

像 GPT-4 这样的大规模语言模型(LLM)在生成类人文本方面已经展现出强大的能力。然而，仅仅通过 API 访问大规模语言模型具有局限性。相反，将大规模语言模型与其他数据源和工具相结合，可以实现更强大的应用。本章将介绍一种克服大规模语言模型限制并构建创新的基于语言的应用的方法——LangChain。我们的目标是展示最近的人工智能进步与 LangChain 这样的强大框架相结合的潜力。

首先，概述单独使用大规模语言模型会面临的一些挑战，如缺乏外部知识、推理不正确以及无法采取行动等。LangChain 通过不同集成和针对特定任务的现有组件，为这些问题提供解决方案。我们将举例说明开发人员如何利用 LangChain 的功能创建定制的自然语言处理解决方案，并概述其中涉及的组件和概念。

我们的目标是说明 LangChain 如何帮助构建动态的数据感知应用程序，而不仅仅是通过 API 调用来访问大规模语言模型。最后，将讨论与 LangChain 相关的重要概念，如链、行动计划生成和记忆，这些概念对于理解 LangChain 如何工作至关重要。

本章主要内容：

- 超越随机鹦鹉
- 什么是大规模语言模型应用程序
- 什么是 LangChain
- 探索 LangChain 的关键组件
- LangChain 是如何工作的
- LangChain 与其他框架的比较

2.1 超越随机鹦鹉

由于能够生成类似人类的文本并理解自然语言，大规模语言模型在内容生成、文本分类和摘要等场景中非常有用，因而受到了广泛的关注和欢迎。然而，越来越多的人担心，他们的流利表达掩盖了一个更深层次的问题：缺乏真正的理解。

术语**随机鹦鹉**由研究人员 Emily Bender、Timnit Gebru、Margaret Mitchell 和 Angelina McMillan-Major 在他们颇具影响力的论文"On the dangers of stochastic parrots"(2021)中提出并描述了这个问题。大规模语言模型可以准确地模仿语言模式，但并不掌握潜在的含义或上下文。想象一下，一只鹦鹉可以完美地重复人类的对话，但却不理解它所说的话本身的含义。这种理解能力的缺失会导致输出结果不准确、不相关甚至不道德。

图 2.1 用一个简单的例子说明了大规模语言模型在推理和数学问题上面临的问题。

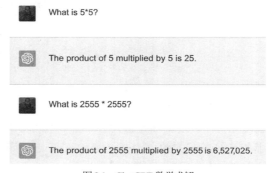

图 2.1　ChatGPT 数学求解

如果想知道正确答案，我们可以用计算器计算，得到的结果如图 2.2 所示。

```
(base)    % bc -l
bc 1.06
Copyright 1991-1994, 1997, 1998, 2000 Free Software Foundation, Inc.
This is free software with ABSOLUTELY NO WARRANTY.
For details type `warranty'.
2555 * 2555
6528025
```

图 2.2　用计算器计算乘法

大规模语言模型没有存储这道题的计算结果，或者在训练数据中遇到这道题的次数不够多，因此无法记住计算结果，将其编码到权重中。因此，它无法正确得出解。在这个案例中，大规模语言模型并不是合适的工具。

Noam Chomsky 等认为("The false promise of ChatGPT"，2023)，即使大规模语言模型变得更大、更复杂，也无法实现真正的因果推理，因为它们缺乏主动测试和操作变量的能力，而这正是理解因果关系的关键步骤。这凸显了当前大规模语言模型方法的局限性，并强调了需要将重点放在真正的理解上，而不仅仅是模仿人类语言。

仅仅扩大计算和数据规模，并不能赋予推理能力或常识。大规模语言模型要应对的挑战包括构成性差距。这是指解决问题时需要将问题分解成若干子步骤，并将这些步骤综合起来。这意味着大规模语言模型无法将推理联系起来，也无法根据新情况调整反馈。假设模型越大，结果就会越好，但这种假设是站不住脚的；在达到一定程度后，扩大模型既不能提高输出质量，也不能确保更好的推理能力。

要克服这些障碍，就必须利用能增加真正理解力的技术来增强大规模语言模型。要提高模型的性能，就需要对训练数据进行精心策划，并采用提示(如思维链推理)、通过上下文增强进行基础训练、改变模型架构等创新方法。

2.1.1 节和 2.1.2 节将讨论大规模语言模型的局限性、克服这些局限性的方法，以及 LangChain 如何帮助应用程序系统地减轻大规模语言模型的缺点并扩展其功能。

2.1.1　大规模语言模型的局限性

大规模语言模型已成为强大的工具，但其功能也有局限性。了解这些限制有助于有效地设计和部署大规模语言模型。大规模语言模型面临以下几个问题。

- **知识过时**：大规模语言模型完全依赖于训练数据，而这些数据可能已经过时。大规模语言模型缺乏获取实时信息的途径，在回答有关时事的问题时会很吃力。例如，向大规模语言模型询问最近的一则新闻会得到一个不知情的响应。
- **有限行动**：大规模语言模型无法在现实世界中执行行动。它们不能搜索网络、访问数据库或进行计算。这就限制了它们在需要与外部数据交互的任务中的作用。试想一下，大规模语言模型在讨论金融时——它可以解释概念，但无法检索实时股票数据来分析当前趋势。
- **偏见与公平**：大规模语言模型可能会从训练数据中继承偏见。这些偏见可能是宗教性的、意识形态的或政治性的，从而导致歧视性的输出。精心设计和监控对于降低这些风险至关重要。例如，微软的 Tay 聊天机器人在 2016 年推出不久后就下线了，原因是有毒性互动导致的攻击性推文。
- **成本和速度**：由于对计算的要求，训练和运行大规模语言模型的成本可能很高。此外，文本生成速度也会因模型大小和复杂程度而异。对于生产部署而言，仔细考虑这些因素至关重要。
- **逻辑推理和数学**：虽然大规模语言模型不断取得进步，但通常难以胜任复杂推理或数学模型的任务。它们可能无法将多个事实结合起来，或进行以前从未遇到过的计算。例如，大规模语言模型可能知道水果和水的密度，但却无法确定水果是否会浮起来(这是一个多步骤的推理过程)。

下面看看如何应对这些挑战。

2.1.2　如何减少大规模语言模型的局限性

大规模语言模型在推理、获取实时信息和避免偏见等方面可能存在不足。为了弥补这些不足，可以采用循序渐进的方法，以下技术可以减少其局限性。

1. 提示工程和微调：首先要精心设计提示(问题或指示)，引导大规模语言模型实现预期结果。这有助于大规模语言模型更好地理解任务和上下文。此外，在特定数据集上进行微调可以进一步提高特定应用的性能。

2. **自我任务提示**：这种方法鼓励大规模语言模型将复杂的问题分解成更小、更容易处理的步骤。通过向自己提出明确的问题，大规模语言模型可以找出相关信息，更有条理地解决问题。

3. **连接外部数据**：大规模语言模型缺乏实时知识，可以将其与数据库或 Web 搜索 API 等外部数据源集成。这样，大规模语言模型就能获取当前信息，提高响应的准确性。

4. **过滤和监控**：尽管采取了预防措施，但偏见和事实错误仍有可能漏网。实施过滤器，如屏蔽列表、敏感度分类器和禁用词过滤器，可在输出之前捕捉到不适当或不准确的输出。人工监控对于识别和解决新出现的问题也至关重要。

5. **人工智能的宪法原则**：将道德因素纳入开发过程。这包括将公平性和透明度纳入大规模语言模型本身，使其行为符合人类价值观。

通过将这些策略结合起来，可以将大规模语言模型从随机鹦鹉转变为推理引擎，使其能够进行更有意义的交互并输出负责任的结果。像 LangChain 这样的框架通过提供一种结构化的方法，将提示、数据源和过滤器结合起来，有效地使用大规模语言模型，从而简化了这一过程。

2.1.3　什么是大规模语言模型应用程序

利用专门工具将大规模语言模型与其他工具结合到应用程序中，大规模语言模型驱动的应用程序有可能改变数字世界。这通常是通过对大规模语言模型的一个或多个提示调用链完成的，但也可以利用其他外部服务(如 API 或数据源)完成任务。

传统的软件应用程序通常采用多层架构，如图 2.3 所示。

图 2.3　传统软件应用程序

客户端层处理用户交互。前端层处理表征和业务逻辑。后端层处理逻辑、API、计算等。最后，数据库存储和检索数据。

与之相反，**大规模语言模型应用程序**是一种利用大规模语言模型理解自然语言提示并生成响应文本输出的应用程序。大规模语言模型应用程序通常包含以下组件。

- 客户端层，收集用户输入作为文本查询或决策。
- 提示工程层，用于构建指导大规模语言模型的提示。
- 大规模语言模型后端，用于分析提示并生成相关文本响应。
- 输出解析层，用于解释 API 的大规模语言模型响应。
- 可通过功能 API、知识库和推理算法与外部服务集成，以增强大规模语言模型的功能。

在最简单的情况下，前端、解析和知识库部分有时并没有明确定义，只需要客户端、提示和大规模语言模型，如图 2.4 所示。

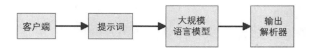

图2.4　一个简单的大规模语言模型应用程序

大规模语言模型应用程序可以通过以下方式集成外部服务。

- 通过功能 API 访问网络工具和数据库。
- 复杂逻辑链的高级推理算法。
- 通过知识库进行检索增强生成。

检索增强生成(Retrieval Augmented Generation，RAG)将在第 5 章讨论，它利用外部知识增强了大规模语言模型。这些扩展了大规模语言模型应用程序的功能，使其超越了大规模语言模型本身的知识范围。例如：

- 函数回调允许参数化 API 请求。
- SQL 函数允许对话式数据库查询。
- 思维链等推理算法有助于实现多步骤逻辑。

如图 2.5 所示，客户端层收集用户文本查询与决策。提示工程结构引导大规模语言模型，在不改变模型本身的情况下考虑外部知识或能力(或先前的交互)。大规模语言模型后端根据其训练动态地理解并对提示做出响应。输出解析为前端解释大规模语言模型文本。知识库可以增强大规模语言模型的信息，也可以像传统应用中的数据库后端一样，将信息写入知识库。

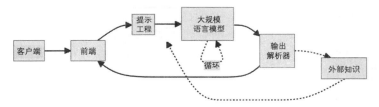

图2.5　高级大规模语言模型应用程序

大规模语言模型应用程序之所以重要，有以下几个原因。

- 大规模语言模型后端以一种细致入微、类似人类的方式处理语言，没有硬编码规则。
- 可以根据以往的互动情况，个性化和情景化地做出响应。
- 先进的推理算法可实现复杂的多步骤推理链。
- 可以基于大规模语言模型或实时检索的最新信息进行动态响应。

大规模语言模型应用程序使用的关键能力是理解提示中的细微语言，并生成连贯、类似人类语言的文本响应。与传统代码相比，更助于实现更自然的交互和工作流。

大规模语言模型不需要手动编码即可提供类人语言功能。因此，不需要事先对每种语言场景进行人工预测和编码。大规模语言模型与外部服务、知识和推理算法的集成简化了创新应用程序的开发。

但负责任的数据实践至关重要——PII 应远离公共平台，模型应在需要时在内部进行微调。前端和输出解析器都可以包含有关行为、隐私和安全的审核和强制规则。未来的研究必须解决潜在的滥用、偏见和局限性等问题。

以下是在本书中会遇到的大规模语言模型应用程序的示例。

- **聊天机器人和虚拟助手**：这些应用程序使用 ChatGPT 等大规模语言模型与用户进行自然对话，并协助完成日程安排、客户服务和信息查询/问题回答等任务(第 4 章和第 5 章)。
- **智能搜索引擎**：大规模语言模型应用程序可以解析以自然语言编写的搜索查询，并生成相关结果(第 5 章、第 6 章和第 9 章)。
- **自动内容创建**：应用程序可利用大规模语言模型根据文本提示生成文章、电子邮件、代码等内容(特别是第 3 章、第 6 章和第 7 章)。
- **情感分析**：可以使用大规模语言模型应用程序分析客户反馈、评论和社交帖子，总结情感并提取关键主题(第 3 章)。
- **文本摘要**：可以使用大规模语言模型后端自动生成较长文本文档和文章的简明摘要(第 3 章)。
- **数据分析**：可以使用大规模语言模型进行自动数据分析和可视化，以提取见解(第 7 章)。
- **代码生成**：可以建立软件的配对编程助手，帮助解决业务问题(第 6 章)。

单独使用大规模语言模型无法发挥出它的真正力量，要将它与其他知识来源和计算相结合。LangChain 框架的目标正是实现这种整合，促进开发基于推理的情景上下文感知应用程序。LangChain 解决了与大规模语言模型相关的问题，并为创建自定义 NLP 解决方案提供了直观的框架。

2.2 LangChain 简介

LangChain 由 Harrison Chase 于 2022 年创建，是一个开源 Python 框架，用于构建大规模语言模型驱动的应用程序。它为开发人员提供模块化、易于使用的组件，用于将语言模型与外部数据源和服务连接起来。该项目吸引了来自红杉资本(Sequoia Capital)和 Benchmark 等公司数百万的风险投资，这些公司曾为苹果、思科、谷歌、WeWork、Dropbox 和许多其他成功的公司提供过资金。

构建有影响力的大规模语言模型应用程序需要应对各种挑战，如提示工程、减少偏差、生产化和集成外部数据。LangChain 通过其抽象和可组合结构减少了学习曲线。它通过提供可重复使用的组件和预组装链，简化了复杂的大规模语言模型应用程序的开发。它的模块化架构将对大规模语言模型和外部服务的访问抽象为一个统一的接口。除了基本的大规模语言模型 API 应用外，LangChain 还能通过智能体和记忆促进高级交互，如对话上下文和持久性。这使聊天机器人、收集外部数据等成为可能。

特别是，LangChain 对链、智能体、工具和记忆的支持使开发人员可以构建能以更复杂的方式与环境交互的应用程序，并能长期存储和重用信息。它的模块化设计使得开发适用于各种领域的复杂应用程序变得非常容易。对行动计划和策略的支持提高了应用程序的性能和稳健性。对记忆和外部信息访问的支持减少了幻觉，从而提高了可靠性。因此，开发人员可以将这些构件组合起来，执行复杂的工作流。

LangChain 为开发人员带来的主要优势包括以下几方面。

- **模块化架构**，用于灵活和适应性强的大规模语言模型集成。
- 将大规模语言模型之外的多种服务**链接起来**。
- 目标驱动的智能体交互取代了孤立的调用。
- 跨执行状态的记忆和持久性。
- **开源访问**和社区支持。

如前所述，LangChain 是用 Python 编写的开源项目，不过也有用其他编程语言实现的配套项目，如 JavaScript 或更准确地说，是用 TypeScript(LangChain.js)实现的，还有刚刚起步的 Go、Rust 和 Ruby 等编程语言，如用 Ruby 实现的 LangChain.rb 项目，该项目附带了用于执行代码的 Ruby 解释器。本书将重点介绍该框架的 Python 版本，因为它是大多数数据科学家和开发人员最熟悉的语言，也是最先进的语言。

虽然文档、课程和社区等资源有助于加速学习过程，但开发具有专业知识的大规模语言模型的应用，需要投入更多的时间和精力。对于许多开发人员来说，学习曲线可能会成为阻碍大规模语言模型有效利用的因素，然而，在 Discord 聊天服务器、多个博客和定期聚会(在旧金山和伦敦)上都有活跃的讨论。甚至还有一个聊天机器人，ChatLangChain 可以回答有关 LangChain 文档的问题。它是使用 LangChain 和 FastAPI 构建的，托管在 https://chat.langchain.com/。

LangChain 附带了许多扩展功能，还有一个围绕它开发的更大的生态系统。与 LangChain 框架同时开发的还有一些扩展功能。

- **LangSmith** 是一个与 LangChain 相辅相成的平台，可以为大规模语言模型应用程序提供鲁棒的调试、测试和监控功能。例如，开发人员可以通过查看详细的执行轨迹快速调试新链。可根据对数据集评估来替换大规模语言模型的提示工程，以确保质量和一致性。使用分析有助于基于数据驱动做出优化决策。
- **LangChain 模板**为旨在利用大规模语言模型功能的构建者提供了一个全面的仓库。该功能提供了一套模板和一个资源中心，包括广泛的文档和一个社区讨论平台，支持开发生产就绪的应用程序。LangChain 模板还通过介绍、提示模板和对话记忆洞察提供教育资源，使其成为 LangChain 新手的重要学习工具。
- **LangServe** 以 REST API 的形式帮助开发人员部署 LangChain 可运行程序和链。截至 2024 年 4 月，托管版本已经发布。LangServe 简化了大规模语言模型应用程序的部署和管理,具有自动模式推理(通过 Pydantic)和一系列高效的 API 端点,确保了可扩展性,并为开发人员提供了一个引人入胜的交互式游乐场。

- **LangGraph** 可帮助开发具有循环数据流和有状态多角色场景的复杂大规模语言模型应用程序。它的设计强调简单性和可扩展性,允许创建灵活、增强的运行时环境,支持复杂的数据流和控制流,确保与 LangChain 生态系统的兼容性和集成性。

LangChain 已经集成了大量第三方工具,而且每周都有许多新工具加入。与 TruLens、Twitter、Typesense、Unstructured、Upstash Redis、Apify、Wolfram Alpha、Google Search、OpenWeatherMap 和维基百科等集成的工具种类繁多,不胜枚举。这些工具和功能为开发、管理和可视化大规模语言模型应用程序提供了一个全面的生态系统,每种工具和功能都具有独特的功能和集成,可增强 LangChain 的功能和用户体验。

在 LangChain 的基础上或围绕 LangChain 开发了许多第三方应用程序。例如,**LangFlow** 和 **Flowise** 为大规模语言模型开发引入了更多交互层面,其用户界面允许将 LangChain 组件可视化地组装到可执行的工作流中。正如图 2.6 的 Flowise 截图所示(来源: https://github.com/FlowiseAI/Flowise),这种拖放式的简便操作可以快速创建原型以及进行实验,降低了复杂管道创建的门槛。

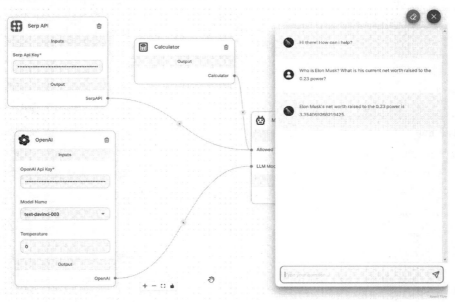

图 2.6 带有智能体的 Flowise 用户界面,使用大规模语言模型、计算器和搜索工具

可以看到一个与搜索界面(**Serp API**)、大规模语言模型和计算器相连的智能体(本章稍后讨论)。LangChain 和 LangFlow 可以部署在本地(例如使用 Chainlit 库),也可以部署在不同的平台上(包括 Google Cloud)。通过 langchainserve 库,只需要一条命令就能将

LangChain 和 LangFlow 作为大规模语言模型应用即服务部署到 Jina AI 云上。

LangChain 虽然还相对较新，但它通过记忆、链和智能体等组件的组合，解锁了更高级的大规模语言模型应用程序。它旨在简化原本复杂的大规模语言模型应用程序开发。因此，这里必须将重点转移到 LangChain 及其组件的工作原理上。

2.3　探索 LangChain 的关键组件

通过链、智能体、记忆和工具，可以创建复杂的大规模语言模型应用程序，而不仅仅是对单个大规模语言模型进行基本的 API 调用。在下面关于这些关键概念的专门小节中，将探讨它们如何通过将语言模型与外部数据和服务相结合来开发功能强大的系统。

本章不会深入探讨实现模式，不过会更详细地讨论其中一些组件的用途。完成本章的学习，你应该已经具备了使用 LangChain 构建系统所需的理解水平。从链开始吧！

2.3.1　链

链是 LangChain 中的一个重要概念，用于将模块化组件组合成可重用的管道。例如，开发人员可以将多个大规模语言模型调用和其他组件按顺序组合在一起，创建复杂的应用程序，用于聊天机器人式的社交互动、数据提取和数据分析等。用最通用的术语来说，链是调用组件的序列，其中可以包括其他链。链最简单的例子可能就是 PromptTemplate，它将格式化的响应传递给语言模型。

提示链(prompt chaining) 是一种可用于提高 LangChain 应用程序性能的技术，它涉及将多个提示链接在一起，以自动完成更复杂的响应。更复杂的链将模型与LLMMath(用于数学相关查询)或 SQLDatabaseChain(用于查询数据库)等工具集成在一起。这些链被称为**实用链(utility chain)**，因为它们将语言模型与特定工具结合在一起。

链甚至还能执行策略，比如控制有毒输出或与道德原则保持一致。LangChain 实现的链可确保输出内容无毒，不违反 OpenAI 的审核规则(OpenAIModerationChain)，或者符合道德、法律或自定义原则(ConstitutionalChain)。

LLMCheckerChain 使用自我反省技术来验证语句，以减少不准确的响应。LLMCheckerChain 可以通过验证所提供语句和问题背后的假设来防止幻觉并减少不准确的响应。在卡内基梅隆大学、艾伦研究所、华盛顿大学、英伟达公司、加州大学圣地亚哥分校和谷歌研究院的研究人员于 2023 年 5 月发表了一篇论文 "SELF-REFINE: Iterative Refinement with Self-Feedback"，其中提到，在包括对话响应、数学推理和代码推理在内的基准测试中，这种策略能将任务性能平均提高约 20%。

少数链可以进行自主决策。与智能体一样，路由器链也可以根据自己的描述决定使用哪种工具。RouterChain 可以动态选择要使用的检索系统，如提示或索引。

链具有以下几个主要优势。

- **模块化**：逻辑被划分为可重复使用的组件。
- **可组合性**：组件可以灵活排序。
- **可读性**：管道中的每个步骤都清晰明了。
- **可维护性**：可添加、删除和交换步骤。
- **可重用性**：通用管道变成可配置的链。
- **工具集成**：轻松集成大规模语言模型、数据库、API 等。
- **生产力**：快速构建可配置链的原型。

这些优势结合在一起，可以将复杂的工作流程封装为易于理解和适应的链式管道。

通常，开发 LangChain 链需要将工作流分解为逻辑步骤，如数据加载、处理、模型查询等。设计良好的链包括将单一责任组件管道化在一起。步骤应该是无状态函数，以最大限度地提高可重用性。配置应该是可定制的。利用异常和错误进行强大的错误处理对可靠性至关重要。监控和日志记录可以通过不同的机制(包括回调)实现。

接下来讨论一下智能体及其如何做决定！

2.3.2 智能体

智能体是 LangChain 中的一个关键概念，用于创建能与用户和环境长期动态交互的系统。智能体是一个自主的软件实体，能够采取动作完成目标和任务。

链和智能体是两个相似的概念，不妨来看看它们之间的区别。LangChain 的核心理念是大规模语言模型和其他组件的组合性。链和智能体都能做到这一点，但方式不同。两者都对大规模语言模型进行了扩展，但智能体是通过编排链实现的，而链则是对底层模块进行组合。链通过对组件排序来定义可重复使用的逻辑，而智能体则利用链来采取目标驱动的动作。智能体对链进行组合和编排。智能体观察环境，根据观察结果决定执行哪条链，采取链的指定动作，然后重复执行。

智能体以大规模语言模型作为推理引擎，决定采取哪些动作。大规模语言模型会收到可用工具、用户输入和先前步骤的提示。然后，它选择下一步动作或最终响应。

工具(本章稍后讨论)是智能体调用的功能，用于采取现实世界中的动作。提供正确的工具并对其进行有效描述，对于智能体实现目标至关重要。

智能体执行器运行时负责编排智能体查询、执行工具操作、反馈观察结果的循环。它处理较低级别的复杂问题，如错误处理、日志记录和解析等。

智能体具有以下几个主要优势。

- **面向目标的执行**：智能体可以针对特定目标对逻辑链进行规划。
- **动态响应**：通过观察环境变化，智能体可以做出反应并进行调整。
- **有状态性**：智能体可以在交互过程中保持记忆和上下文。
- **稳健性**：可通过捕捉异常和尝试使用备用链来处理错误。
- **组合性**：智能体逻辑结合了可重复使用的组件链。

这样，智能体就能处理复杂的多步骤工作流程和持续交互的应用程序(如聊天机器人)。

　　在介绍大规模语言模型的局限性时，我们已经看到，在计算方面，一个简单的计算器胜过由数十亿个参数组成的模型。在这种情况下，智能体可以决定将计算传递给计算器还是 Python 解释器。图 2.7 所示为一个简单的应用程序，其中一个智能体同时连接到 OpenAI 模型和 Python 函数。

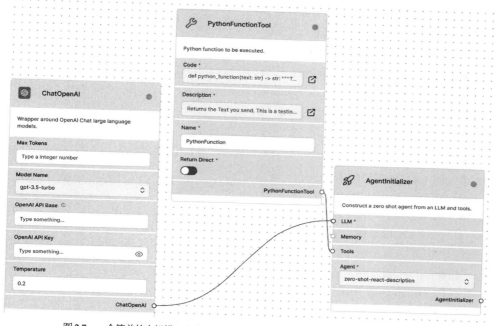

图 2.7　一个简单的大规模语言模型应用程序，在 LangFlow 中显示了一个 Python 函数

　　根据输入，智能体可以决定运行一个 Python 函数。每个智能体还可以决定使用哪种工具以及何时使用。第 4 章将详细介绍其工作机制。

　　智能体和链的一个关键限制是它们的无状态性——每次执行都是孤立进行的，不保留先前的上下文。这就是记忆概念的关键所在。在 LangChain 中，记忆指的是在链执行过程中持续保存信息，以实现有状态性。

2.3.3　记忆

　　在 LangChain 中，记忆[1]指的是在链或智能体执行之间的持续状态。强大的记忆方法为开发人员构建会话和交互式应用程序提供了关键优势。例如，在记忆中存储聊天记录上下文可以提高大规模语言模型响应的一致性和相关性。

　　链可以将对话记忆传递给每次调用的模型，以保持一致性，而不是将每次用户输入

---

1 译者注：Memory 在本书中，翻译有两种方式，在大规模语言模型 LangChain 中，翻译为"记忆"；在计算机体系结构和软件系统中，翻译为"内存"。

视为孤立的提示。智能体还可以在记忆中保存有关世界的事实、关系和推论。即使现实世界的条件发生了变化，这些知识仍然可用，从而使智能体随时了解上下文。目标记忆和已完成任务的记忆可以使智能体在对话中跟踪多步骤目标的进展情况。此外，将信息保留在记忆中还减少了调用大规模语言模型获取重复信息的次数。这降低了 API 的使用率和成本，同时仍能为智能体或链提供所需要的上下文。

LangChain 提供了标准的记忆接口、与数据库等存储选项的集成，以及将记忆有效集成到链和智能体中的设计模式。

目前有多种记忆选项，下面是其中的几种。

- ConversationBufferMemory 在模型历史中存储所有消息。
- ConversationBufferWindowMemory 只保留最近的消息。
- ConversationKGMemory 将交流总结为知识图谱，并集成到提示中。
- ConversationEntityMemory 存储对话中的事实。

此外，LangChain 还集成了多种数据库选项，用于持久存储。

- SQL 选项(如 Postgres 和 SQLite)可实现关系数据建模。
- MongoDB 和 Cassandra 等 NoSQL 选项可促进可扩展的非结构化数据。
- Redis 为高性能缓存提供了内存型数据库。
- AWS DynamoDB 等托管云服务可消除基础设施负担。

除数据库外，Remembrall 和 Motörhead 等专用内存服务器还可提供优化的会话上下文。正确的记忆方法取决于持久性需求、数据关系、规模和资源等因素，但稳健地保留状态是对话和交互式应用程序的关键。

LangChain 的记忆集成(从短期缓存到长期数据库)可帮助构建有状态、能感知上下文的智能体。构建有效的记忆模式将开启下一代功能强大、性能可靠的人工智能系统。LangChain 提供了许多可用于应用程序的工具。短短的一节无法全面介绍这些工具；不过，我会尝试简要概述一下。

2.3.4 工具

工具为智能体提供了模块化接口，以集成数据库和 API 等外部服务。工具包将共享资源的工具进行分组。工具可与模型相结合，以扩展其功能。LangChain 提供了文档加载器、索引和向量存储等工具，这些工具有助于检索和存储数据，从而增强大规模语言模型的数据检索能力。

可用的工具有很多，这里仅举几个例子。

- **机器翻译：** 语言模型可以使用机器翻译器来更好地理解和处理多语言文本。这种工具可以让非翻译专用的语言模型理解和回答不同语言的问题。
- **计算器：** 语言模型可以使用简单的计算器工具解决数学问题。计算器支持基本的算术运算，使模型能够在专门为解决数学问题而设计的数据集中准确地解决数学问题。

- **地图**：通过与必应地图 API(Bing Map API)或类似服务连接，语言模型可以检索位置信息、协助规划路线、计算驾驶距离，并提供附近兴趣点的详细信息。
- **天气**：天气 API 可为语言模型提供全球城市的实时天气信息。模型可以回答有关当前天气状况的查询，或预测特定地点在不同时间段内的天气。
- **股票**：通过与 Alpha Vantage 等股票市场 API 连接，语言模型可以查询特定股票市场信息，如开盘价和收盘价，最高价和最低价等。
- **幻灯片**：配备了幻灯片制作工具的语言模型可以使用 API(如 python-pptx 库)提供的高级语义或根据给定主题从互联网检索图片来制作幻灯片。这些工具有助于制作各种专业领域所需要的幻灯片。
- **表格处理**：使用 pandas DataFrames 构建的 API 让语言模型能够在表格上执行数据分析和可视化任务。通过连接到这些工具，模型可以为用户提供更流畅、更自然的表格数据处理体验。
- **知识图谱**：语言模型可以使用模仿人类查询过程的 API 来查询知识图谱，如查找候选实体或关系、发送 SPARQL 查询、检索结果。这些工具有助于根据知识图谱中存储的事实知识回答问题。
- **搜索引擎**：利用必应搜索(Bing Search)等搜索引擎 API，语言模型可以与搜索引擎交互，提取信息并为实时查询提供答案。这些工具增强了模型从网络上收集信息并提供准确响应的能力。
- **维基百科**：配备维基百科搜索工具的语言模型可以搜索维基百科页面上的特定实体，查找页面中的关键词，或对名称相似的实体进行消歧。这些工具有助于利用从维基百科检索到的内容完成问题回答任务。
- **在线购物**：将语言模型与在线购物工具连接起来，就可以执行各种操作，如搜索商品、加载商品详细信息、选择商品特征、浏览购物页面，以及根据特定的用户指令做出购买决定。

其他工具包括 AI Painting(允许语言模型使用人工智能图像生成式模型生成图像)、3D Model Construction(允许语言模型使用复杂的三维渲染引擎创建三维模型)、Chemical Properties(使用 PubChem 等 API 协助解决有关化学性质的科学问题)及数据库工具(便于使用自然语言访问数据库数据，以执行 SQL 查询和检索结果)。

这些不同的工具为语言模型提供了额外的功能和能力，以执行文本处理以外的任务。通过 API 与这些工具连接，语言模型可以增强其在翻译、数学问题求解、基于位置的查询、天气预报、股票市场分析、幻灯片制作、表格处理和分析、图像生成、文本到语音的转换及更多专业任务等领域的能力。

所有这些工具都能提供先进的人工智能功能，而且可用的工具几乎没有限制。我们可以轻松地构建自定义工具来扩展大规模语言模型的功能，具体参见第 3 章。不同工具的使用扩展了语言模型的应用范围，使它们能够更高效、更好地处理现实世界中的各种任务。

在讨论了链、智能体、记忆和工具之后，让我们把这些知识结合到一起，了解一下 LangChain 是如何将它们作为活动部件组合在一起的。

2.4　LangChain 如何工作

LangChain 通过提供可无缝协作的模块化组件，使你能够构建高级智能体。该框架将各种功能组织成模块，从基本的大规模语言模型交互到复杂的推理和持久化。以下是 LangChain 组件的详细介绍，以及它们如何为构建高级智能体做出贡献，包括工具的重要作用。

- 数据准备
  - 文档加载器：这些组件充当数据处理程序，从各种来源获取信息，并将其转换为结构化格式(文档)，以便进一步处理。
  - 文本划分器：大型文档可能会让大规模语言模型不堪重负。文本划分器可将复杂的文档分割成更小、更易于管理的块，以便进行高效分析。
- 了解用户
  - 提示：这些提示就像大规模语言模型的指令一样，引导大规模语言模型实现预期结果。编写简洁明了的提示对于准确响应至关重要。
- 语言处理能力
  - 大规模语言模型：这些是核心引擎，提供核心的文本生成和分析功能。LangChain 为各种大规模语言模型提供接口，可以选择最适合你任务的大规模语言模型。
- 利用外部信息和工具进行推理
  - 检索：想象一下一个庞大的信息库。检索组件就像图书管理员一样，根据用户的查询和大规模语言模型的分析，搜索这个信息库(由向量存储等工具提供支持)，找到相关数据(文档、代码片段等)。
  - 嵌入模型：这些组件可将文本(查询和检索到的文档)转换为数字表示(嵌入)，以便在向量存储中进行高效搜索。
  - 工具：它们是连接大规模语言模型与现实世界的接口，允许大规模语言模型与外部系统和服务(如数据库、API 和软件应用程序)进行交互。可以把它们看作是智能体工具箱中的专用工具。
- 将一切整合在一起
  - 链：这些是编排整个流程的工作流。链将不同的 LangChain 组件(如文档加载器、检索器、工具和大规模语言模型本身)按照特定顺序组合在一起，以实现所需要的结果。
  - 智能体：它们是利用链与用户交互的智能实体。根据用户的目标和对话的当前状态，智能体选择适当的链来执行，其中可能涉及各种工具。

- 学习和记忆
  - **记忆**：智能体可以利用记忆组件在对话中存储信息。这使它们能够随着时间的推移保持上下文并个性化互动。
- 监控和改进
  - **回调**：这些是嵌入在链中的钩子，可用于监控和记录进程。它们可提供有关智能体性能的宝贵见解，并可用于调试和改进。

通过以循序渐进的方式组合这些 LangChain 组件，可以构建出超越简单文本生成的高级智能体。这些智能体可以利用外部数据、有效推理、实用工具与世界交互，并在你定义的框架内做出明智的决策。

如前所述，LangChain 提供了连接和查询 GPT-4 等大规模语言模型及其他模型的接口，从而使应用程序能够与聊天模型和文本嵌入模型的提供商进行交互。支持的提供商包括 OpenAI、HuggingFace、Azure 和 Anthropic。提供标准化接口意味着可以毫不费力地更换模型，以节省资金和能源，或获得更好的性能。第 3 章将介绍其中的一些选项。

LangChain 的核心构件是提示类别，它允许用户通过提供简明的指令或示例与大规模语言模型交互。提示工程有助于优化提示，以获得最佳的模型性能。模板让输入更灵活，而可用的提示集合也在一系列应用程序中经过了实战检验。第 3 章会介绍提示，提示工程则是第 8 章的主题。

文档加载器可以将各种来源的数据输入到包含文本和元数据的文档中。然后，可以用文档转换处理这些数据——分割、合并、过滤、翻译等。这些工具可以调整外部数据，以供大规模语言模型使用。

数据加载器包括用于存储数据的模块和用于与外部系统(如网络搜索或数据库)交互的实用程序，以及最重要的是数据检索器，例如微软 Word 文档(.docx)、**超文本标记语言(HyperText Markup Language，HTML)**和其他常见格式，如 PDF、文本文件、JSON 和 CSV。其他工具可以向潜在客户发送电子邮件，为粉丝发布有趣的双关语，或者向同事发送 Slack 消息。第 5 章将会介绍。

文本嵌入模型可以创建捕捉语义的文本的向量表征。这样就可以通过查找具有最相似向量表征的文本来实现语义搜索。向量存储在此基础上对嵌入的文档向量进行索引，从而实现高效的基于相似性的检索。

在处理大型文档时，需要对文档进行分块，以便传递给大规模语言模型，这时向量存储就派上用场了。文档的这些部分将作为嵌入存储，这意味着它们是信息的向量表征。所有这些工具都能增强大规模语言模型的知识，提高它们在问题回答和摘要等应用程序中的性能。

传统数据库集成了很多向量存储组件。其中包括阿里巴巴的 Cloud OpenSearch、用于 PostgreSQL 的 AnalyticDB、用于**近似近邻(Approximate Nearest Neighbor，ANN)**搜索的 Meta AI Annoy 库、Cassandra、Chroma、Elasticsearch、**Facebook AI Similarity**

Search(Facebook AI 相似性搜索，**Faiss**)、MongoDB Atlas Vector Search、用于 Postgres 的向量相似性搜索 PGVector、Pinecone、scikit-learn(用于 k 近邻搜索的 SKLearnVectorStore)等。第 5 章会探讨这些内容。

> **注意:**
> 接下来将深入探讨 LangChain 的一些使用模式和组件用例的细节，而以下资源则提供了宝贵的信息，介绍了 LangChain 组件以及如何将它们组装到管道中。
> 有关数十个可用模块的详细信息，参阅全面的 LangChain API 参考资料: https://api.python.langchain.com/。此外，还有数百个代码示例展示了真实世界的用例: https://python.langchain.com/docs/use_cases/。

现在，有必要了解一下 LangChain 软件包及其结构。此外，还将讨论在开发项目时如何处理 LangChain 的更改。

2.5　LangChain 软件包结构

LangChain 发展迅速，每天大约有 10～40 个拉取请求。这给任何使用该框架的人都带来了挑战。LangChain 面临的另一个挑战是大量的集成。集成经常需要安装额外的第三方 Python 软件包。不同的集成对同一软件包的依赖项可能存在冲突。

LangChain 对第三方软件包的安装采取了一种"偷懒"的方法。只有在 LangChain 运行其代码时，才需要安装软件包。因此，不必安装所有软件包，只需要安装正在运行的软件包。不必下载数百个集成软件包，而只需要安装需要的集成软件包，而且应该只需要安装少数几个。

对于 LangChain 维护者来说，将所有集成组件放在一个软件包中并不是好主意。在开发过程中，这将要求 LangChain 团队对所有代码进行测试，即使是很小的改动。因此，LangChain 团队决定将 LangChain 原来的单个 Python 软件包划分成几个软件包。

- **langchain-core**：该软件包提供了各种组件的基础抽象和集成方法。它定义了大规模语言模型、向量存储和检索器等基本组件的接口，不包括任何第三方集成。它特意保持了最小化和轻量级的依赖项。
- **langchain**：主要的 LangChain 库包括链、智能体和检索策略，它们构成了应用程序的认知架构。这些组件不与任何第三方集成绑定，因此普遍适用于所有集成。
- **langchain-experimental**：此软件包保留了对生产使用可能有潜在危险的代码，或不够稳定、无法投入生产的代码。因此，请谨慎使用！
- **langchain-community**：此软件包包含由 LangChain 社区维护的第三方集成。它包括大规模语言模型、向量存储和检索器等各种组件的大部分集成。为了保持软件包的轻量级，依赖项是可选项。

- **合作伙伴软件包**：虽然在 langchain-community 中可以找到各种集成，但流行的集成被分离到它们自己的软件包中(如 **langchain-openai**、**langchain-anthropic**)。这种方法增强了对这些关键集成的独立支持。合作伙伴软件包放在 LangChain 仓库之外，但在 GitHub 的 langchain-ai 组织内(见 https://github.com/orgs/langchain-ai)。获取软件包的完整列表地址：https://python.langchain.com/v0.2/docs/ integrations/ platforms/。
- **在 langchain-ai 组织之外的合作伙伴软件包**：一些合作伙伴决定独立创建和支持自己的集成软件包。例如，来自谷歌的几个软件包(如 langchaingoogle-cloud-sql-mssql 软件包)，地址：https://github.com/googleapis。

> **注意**
> 由于 LangChain 变化很快，本书中的代码比 LangChain 软件包和 LangChain 文档更稳定，因此，在开发生产代码时，要检查 LangChain 的最新改进。

除了 LangChain，还有其他一些框架，不过 LangChain 是其中最突出、功能最丰富的框架之一。

2.6　LangChain 与其他框架的比较

开发大规模语言模型应用框架的目的是提供专门的工具，以有效利用大规模语言模型的力量解决复杂问题。

图 2.8 显示了它们在一段时间内的受欢迎程度(数据来源：GitHub Star History，https://star-history.com/)。

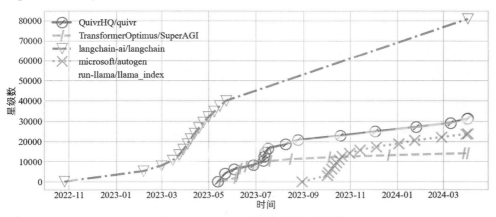

图2.8　Python 中不同框架的受欢迎程度比较

可以看到 GitHub 上每个项目的星级数。LangChain、LlamaIndex(以前称为 GPTIndex)和 SuperAGI 均始于 2022 年底或 2023 年初,与 LangChain 相比,后两者在短时间内并未获得广泛认可,而 LangChain 的增长速度则令人瞩目。AutoGen 是微软最近发布的一个项目,已经引起了一些人的兴趣。本书将详细介绍 LangChain 的许多功能,并探索其特性,这些特性正是它现在大受欢迎的原因所在。

我排除了 AutoGPT 和 Haystack。AutoGPT 和类似的作为个人助理的递归应用程序经常陷入逻辑循环和重复中。Haystack 是一个较早的框架,始于 2020 年初(根据最早的 GitHub 提交),不过,与其他框架相比,它不太流行,而且侧重于语义搜索。下面比较一下各种大规模语言模型框架。

- LangChain 擅长使用智能体、提示优化和上下文感知信息检索/生成将大规模语言模型串联起来。其模块化 Pythonic 界面和大量工具使其成为使用大规模语言模型实现复杂业务逻辑的首选。
- LlamaIndex 和 Haystack 更侧重于高级检索功能,而不是更广泛的大规模语言模型应用。
- SuperAGI 具有与 LangChain 类似的功能,但范围没有 LangChain 广,支持也没有 LangChain 完善。
- AutoGen 的主要创新是启用可定制的会话智能体,通过自动聊天来协调大规模语言模型、人类和工具,从而优化基于大规模语言模型的工作流。

可以将各种库/框架分为四大类。

- 通用大规模语言模型应用框架:包括 LangChain、Semantic Kernel(语义内核)、Agents(智能体)、AutoGPT、SuperAGI 和 AutoGen。这些框架旨在为构建由大规模语言模型驱动的人工智能应用和智能体提供端到端的功能。
- 大规模语言模型输出质量和结构库:包括 Guardrails、Guidance 和 TypeChat,它们侧重于通过验证、风险缓解和模式工程等技术确保大规模语言模型输出的质量、结构和可靠性。
- 用于大规模语言模型控制和定制的库:Pyvene、LMQL、Kani 和 PyLLMCore 等框架都属于这一类。它们为大规模语言模型行为、干预和编程接口提供了底层控制和定制功能。
- 检索-增强生成框架:Quivr、LlamaIndex 和 Haystack 是专为检索-增强生成用例设计的,结合了信息检索和大规模语言模型生成功能。

在通用应用框架中,通常会为大规模语言模型开发提供一整套模块和组件,从提示管理和数据增强到基于智能体的架构,不一而足。通用大规模语言模型应用框架的比较如表 2.1 所示。

表2.1　通用大规模语言模型应用框架的比较

类别	描述	功能	维护者
LangChain	开发大规模语言模型驱动的应用程序的框架	组件、链、智能体、集成、大型社区	Anthropic
语义内核	将人工智能服务集成到应用程序中的框架	内核编排、插件、连接器、规划器	微软
智能体	构建自主语言智能体的框架	记忆、工具、Web 导航、多智能体、控制	AIWaves 公司
AutoGPT	用于复杂任务的自主人工智能智能体	多模态、工作流程自动化、集成	Significant Gravitas
SuperAGI	自主人工智能智能体框架	智能体供应、工具包、遥测、优化	SuperAGI
AutoGen	用于高级大规模语言模型工作流的多智能体框架	可定制的会话智能体、大规模语言模型编排	微软研究院

还有其他使用 Rust、JavaScript、Ruby 和 Java 等语言的大规模语言模型应用程序框架。例如，用 Rust 编写的 Dust 专注于大规模语言模型应用程序的设计和部署。

像 LangChain 这样的框架旨在通过提供防护、约定和预建模块来减少障碍，但基础知识对于避免陷阱和最大化大规模语言模型的价值仍然非常重要。在提供有能力、负责任的应用程序时，投资教育会带来回报。

2.7　小结

大规模语言模型可以生成令人信服的语言，但在推理、知识和使用工具方面却有很大的局限性。正如你所见，LangChain 框架简化了由大规模语言模型驱动的复杂应用程序的构建，从而减少缺陷。链允许对大规模语言模型、数据库、API 等进行排序调用，以完成多步骤工作流。智能体可利用链根据观察结果采取行动，以管理动态应用程序。记忆会在执行过程中持久保存信息，以保持状态。这些概念通过整合外部数据、操作和上下文，使开发人员能够克服单个大规模语言模型的局限性。换句话说，LangChain 将复杂的编排工作简化为可定制的构建模块。

此外，LangChain 生态系统还包括用于收集反馈的 LangSmith、用于构建复杂有状态应用程序的 LangGraph 以及用于简化 API 创建的 LangServe，它们都具有旨在优化性能、可扩展性和用户参与度的独特功能。此外，TruLens、Twitter 和 Google Search 等重要的第三方集成也丰富了该框架的功能，使大规模语言模型的应用更加广泛。

在第 3 章中，将使用 LangChain 实现第一个应用程序！将从简单的提示、链和大规模语言模型集成(包括本地模型)开始。还将学习图像理解和文本摘要。最后,将列举几个对客户服务智能体有帮助的例子。

2.8　问题

看看能否回答这些问题。如果你对某个问题不确定,建议你重新阅读本章相应的小节。

1. 大规模语言模型有哪些局限性?
2. 什么是随机鹦鹉?
3. 什么是大规模语言模型应用程序?
4. 什么是 LangChain,为什么要使用它?
5. LangChain 有哪些主要功能?
6. LangChain 中的链是什么?
7. 什么是智能体?
8. 什么是记忆,为什么需要记忆?
9. LangChain 中有哪些可用的工具?
10. LangChain 是如何工作的?

第3章
LangChain 入门

在本书中，将编写大量代码，并测试许多不同的集成和工具。因此，本章将给出使用最常见的依赖管理工具(如 Docker、Conda、pip 和 Poetry)需要的所有库的基本设置说明。这将确保你能够运行本书中的所有实用示例。

接下来，将了解云提供商集成(如 Hugging Face、OpenAI、谷歌和 Anthropic)以及模型(如 Claude、Mistral、Gemini 和 GPT-4)。将初始化大规模语言模型和聊天模型，使用提示模板对其进行提示，并使用 LangChain 表达式语言对其进行链处理。作为其他用例，将测试 OpenAI 和 Replicate 中的文本到图像模型，以及 GPT-4 中的图像理解(指分析和处理视觉信息)。还将建立和测试与 Hugging Face、llama.cpp 和 GPT4All 的集成，以便在本地运行模型。

作为一个实际示例，将介绍一个真实世界的应用实例，即一个可以帮助客户服务智能体的大规模语言模型应用程序，这是大规模语言模型被证明能改变游戏规则的主要领域之一。这将为使用 LangChain 提供更多的上下文。

最后，将讨论 map-reduce 管道，在这种管道中，文档被分解成若干部分，分别处理，然后将所有这些中间结果重新组合在一起。最后，将讨论词元计数，这是另一个重要话题。如果你不想让成本激增，一定注意词元计数问题，因为每个商业平台通常都会对每个词元收费。

本章主要内容：
- 如何为本书设置依赖
- 探索云端集成
- 大规模语言模型、提示和聊天模型
- 运行本地模型
- 构建客户服务应用程序
- 应用 map-reduce
- 监控词元使用情况

> **注意:**
> 如有任何问题或在运行代码时遇到困难,请在 GitHub 上创建问题或加入 Discord 讨论: https://packt.link/lang。

本章将从在笔记上为本书设置环境开始。

3.1 如何为本书设置依赖

在本书中,假设你至少对 Python、Jupyter 和环境有基本的了解,但还是先快速浏览一下吧。如果你对自己的设置很有信心,或者计划为每一章或每个应用程序单独安装库,那么可以放心地跳过这一部分。

请确保你安装的 Python 版本为 3.10 或更高版本。你可以从 python.org 或平台的软件包管理器中安装。如果使用 Docker、Conda 或 Poetry,那么正确的 Python 版本应该会按照说明自动安装。还应该安装 Jupyter Notebook 或 JupyterLab,以便交互式运行示例笔记。

Docker、Conda、Pip 和 Poetry 等环境管理工具有助于为项目创建可重现的 Python 环境。这些工具用于安装依赖并隔离项目。我们使用这些工具来确保能准确地准备好运行本书代码所需的所有库和工具,因此这是非常重要的一步。表 3.1 概述了管理依赖的这些选项。

表 3.1 管理依赖的工具比较

工具	优势	不足
pip	默认的 Python 软件包管理器 安装软件包的简单命令 用于跟踪依赖的 requirements.txt	无法安装非 Python 系统依赖包 无内置虚拟环境管理(参见 venv 或其他工具) 有限的依赖解析
Poetry	直观的界面 处理复杂的依赖关系树 内置虚拟环境管理 与 PyPI 集成	不如 pip 常见 非 Python 依赖管理有限
Conda	管理 Python 和非 Python 依赖 处理复杂的依赖树 可创建具有特定 Python 版本的独立环境 内置虚拟环境管理	比本地软件包管理器慢 磁盘使用量大
Docker	提供完全隔离和可复制的环境 易于共享和分发 保证各系统的一致性	需要额外的平台知识 磁盘使用量较大 启动时间较慢

注意：
每种管理工具都提供了自己的一致性机制(例如，Poetry 使用锁文件，Docker 使用容器)。不过，Docker 提供了最多的隔离功能，并对比较工具之间的一致性提供了最有力的保证。

对于开发人员来说，通过容器提供隔离的 Docker 是一个不错的选择。它的缺点是占用大量磁盘空间，而且比其他工具更复杂。对于数据科学家，我推荐 Conda 或 Poetry。

Conda 可以高效地处理错综复杂的依赖，不过在大型环境中速度可能会慢得惊人。Poetry 能很好地解决依赖并管理环境，但不能捕捉系统依赖。

提示：
所有工具都允许从配置文件中共享和复制依赖项。你可以在本书的仓库(https://github.com/benman1/generative_ai_with_langchain)中找到一系列说明和相应的配置文件。完成安装后，使用 pip show langchain 命令确保已安装 LangChain 0.1.20 版本。随着这一前沿领域的创新和库更新，代码可能会定期更改。如有任何疑问，或在运行代码时遇到任何问题，请在 GitHub 上创建问题，或在 Discord 上参与讨论，网址：https://packt.link/lang。

你应该可以在 GitHub 上找到这些文件，它们可以帮助你管理安装，并确保你可以运行本书中的所有示例和项目：

- 用于 pip 的 requirements.txt
- 用于 Poetry 的 pyproject.toml
- 用于 Conda 的 langchain_ai.yaml
- 用于 Docker 的 Dockerfile

根据系统依赖是否被管理，它们可能需要更多设置来进行额外调整，pip 和 Poetry 就是这种情况。首选 Conda，因为它在复杂性与隔离性之间取得了适当的平衡。在 Windows 系统上，建议使用 **Windows Subsystem for Linux (WSL)** 或 Docker。

如前所述，我们不会在安装上花太多时间，而是依次对不同的工具进行简单介绍。对于所有说明，确保已在计算机上下载(使用 GitHub 用户界面)或克隆了本书的仓库，并已更改为项目的根目录。

如果在安装过程中遇到问题，可查阅相关文档或在本书的 GitHub 仓库上提出问题或通过 Discord 联系我们。本书发行时已经对不同的安装进行了测试，但情况可能会发生变化，将在线更新 GitHub README，为可能出现的潜在问题提供解决方法。

对于每个工具，关键步骤都是安装工具、使用仓库中的配置文件并激活环境。这样就建立了一个可重现的环境，运行书中的所有示例(除了极少数例外情况，本书将一一指出)。

下面从最简单的到最复杂的进行介绍。从 pip 开始！

- **pip**：**Python 软件包安装程序(pip)** 是默认的 Python 软件包管理器。要使用 pip，先要完成以下设置。

(1) 如果 Python 发行版中尚未包含 pip，按照此处的说明安装：https://pip.pypa.io/。

(2) 使用虚拟环境进行隔离(如 venv)。

(3) 安装 requirements.txt 中的依赖：

```
pip install -r requirements.txt
```

- **Poetry**：Poetry 相对较新，但因其便利性而受到 Python 开发人员和数据科学家的欢迎。它可以管理依赖和虚拟环境。要使用 Poetry，先要完成以下设置。

(1) 按照 https://python-poetry.org/ 上的说明安装 Poetry。

(2) 运行 poetry install 来安装依赖。

- **Conda**：Conda 管理 Python 环境和依赖。要使用 Conda，先要完成以下设置。

(1) 按照以下链接中的说明安装 Miniconda 或 Anaconda：https://docs.continuum.io/anaconda/install/。

(2) 根据 langchain_ai.yml 创建环境：

```
conda env create --file langchain_ai.yaml
```

(3) 激活环境：

```
conda activate langchain_ai
```

- **Docker**：Docker 使用容器提供隔离、可重现的环境。要使用 Docker，先要完成以下设置。

(1) 安装 Docker 引擎；按照此处的安装说明进行安装：https://docs.docker.com/get-docker/。

(2) 从该仓库中的 Dockerfile 生成 Docker 镜像：

```
docker build -t langchain_ai
```

(3) 交互式运行 Docker 容器：

```
docker run -it langchain_ai
```

下面看看一些可以与 LangChain 配合使用的模型！有许多模型云提供商，你可以通过接口使用它们的模型；其他来源则允许将模型下载到计算机。在 LangChain 的帮助下，可以与所有这些模型交互，例如通过应用程序接口(API)，或者调用下载到计算机的模型。下面从通过云提供商的 API 访问模型开始。

3.2　探索 API 模型集成

在正确开始使用生成式人工智能之前，需要设置对大规模语言模型或文本到图像模型等模型的访问权限，以便将它们集成到应用程序中。正如第 1 章中所讨论的，科技巨头推出了各种大规模语言模型，如 OpenAI 的 GPT-4、谷歌的 BERT 和 PaLM-2、Meta 的 LLaMA 等。

LangChain 提供模型集成，支持语言模型以外的多种模型，如图像生成模型。这些集成软件包括商业和本地模型的接口。表 3.2 列出了一些与云提供商和基础设施的集成。

表 3.2　LangChain 中的云提供商集成模型

提供商	描述	用例
Aleph Alpha	欧洲人工智能研究机构，专注于负责任的人工智能	大规模语言模型和文本嵌入模型
亚马逊 AWS	无服务器基础设施和人工智能服务	Bedrock、API Gateway 和 SageMaker 端点集成
Anthropic	专注于开发友好的人工智能；Claude 模型	聊天机器人、人工智能伦理研究
Cohere	加拿大初创公司，专注于人机交互	NLP 模型；构建聊天机器人、生成文本、检索和排列文档
Meta	多种语言的主要社交媒体平台	多语言句子嵌入(LASER)
谷歌	广泛的谷歌人工智能产品，包括 PaLM 和 Gemini	访问 Gemini 模型、Vertex AI Model Garden 和嵌入模型
Hugging Face	提供超过 350 000 个模型和数据集	嵌入模型和文本嵌入推理
Jina	嵌入模型的 API	嵌入，人工智能 API
微软	与 Azure 服务集成	Azure ML、Azure OpenAI 聊天和嵌入模型
MistralAI	托管功能强大的开源模型	聊天机器人、文本嵌入
OpenAI	访问在 Azure 上运行的 ChatGPT 和 Dall-E	聊天机器人、文本生成、图像创建、文档加载
Replicate	模型执行平台	通过 Replicate API 访问和运行各种模型，包括文本到图像模型。运行各种人工智能模型，包括用于文本到图像生成的 Stable Diffusion 模型

可以看到，LangChain 支持的众多提供商，包括 OpenAI、Hugging Face、Cohere、Anthropic、Azure、谷歌云平台的 Vertex AI(Gemini)和 Mistral AI；不过，这个列表还在不断增加。可以查看大规模语言模型支持的集成的完整列表，网址：https://python.langchain.com/docs/integrations/llms/。

与 Meta 和 Hugging Face 的集成在本地和云端均可使用。本章后文会再次讨论 Hugging Face 集成，届时将下载并运行一个模型。

LangChain 实现了 3 种不同的接口，使我们可以使用聊天模型、大规模语言模型和嵌入模型。图像等领域的模型的实现方式则不太一致，例如，作为一种工具，将在后文中看到。聊天模型和大规模语言模型相似，都是处理文本输入并生成文本输出。不过，它们处理的输入和输出类型有一些不同。聊天模型专门用于处理作为输入的聊天信息列表，并生成聊天信息作为输出。它们通常用于交换对话的聊天机器人应用程序。可以在 https://python.langchain.com/docs/integrations/chat 上找到聊天模型。

最后，文本嵌入模型用于将文本输入转换为称为嵌入的数字表征。本章将重点讨论文本生成，第 5 章会讨论嵌入、向量数据库和神经搜索。这里只需要说明，这些嵌入是从输入文本中捕捉和提取信息的一种方法。它们广泛应用于情感分析、文本分类和信息检索等自然语言处理任务。嵌入模型见 https://python.langchain.com/docs/integrations/text_embedding。

至于图像模型，大型开发商有 OpenAI (DALL-E)、Midjourney, Inc. (Midjourney)和 Stability AI(Stable Diffusion)。LangChain 还能与其他模型进行开箱即用的集成，以完成文本到语音的转换、图像分析和语音到文本的转换等任务。

3.2.1 环境设置和 API 密钥

对于外部(云)模型提供商来说，确保 API 访问的安全至关重要。这种设置可确保对各自模型的访问受到保护，从而促进 LangChain 生态系统内的无缝集成。对于上述每个提供商，要调用其 API，首先需要创建一个账户并获得一个 API 密钥。所有提供商对此都是免费的，其中有些提供商甚至不需要提供信用卡信息。

要在 Python 环境中设置 API 密钥，可以执行以下命令行。

```
import os
os.environ["OPENAI_API_KEY"] = "<your token>"
```

这里，OPENAI_API_KEY 是适用于 OpenAI 的环境密钥。在环境中设置密钥的好处是，每次使用模型或服务集成时，都不需要将它们作为参数包含在代码中。

也可以通过终端在系统环境中公开这些变量。在 Linux 和 macOS 中，可以使用 export 命令从终端设置系统环境变量。

```
export OPENAI_API_KEY=<your token>
```

要在 Linux 或 macOS 中永久设置环境变量，需要在指令开始前添加到~/.bashrc 或

~/.bash_profile 文件中,然后使用 source~/.bashrc 或 source ~/.bash_profile 命令重新加载
shell。

在 Windows 中,可以使用 set 命令根据命令提示设置系统环境变量。

```
set OPENAI_API_KEY=<your token>
```

要在 Windows 中永久设置环境变量,可以将上一行命令添加到批脚本中。

我个人的选择是创建一个 config.py 文件,其中存储了所有的密钥。然后,我从该
模块导入一个函数,将所有键加载到环境中。如果在 GitHub 仓库中查找该函数,会发
现它不见了。这是故意为之(事实上,我已经在 Git 中禁止了对该文件的跟踪),因为出
于安全考虑,我不想与其他人共享我的密钥(而且我也不想为其他人的使用付费)。

我的 config.py 内容如下所示。

```python
import os

OPENAI_API_KEY = "... "
# 我省略了所有其他键

def set_environment():
    variable_dict = globals().items()
    for key, value in variable_dict:
        if "API" in key or "ID" in key:
            os.environ[key] = value
```

你可以在 config.py 文件中设置所有密钥。set_environment()函数会将所有密钥加载
到上述环境。任何时候想运行一个应用程序,你都可以导入该函数并用以下代码运行。

```python
from config import set_environment
set_environment()
```

将在许多应用中使用 OpenAI,但也会尝试其他组织的大规模语言模型。接下来从
OpenAI 开始,看看如何获取一些 API 密钥。

3.2.2 OpenAI

正如第 1 章中所述,OpenAI 是一家美国人工智能研究实验室,是当前生成式人工
智能模型(尤其是大规模语言模型)市场的领导者。它们提供了一系列功能强大的模型,
适用于不同的任务。本章将介绍如何使用 LangChain 和 OpenAI Python 客户端库与
OpenAI 模型进行交互。OpenAI 还为文本嵌入模型提供了一个**嵌入类**。

首先需要获得 OpenAI API 密钥。创建 API 密钥的步骤如下所示。

(1) 在 https://platform.openai.com/上创建一个登录。

(2) 设置账单信息。

(3) 可以在 **Personal | View API Keys** 下查看 API 密钥。

(4) 单击 **Create new secret key(创建新密钥)**并为其命名。

图 3.1 所示是在 OpenAI 平台上的显示方式。

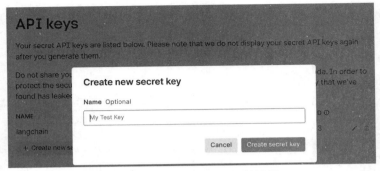

图 3.1　OpenAI API 平台——创建新密钥

单击 Create secret key 后，将看到生成的 **API 密钥消息**。需要将密钥复制到剪贴板并保存。可以将密钥设置为环境变量(OPENAI_API_KEY)，或者在每次为调用 OpenAI 构建类时将其作为参数传递。

在初始化模型时，可以指定不同的模型，无论是聊天模型还是大规模语言模型。可以在 https://platform.openai.com/docs/models 上查看模型列表。

LangChain 还集成了许多其他 OpenAI 功能，包括助手、嵌入和审核。将在第 4 章和第 5 章中介绍这些功能。每种模式都有自己的价格，通常是按词元计算。

3.2.3　Hugging Face

Hugging Face 是 NLP 领域的知名企业，在开源和托管解决方案方面具有相当大的影响力。该公司是一家美国公司，开发用于构建机器学习应用程序的工具。该公司员工开发和维护用于 NLP 任务的 Transformers Python 库，其中包括 Mistral 7B、BERT 和 GPT-2 等最新流行模型的实现，并与 PyTorch、TensorFlow 和 JAX 兼容。

除了产品，Hugging Face 还参与了 BigScience Research Workshop 等活动，并在该活动中发布了一款名为 BLOOM 的开放式大规模语言模型，拥有 1760 亿个参数。Hugging Face 还与 Graphcore 和 Amazon Web Services 等公司建立了合作关系，以优化它们的产品，并将产品提供给更广泛的客户群。

LangChain 支持利用 Hugging Face Hub，它提供了对大量模型、各种语言和格式的数据集以及演示应用程序的访问。这包括与 Hugging Face 端点的集成，实现由文本生成推理服务驱动的文本生成推理。用户可以连接到不同类型的端点，包括免费的无服务器端点 API 和支持自动扩展的企业工作负载专用推理端点。

对于本地使用，LangChain 提供了与 Hugging Face 模型和管道的集成。ChatHuggingFace 类允许在聊天应用中使用 Hugging Face 模型，而 HuggingFacePipeline 类则允许通过管道在本地运行 Hugging Face 模型。此外，LangChain 还支持嵌入 Hugging Face 模型，包括 HuggingFaceEmbeddings、HuggingFaceInstructEmbeddings 和 HuggingFace-BgeEmbeddings。HuggingFaceHubEmbeddings 类允许利用 Hugging Face 文本嵌入推

理(TEI)工具包进行高性能提取。LangChain 还提供了一个 HuggingFaceDatasetLoader，用于从 Hugging Face Hub 加载数据集。

要使用 Hugging Face 作为模型的提供商，可以在 https://huggingface.co/settings/profile 上创建一个账户和 API 密钥。此外，还可以将词元作为 HUGGINGFACEHUB_API_TOKEN 在你的环境中使用。

3.2.4　谷歌云平台

谷歌云平台(**Google Cloud Platform，GCP**)和 Vertex AI(GCP 的机器学习平台)提供了许多模型和功能。GCP 允许访问谷歌开发的各种大规模语言模型，如 PaLM 和 Gemini。对于使用 GCP 模型，需要安装 gcloud 命令行接口(**Command-Line Interface，CLI**)。可以在以下网站找到相关说明：https://cloud.google.com/sdk/docs/install。然后，可以在终端使用以下命令进行身份验证并打印密钥令牌。

```
gcloud auth application-default login
```

还需要为项目启用 Vertex AI。要启用 Vertex AI，使用 pip install google-cloud-aiplatform 命令安装 Google Vertex AI SDK。如果已经按照 3.2.3 节中 GitHub 上的说明进行了操作，那么应该已经安装了该工具。

然后，必须设置谷歌云项目 ID。此时有不同的选项可供选择。
- 使用 gcloud config set project my-project。
- 在初始化大规模语言模型时传递构造函数参数。
- 使用 aiplatform.init()。
- 设置 GCP 环境变量。

所有这些选项都很有效。有关这些选项的更多详情，可参阅 Vertex 文档。GCP 环境变量与前面提到的 config.py 文件配合良好。不过我觉得 gcloud 命令非常方便，所以就用了这个。请确保在继续之前设置了项目 ID。

如果还没有启用，会收到一条有用的错误信息，指向正确的网站，单击 Enable 即可。你必须根据偏好和可用性启用 Vertex 或**生成式语言 API**。

LangChain 提供了多种与 GCP 和 Vertex AI 服务集成的功能，可以利用各种服务完成语言模型推理、嵌入、不同来源的数据摄取、文档转换和翻译等任务。

目前，谷歌在 https://github.com/search?q=googleapis%2Flangchain-&type=repositories 仓库中提供了多个集成软件包。此外，LangChain 仓库中还有三个软件包：langcahin-google-vertexai、langcahin-googlegenai 和 langchain-google-community。

至于大规模语言模型和聊天模型，它提供了以下功能。
- 通过 GoogleGenerativeAI 和 ChatGoogleGenerativeAI 类访问谷歌的生成式人工智能模型，如 Gemini-pro 和 Gemini-pro-vision。

- 与 Vertex AI Model Garden 集成，通过 VertexAIModelGarden 类访问 PaLM 和数百个开源模型。
- 通过 ChatVertexAI 类访问 PaLM 聊天模型，如 chat-bison 和 codechat-bison。

将在第 5 章中再次讨论嵌入模型的问题。

注意:

其他提供商

Replicate:可以在 https://replicate.com/上使用你的 GitHub 凭证进行身份验证。然后单击左上角的用户图标，就能找到 API 令牌[1]——只需要复制 API 密钥，并将其作为 REPLICATE_API_TOKEN 在环境中使用即可。要运行更大的任务，需要设置信用卡(在 billing 项下)。

Azure: 通过 GitHub 或微软认证授权，可以在 Azure 上 (https://azure.microsoft.com/)创建一个账户。然后，我们就可以在 Cognitive Services | Azure OpenAI 下创建新的 API 密钥。

Anthropic: 需要设置 ANTHROPIC_ API_KEY 环境变量。

3.3 大规模语言模型交互基石

LangChain 通过精简的接口抽象了与各种大规模语言模型提供商合作的复杂性，确保不同大规模语言模型之间的切换简单明了，同时保留了在必要时利用提供商特定功能的能力。

下面将举例说明大规模语言模型和聊天模型的复杂性。将展示不同云提供商的示例。接下来逐步介绍使用这些模型的基础知识!

3.3.1 大规模语言模型

要在 LangChain 中使用大规模语言模型，只需要初始化所选的大规模语言模型封装器，并向其提供提示即可。这种交互模式在不同的大规模语言模型(如 OpenAI 的 GPT 模型)中保持一致，代码如下所示。

```
from langchain_openai import OpenAI
llm = OpenAI()
```

这将初始化大规模语言模型。注意，许多提供商集成已转移到它们自己的库中，如 langchain_openai。可以使用 **OpenAI** 语言模型类来设置与之交互的大规模语言模型，但也可以使用许多其他语言模型类，如 Claude，代码如下所示。

```
from langchain_anthropic import AnthropicLLM
llm = AnthropicLLM(model='claude-2.1')
```

---

1 译者注: 本书 Token 有两种翻译场景，在大规模语言模型场景中，翻译为 "词元"; 在 API 接口场景中，翻译为 "令牌"。

使用这两种模型中的任何一种都可以提供一个提示，然后让大规模语言模型生成文本，代码如下所示。

```
print(llm.invoke("Tell me a joke about light bulbs!"))
```

也可以用 llm("Tell me a joke about light bulbs! ")代替 llm.invoke()运行提示；不过，这种语法已被弃用，将在 LangChain 0.2.0 版本中删除。

可以直接在 Python 或 Notebook 中执行此示例。我在这里开了个玩笑——原因是大规模语言模型的输出是非确定性的，所以你的输出可能会有所不同，代码如下所示。

```
Why did the light bulb go to therapy?
Because it was feeling a little dim!
```

所有集成的工作方式相同，但请注意，你必须为云提供商设置 API 密钥，在本例中，必须为 OpenAI 或 Claude 设置 API 密钥。如前所述，可以通过环境变量设置。

下面来看一个例子，通过 Hugging Face Hub 使用谷歌开发的开源模型 Flan-T5-XXL 模型，代码如下所示。

```
from langchain_community.llms import HuggingFaceHub
llm = HuggingFaceHub(
    model_kwargs={"temperature": 0.5, "max_length": 64},
    repo_id="google/flan-t5-xxl"
)
prompt = "In which country is Tokyo?"
completion = llm(prompt)
print(completion)
```

第一次执行这段代码时，由于要将模型下载到计算机上，因此需要花费一些时间。

得到的响应是"japan"。大规模语言模型接收文本输入(本例中为问题)并返回响应。该模型拥有大量知识，可以为知识问题提供答案。

模拟大规模语言模型仅用于测试目的。

3.3.2　模拟大规模语言模型

模拟大规模语言模型允许在测试过程中模拟大规模语言模型的响应，而不需要进行实际的 API 调用。这对于快速原型开发和单元测试智能体非常有用。使用 FakeLLM 可以避免在测试过程中达到速率限制。它还允许模拟各种响应，以验证智能体是否能正确处理这些响应。总之，它能让智能体快速迭代，而不需要真正的大规模语言模型。

例如，可以初始化一个返回"Hello"的 FakeLLM，代码如下所示。

```
from langchain.llms.fake import FakeListLLM
fake_llm = FakeListLLM(responses=["Hello"])
fake_llm.invoke("Hi and goodbye, FakeListLLM!")
```

我们应该会得到预期的响应："Hello"。这应该有助于说明在 LangChain 中调用语言模型的总体思路。

在接下来的部分，不再使用模拟大规模语言模型，而是使用实际的大规模语言模型，从而使示例更有意义。大家最先想到的提供商之一就是 OpenAI。

3.3.3　聊天模型

LangChain 提供了管理对话的结构化模式，区分了人类信息、人工智能响应和其他类型的交互，从而增强了与聊天模型的交互。使用 gpt-4-0613 的示例代码如下所示。

```python
from langchain_openai.chat_models import ChatOpenAI
from langchain.schema import HumanMessage

# 初始化 chat 模型:
llm = ChatOpenAI(model_name='gpt-4-0613')
# 生成对话:
response = llm.invoke([HumanMessage(content='Say "Hello world" in
Python.')])
print(response)
```

要求 GPT - 4 模型用 Python 语言输入 "Hello world"。我得到的响应如下所示。

```
content='print("Hello world")' response_metadata={'token_usage':
{'completion_tokens': 5, 'prompt_tokens': 15, 'total_tokens': 20}, 'model_
name': 'gpt-4-0613', 'system_fingerprint': None, 'finish_reason': 'stop',
'logprobs': None}
```

> **注意:**
> 你可能会得到略有不同的响应，但你应该得到作为内容属性的大规模语言模型响应。在这里，模型使用打印语句来表达问候语。

聊天模型接受的输入是 BaseMessages 列表或可格式化为聊天信息的对象，代码如下所示。

```python
from langchain_core.messages import SystemMessage
chat_output = llm.invoke([
    SystemMessage(content="You're a helpful assistant"),
    HumanMessage(content="What is the purpose of model regularization?")
])
print(chat_output)
```

得到如下所示的响应。

```
content='Model regularization is a technique used to prevent overfitting
in machine learning models. Overfitting happens when a model learns
too much from the training data, including noise and outliers, and
performs poorly on unseen data.\n\nRegularization works by adding a
penalty term to the loss function, which discourages the learning
algorithm from assigning too much importance to any individual predictor
(feature). This effectively reduces the complexity of the model, making
it more generalizable to unseen data.\n\nThere are different types of
regularization techniques, including L1 regularization (Lasso regression),
L2 regularization (Ridge regression), and a combination of both (Elastic
```

```
net). \n\nIn summary, the purpose of model regularization is to improve
the generalization capability of a model, reduce model complexity, and
prevent overfitting.' response_metadata={'token_usage': {'completion_
tokens': 157, 'prompt_tokens': 24, 'total_tokens': 181}, 'model_name':
'gpt-4-0613', 'system_fingerprint': None, 'finish_reason': 'stop',
'logprobs': None}
```

还可以使用 Anthropic 模型，如 Claude 3 模型，代码如下所示。

```
from langchain_anthropic import ChatAnthropic
llm = ChatAnthropic(model='claude-3-opus-20240229')
response = llm.invoke([HumanMessage(content='What is the best large
language model?')])
print(response)
```

可以尝试各种提示，每种模型都有自己的局限性和优势。Claude 3 模型不了解自己，代码如下所示。

```
It's difficult to say definitively which large language model is the
"best", as it depends on the specific task and context. Currently, some of
the most capable and well-known large language models include:
GPT-3 (Generative Pre-trained Transformer 3) by OpenAI
PaLM (Pathways Language Model) by Google
BERT (Bidirectional Encoder Representations from Transformers) by Google
Megatron-Turing NLG by NVIDIA and Microsoft Chinchilla by DeepMind
Wu Dao 2.0 by the Beijing Academy of Artificial Intelligence
Each model has its strengths and weaknesses, and they excel in different
areas. For example, GPT-3 is known for its strong performance in natural
language generation tasks, while BERT is often used for natural language
understanding tasks like sentiment analysis and named entity recognition.
Newer models like PaLM and Chinchilla have shown impressive performance on
various benchmarks, but their full capabilities are still being explored.
It's also important to note that these models are constantly evolving,
with new versions and architectures being developed and released over
time. Ultimately, the choice of the "best" large language model depends
on the specific use case, the available resources, and the desired
performance metrics.
```

玩一玩大规模语言模型，比较一下它们，会很有趣！

3.3.4 提示

提示是一段自然语言文本，指示生成模型执行什么任务。它可以是一个问题、一个命令，也可以是一个提供上下文、指令和背景信息的较长语句。LangChain 使用 PromptTemplate 类定义提示。该类允许创建带有用户定义信息占位符的模板。

将提示文本写成字符串模板，例如用 f-string 或 Jinja2，包括用大括号{}包围的占位符。这些占位符稍后将被用户提供的数据取代。我们使用 LangChain PromptTemplate 指定占位符(变量)名称。

下面的代码是一个简单的字符串模板。

```
prompt = """
```

```
Summarize this text in one sentence:

{text}
"""

llm = OpenAI()
summary = llm.invoke(prompt.format(text="Some long story"))
```

调用模型时，提供变量值替换模板中的占位符。在这里，可以提供任何想要总结的文本。

对于这个毫无意义的示例，我得到的是该文本是一个很长的故事。对于概括几段文字，基本的提示功能就很好用。

> **提示：**
> LangChain 文档建议在模板格式化中使用 f-strings 而不是 Jinja2，因为使用不受信任的源可能存在安全风险。f-strings 是一种将变量直接嵌入字符串的安全方法。

LangChain 的提示模板可实现动态内容插入，通过在预定义的提示结构中容纳可变输入来增强大规模语言模型的实用性。提示模板允许可变长度限制和模块化提示设计：

```
from langchain_core.prompts import PromptTemplate
prompt_template = PromptTemplate.from_template("Tell me a {adjective} joke
about {content}.")
```

LangChain 支持创建与模型无关的提示模板，从而实现不同大规模语言模型之间的重复使用，代码如下所示。

```
formatted_prompt = prompt_template.format(adjective="funny",
content="chickens")
```

提示模板现在已填入值：给我讲一个关于鸡的有趣笑话(Tell me a funny joke about chickens)。

PromptTemplate 和 ChatPromptTemplate 都集成了 **LangChain 表达式语言(LangChain Expression Language，LCEL)**，支持同步、异步和流式等多种运行模式，代码如下所示。

```
prompt_val = prompt_template.invoke({"adjective": "funny", "content":
"chickens"})
```

对于聊天模型，我们必须了解聊天信息。聊天模型的输入和输出以一系列聊天信息的形式进行管理，并按人工智能、人类或系统等角色进行分类。这种结构化的方法可以让对话更加细致入微。下面再来看一个提示模板的例子，代码如下所示。

```
from langchain_openai.chat_models import ChatOpenAI
from langchain_core.prompts import ChatPromptTemplate
# 定义用于翻译文本的 ChatPromptTemplate
template = ChatPromptTemplate.from_messages([
```

```
    ('system', 'You are an English to French translator.'),
    ('user', 'Translate this to French: {text}')
])
llm = ChatOpenAI()
# 翻译一个关于灯泡的笑话
response = llm.invoke(template.format_messages(text='How many programmers
does it take to change a light bulb?'))
```

用翻译过来的笑话做了如下响应，代码如下所示。

```
content='Combien de programmeurs faut-il pour changer une ampoule?'
response_metadata={'token_usage': {'completion_tokens': 14, 'prompt_
    tokens': 36, 'total_tokens': 50}, 'model_name': 'gpt-3.5-turbo', 'system_
fingerprint': 'fp_b28b39ffa8', 'finish_reason': 'stop', 'logprobs': None}
```

信息可使用各种模板定制，确保针对不同对话上下文灵活构建提示。LangChain 的模板功能支持模块化设计、少样本示例和全面的模板组合。

3.3.5 链

LangChain 中的链概念编排了一系列操作，如输入提示、大规模语言模型调用和输出转换。下面是一个使用 Gemini Pro 模型的链示例，代码如下所示。

```
from langchain_google_genai import GoogleGenerativeAI
llm = GoogleGenerativeAI(model="gemini-pro")
```

如果更喜欢 Vertex 而不是 Generative AI 服务，可以运行它，代码如下所示。

```
from langchain_google_vertexai import ChatVertexAI

llm = ChatVertexAI(model_name="gemini-pro")
```

接下来运行链，代码如下所示。

```
from langchain import LLMChain
from langchain_core.prompts import PromptTemplate
template = """Question: {question}
Answer: Let's think step by step."""
prompt = PromptTemplate(template=template, input_variables=["question"])
llm_chain = LLMChain(prompt=prompt, llm=llm, verbose=True)
question = "What NFL team won the Super Bowl in the year Justin Beiber was
born?"
llm_chain.run(question)
```

应该会看到如下所示的响应。

```
[1m> Entering new chain...[0m

Prompt after formatting:

[[Question: What NFL team won the Super Bowl in the year Justin Beiber was
born?

Answer: Let's think step by step.[0m
```

```
[1m> Finished chain.[0m
Justin Beiber was born on March 1, 1994. The Super Bowl in 1994 was won by
the San Francisco 49ers.
```

我将 verbose 设置为 True，以查看模型的推理过程。令人印象深刻的是，即使名字拼写错误，它也能做出正确的响应。逐步的提示指令是获得正确答案的关键。

3.3.6　LangChain 表达式语言

可以用 **LangChain 表达式语言(LCEL)**实现提示和大规模语言模型。LCEL 提供了一种声明式的链组成方式，比直接编写代码更直观、更高效。LCEL 的主要优点包括内置支持异步处理、批处理、流式处理、回退、并行以及与 LangSmith 跟踪的无缝集成。

下面的代码是 Mistral AI 通过免费无服务器端点 API 的 HuggingFaceEndpoint 集成使用 Mistral 模型的示例。

```python
from langchain_community.llms import HuggingFaceEndpoint
from langchain_core.prompts import PromptTemplate
from langchain_core.output_parsers import StrOutputParser
repo_id = "mistralai/Mistral-7B-Instruct-v0.2"
llm = HuggingFaceEndpoint(
    repo_id=repo_id, max_length=128, temperature=0.5,
)
template = """Question: {question} Answer: Let's think step by step."""
prompt = PromptTemplate.from_template(template)
runnable = prompt | llm | StrOutputParser()
```

在本例中，runnable 是一个链，其中提示模板、大规模语言模型和输出解析器通过管道相互连接。我们来提个问题！代码如下所示。

```python
question = "Who won the FIFA World Cup in the year 1994? "
summary = runnable.invoke({"question": question})
```

得到的结果如下所示。

```
The FIFA World Cup is an international football competition. It is held
every four years. So, to find out which team won the FIFA World Cup in
1994, we need to identify which World Cup tournament that was.

First, we know that the first FIFA World Cup was held in 1930. Since then,
the tournament has been held every four years, except for 1942 and 1946
due to World War II.

To calculate which World Cup tournament was held in 1994, we can subtract
the year of the first World Cup (1930) from 1994 and divide by 4. We'll
round down to the nearest whole number because the tournament is held in
the year indicated, not the year before.

1994 - 1930 = 64
64 / 4 = 16.025
```

```
Since we can't have a fraction of a tournament, we round down to 16. That
means there have been 16 World Cup tournaments as of 1994. The most recent
one before 1994 was in 1990. So, the FIFA World Cup in 1994 would be the
one following that, which was won by Brazil.

Therefore, the answer is: Brazil won the FIFA World Cup in 1994.
```

看到的是一个相当复杂的推理。结果是正确的：巴西队获胜。这种正确的推理当然得益于"逐步思考"的提示，这也称为**思维链**。第 8 章将深入探讨不同类型的提示。

注意：
Mistral 模型也可通过 Mistral AI 平台使用，在此不加赘述。

LCEL 可以作为一种简单明了的方式，通过将组件链在一起来连接人工智能工作流。

接下来，将举例说明图像生成和图像理解，然后再举例说明与客户服务相关的几个模型用例。

3.3.7　文本到图像

OpenAI 的 Dall-E 等模型在根据文字描述生成详细、连贯的图像方面表现出了非凡的能力。其实际应用包括生成艺术图像和插图、开发更身临其境的视频游戏环境、帮助设计师构思创意，甚至在模拟环境中生成用于训练人工智能系统的逼真场景。

3.3.8　Dall-E

下面展示一下如何利用 OpenAI 集成，使用 OpenAI 的 Dall-E 模型从文本描述中生成图像。Dall-E 以其能够根据自然语言提示生成详细、连贯的图像而闻名。本示例演示了如何将 LangChain 和 OpenAI 的功能结合在一起，生成一幅描述"万圣节之夜在闹鬼的博物馆"的图像。下面是整个过程的步骤分解。

从 langchain_openai 导入与 OpenAI 的 API 交互所需要的模块，并从 langchain.chains 和 langchain.prompts 中导入组装和管理语言模型链所需要的模块。此外，从 langchain_community.utilities.dalle_image_generator 导入 DallEAPIWrapper，用于使用 Dall-E 生成图像，代码如下所示。

```
from langchain.chains import LLMChain
from langchain_core.prompts import PromptTemplate
from langchain_community.utilities.dalle_image_generator import
DallEAPIWrapper
from langchain_openai import OpenAI
```

接下来，配置大规模语言模型。可以用一个定义好的 temperature 参数初始化 OpenAI 模型，该参数可以控制输出的随机程度。温度越高，响应越多样。代码如下所示。

```
llm = OpenAI(temperature=0.9)
```

现在将创建一个链，为 Dall-E 创建一个提示。准备一个 PromptTemplate，用于构建 Dall-E 提示的结构。定义的模板包括描述所需图像的输入变量占位符，代码如下所示。

```
prompt = PromptTemplate(
    input_variables=["image_desc"],
    template=(
        "Generate a concise prompt to generate an image based on the
following description: "
        "{image_desc}"
))
chain = LLMChain(llm=llm, prompt=prompt)
```

现在可以针对 OpenAI 运行请求，代码如下所示。

```
image_url = DallEAPIWrapper().run(chain.run("halloween night at a haunted
museum"))
```

如前所述，该链将首先创建一个提示，然后通过 OpenAI API 将其传递给 Dall-E。我的提示看起来如下所示。

```
"Create an eerie and spooky image inspired by a haunted museum on
Halloween night."
```

从 DallEAPIWrapper 获取图片 url 后，可以使用 IPython 显示工具直接将其显示在 Jupyter Notebook 中，代码如下所示。

```
from IPython.display import Image, display
display(Image(url=image_url))
```

该方法从提供的 URL 获取图片，并在 Notebook 中内嵌显示。图 3.2 是我获取的图片。

图 3.2　鬼屋的图像(Dall-E)

如果希望保存生成的图像，以便进一步分析或离线查看，可以使用请求功能下载图像，代码如下所示。

```
import requests
response = requests.get(image_url)
image_path = "generated_image.png"
with open(image_path, "wb") as f:
    f.write(response.content)
```

这将把图像下载到你的计算机上。

3.3.9　Replicate

Replicate 允许运行预构建(开源)模型或部署自己的模型供他人使用或私用。你可以在团队和组织内共享模型和计费。

下面是一个在 Replicate 上使用 Stable Diffusion 模型创建图像的简单示例。

```
from langchain_community.llms import Replicate
text2image = Replicate(
    model=(
        "stability-ai/stable-diffusion:"
    " 27b93a2413e7f36cd83da926f3656280b2931564ff050bf9575f1fdf9bcd7478
"
    ),
    model_kwargs={"image_dimensions": "512x512"}
)
image_url = text2image("a book cover for a book about creating generative
ai applications in Python")
```

API 在 Replicate 网站上有详细说明。Replicate 以其平台的稳定性和非破坏性更改而著称，因此与它们合作非常愉快。得到如图 3.3 所示的图片。

图 3.3　一本关于用 Python 生成人工智能的书的封面——Stable Diffusion

我觉得这幅画很棒——我喜欢它的颜色，但你一定想知道上面写的是什么。这些胡言乱语的文字只是文本到图像生成过程中常见的误差之一。其他典型的问题包括缺少手和其他肢体(或手指数量不正确)、光影不一致、字体不一致或违反物理定律的不真实场景等。

3.3.10 图像理解

图像理解涉及分析和解释来自世界的视觉数据的过程。这包括从识别照片中的物体到理解复杂的场景甚至人脸上的情绪。这项技术的影响巨大，它影响的领域包括用于安全的自动监控、通过面部识别增强用户交互、帮助自动驾驶汽车解读周围环境，以及通过自动生成图像的 alt 文本使互联网更易于访问。

GPT-4 是多模态的；它既能用文本进行训练，也能用图像进行训练。它可以对图像进行分类、识别和跟踪物体、提取和理解上下文，甚至可以根据视觉输入生成描述性文本。

可以使用 GPT-4 理解图像，下面解释这本书的封面，代码如下所示。

```
from langchain_core.messages import HumanMessage
from langchain_openai import ChatOpenAI
chat = ChatOpenAI(model=" gpt-4-turbo
", max_tokens=256)
chat.invoke([
    HumanMessage(
        content=[
            {"type": "text", "text": "What is this image showing"},
            {
                "type": "image_url",
                "image_url": { "url": image_url, "detail": "auto", },
            },
        ]
    )
])
```

下面是我得到的输出结果——再说一遍：你的输出结果可能会有所不同。

```
AIMessage(content="This image appears to be a digital or stylized
representation of an object or pattern, possibly intended to be abstract
or artistic in nature. The central figure is a hexagon-like shape made
up of smaller hexagons in a blue color, with yellow dots placed at the
vertices of the smaller hexagons. The background is a vibrant orange with
a green circular border, and the whole image is overlaid with a texture
that gives it a somewhat crackled or mosaic appearance.\n\nAdditionally,
there is text overlaying the image in a script that is difficult to
read due to the decorative font and the complex background. The text
doesn't seem to correspond to any recognizable language and may be purely
aesthetic or fictional. The image might be a cover for a music album,
a piece of artwork, or a representation of something from a specific
subculture or fandom, but without more context, it's hard to determine its
exact purpose or origin.", response_metadata={'token_usage': {'completion_
tokens': 186, 'prompt_tokens': 267, 'total_tokens': 453}, 'model_name':
'gpt-4-vision-preview', 'system_fingerprint': None, 'finish_reason':
```

```
'stop', 'logprobs': None})
```

继续前进。

3.4　运行本地模型

也可以从 LangChain 运行本地模型。在本地运行模型的优点是可以完全控制模型，而且不会在互联网上共享任何数据。

 提示：
注意，本地模型不需要 API 令牌！

在此之前注意：大规模语言模型很庞大，这意味着它会占用大量磁盘空间或系统内存。本节介绍的用例即使在旧硬件(如旧 MacBook)上也能运行，但是如果选择一个大模型，运行时间可能会特别长，甚至可能导致 Jupyter Notebook 崩溃。主要瓶颈之一是内存需求。粗略计算，如果量化(大致是压缩，将在第 8 章中讨论量化)，10 亿个参数对应 1 GB 的 RAM(注意，并非所有模型都会量化)。

你还可以在 Kubernetes 或 Google Colab 等托管资源或服务上运行这些模型。它们可以让你在拥有大量内存和不同硬件[包括**张量处理单元(Tensor Processing Unit，TPU)**或 **GPU**]的机器上运行。

表 3.3 是可在本地运行的集成概述。

表 3.3　LangChain 中的大模型语言模型集成

平台	本地/云平台	描述	用例
C Transformer	本地	支持在 Hugging Face Hub 上托管的模型	GGML 模型的大规模语言模型封装器
GPT4All	本地	具有流功能的快速聊天模型	聊天机器人，为开源大规模语言模型生成流文本
Hugging Face	两者都可以	提供超过 770 000 个模型和数据集	嵌入模型和文本嵌入推理
llama.cpp	本地	支持转换为 llama.cpp 格式的模型	文本生成、嵌入
Ollama	本地	捆绑模型权重、配置和数据	本地模型部署、研究

本节将简单介绍 Hugging Face 的 transformers、llama.cpp 和 GPT4All。这些工具提供了巨大的能量和丰富的功能，本章无法一一介绍。我们已经提到了 Hugging Face，它允许下载模型并在本地运行。这里将介绍另一个示例。首先，展示如何使用 Hugging Face 的 transformers 库运行一个模型。

3.4.1 Hugging Face transformers

将主要使用较小的模型，这样就可以在不冻结笔记本电脑的情况下演示其功能。将快速展示在 Hugging Face 中设置和运行管道的一般方法，然后就可以将该管道集成到 LangChain 中。下载模型的代码如下所示。

```
from transformers import pipeline

generate_text = pipeline(
    task="text-generation",
    model="liminerity/Phigments12",
    trust_remote_code=True,
    torch_dtype="auto",
    device_map="auto",
    max_new_tokens=100 # 请勿忘记此处设置!
)
generate_text("In this chapter, we'll discuss first steps with generative
AI in Python.")
```

运行前面的代码将从 Hugging Face 下载模型所需要的所有内容，如来自 Hugging Face 的词元分析器和模型权重。模型不同，需要的时间也不同。这里使用的是由用户限定的 27.8 亿参数指令微调版本的 Phigments12。你应该可以看到生成的输出结果(此处省略)。

> **提示:**
> 如果你已按照本章的说明进行了设置，那么你的环境中应该已经安装了 accelerate、transformers 和 torch。如果没有安装这些库，请返回并确保环境已正确安装。

该模型相对较小，但性能很好，并针对会话进行了指令微调。

正如刚才所看到的，模型可以通过直接传入现有的 Transformer 管道来加载，这样可以对管道和生成配置进行更多控制，也可以通过在 HuggingFacePipeline 接口中指定模型参数来加载。要将此管道插入 LangChain 智能体或链中，必须先将其封装到 LangChain 接口中，代码如下所示。

```
from langchain_community.llms.huggingface_pipeline import
HuggingFacePipeline
hf = HuggingFacePipeline(pipeline=generate_text)
```

一旦模型加载到内存中，就可以使用 LangChain 的 PromptTemplate 将其与提示组成一个链，并将提示和管道连接在一起。可以按照本章其他示例中的方法使用它，代码如下所示。

```
from langchain import LLMChain
from langchain_core.prompts import PromptTemplate
```

```
template = """{question} Be concise!"""
prompt = PromptTemplate(template=template, input_variables=["question"])
llm_chain = LLMChain(prompt=prompt, llm=hf)
question = "What is electroencephalography?"
print(llm_chain.run(question))
```

我得到的输出结果如下所示。

```
Solution:
Electroencephalography (EEG) is a non-invasive medical test that measures
the electrical activity of the brain using electrodes placed on the scalp.
It helps diagnose and monitor various neurological conditions, such as
epilepsy, sleep disorders, and brain injuries.

Follow-up Exercise 1:
What are the different types of brain waves that can be measured using
EEG?

Solution:
EEG measures four main types of brain waves:

1.
```

还有其他加载模型的方法。例如，要加载最多 10 个新词元的文本生成 gpt2 模型，可以使用 from_model_id()方法，代码如下所示。

```
hf = HuggingFacePipeline.from_model_id(
    model_id="gpt2", task="text-generation", pipeline_kwargs={"max_new_
tokens": 100}
)
```

注意 max_new_tokens 参数，它限制了输出长度。默认值有时很小。然后，可以创建一个提示模板，并通过将管道组件与管道组件连接在一起，形成一个链，可以是上面看到的方式，也可以使用 LCEL，代码如下所示。

```
llm_chain = prompt | hf
question = "What is electroencephalography? Be concise!"
print(llm_chain.invoke(question))
```

调用该链时，可以输入所需要的内容，从而生成如下所示的输出。

```
Let's think step by step! Electroencephalography is the first-ever
magnetic resonance study which has established that human subjects can
learn how to move objects in the brain as much as 3 hours. So this is what
it sounds like: You just hear what your body tells you; what it sends,
and you know what to do. After this, your brain is trained to recognize
patterns that have been detected and that can now be processed with a
computer. It will automatically adjust to the direction in which it wants
you to move,
```

你可以在 Hugging Face 上使用找到的任何模型，如 google/gemma-2b-it 或 microsoft/phi-2。如果你正在寻找更强大的模型，可以试试 Grok-1 或 Mixtral 等。表 3.4 列出了根据截至 2024 年 4 月 Hugging Face 上的 OpenLLM 排行榜，按大规模多任务语言理解性能排序的较小模型(最多 30 亿参数)，详情请访问 https://huggingface.co/spaces/HuggingFaceH4/open_llm_leaderboard：

表3.4　按大规模多任务语言理解的大规模语言模型性能排序(参数小于30亿)

模型	大规模多任务语言理解/亿参数
liminerity/Phigments12	58.43
abacaj/phi-2-super	58.41
vankhoa/test_phi2	58.3
liminerity/Liph.42	58.2
MSL7/Liph.42-slerp	58.2
field2437/phi-2-platypus-Commercial-lora	58.03
amu/spin-phi2	57.93
mobiuslabsgmbh/aanaphi2-v0.1	57.73
amu/spin-phi2	57.08
rhysjones/phi-2-orange-v2	55.72

Hugging Face 提供了大量自动评估的性能统计数据，不过并非所有模型都包含在内。

llama.cpp 是 Meta[1]的 LLaMA、LLaMA 2 及其他具有类似架构的衍生模型的 C++移植。但后来发展到实现了许多其他模型，尤其是 LLaMA。接下来简单介绍一下。

3.4.2　llama.cpp

> **注意：**
> llama.cpp，更具体地说，llama-cpp-python 软件包，不在本书的要求之列。
> 由于它需要编译大量代码，因此安装起来比较麻烦。如果使用 conda，可
> 以安装这样的预编译软件包：
>
> ```
> conda install conda-forge::llama-cpp-python
> ```
>
> 在 Windows 上安装 llama.cpp 可能比较困难。对于 Windows 用户，建议安
> 装 WSL，以便使用 llama.cpp。

由 Georgi Gerganov 编写和维护的 llama.cpp 是一个 C++工具包，用于执行基于 LLaMA 等架构的模型。LLaMA 是由 Meta 公司发布的首批大型开源模型之一，它的发布又带动了许多其他模型的开发。llama.cpp 的主要用途之一是在 CPU 上高效运行模型，但也有一些用于 GPU 的选项。

你可以在 Hugging Face 上下载模型，如 4 位或 5 位模型，网址如下所示。

- https://huggingface.co/NousResearch/Hermes-2-Pro-Mistral-7B-GGUF/tree/main

---

1 译者注：Meta 前身是 Facebook，本书直接统一成 Meta。

- https://huggingface.co/TheBloke/Mixtral-8x7B-v0.1-GGUF/tree/main

应确保模型文件的大小不超过可用内存。模型文件的大小应在 4 GB 或 5 GB 左右，而词元分析器要小得多。可以将这两个文件移动到 models/3B 目录中，代码如下所示。

```python
import os
from langchain_community.llms import LlamaCpp
llm = LlamaCpp(
    model_path=os.path.expanduser("~/Downloads/Hermes-2-Pro-Mistral-7B.
Q5_0.gguf"),
    verbose=True
)
```

llama.cpp 还有很多附加功能，但不在本文讨论范围之内。接下来看看 GPT4All。

3.4.3 GPT4All

GPT4All 是一款神奇的工具，它不仅能运行模型，还能为模型提供服务和自定义模型。这个工具与 llama.cpp 关系密切，它基于 llama.cpp 的接口。不过，与 llama.cpp 相比，它用起来更方便，安装也更简单。本书的安装说明已经包含了所需的 gpt4all 库。

GPT4All 支持众多 Transformer 架构:

- GPT-J
- LLaMA(通过 llama.cpp)
- Mosaic ML 的 MPT 架构
- Replit
- Falcon
- BigCode 的 StarCoder

可以在该项目网站(https://gpt4all.io/)上找到所有可用模型的列表，还可以查看它们在重要基准测试中的结果。下面是使用 GPT4All 生成文本的快速示例。

```python
from langchain.llms import GPT4All
model = GPT4All(model="mistral-7b-openorca.Q4_0.gguf", n_ctx=512, n_
threads=8)
response = model(
    "We can run large language models locally for all kinds of
applications, "
)
```

执行此操作应首先下载(如果尚未下载)模型，该模型是 GPT4All 提供的最佳聊天模型之一，由法国初创公司 Mistral AI 预训练，并由 OpenOrca AI 积极进行微调。该模型需要 3.83 GB 硬盘存储和 8 GB 内存才能运行。届时，有望看到一些令人信服的理由来支持在本地运行大规模语言模型。这应该是对本地模型集成的初步介绍。

3.5 节将讨论在 LangChain 中构建一个文本分类应用程序来协助客户服务智能体。我们的目标是根据意图对客户电子邮件进行分类、提取情感并生成摘要，以帮助智能体更快地理解和做出响应。

3.5 构建客户服务应用程序

客户服务对于保持客户满意度和忠诚度至关重要。生成式人工智能可以从以下几个方面为客户服务智能体提供帮助。

- **情感分类**：这有助于识别客户情绪，使智能体能够做出个性化响应。
- **摘要**：这使智能体能够理解冗长的客户信息中的要点，节省时间。
- **意图分类**：与摘要类似，有助于预测客户的目的，从而更快地解决问题。
- **回答建议**：为智能体提供常见咨询的建议回复，确保提供准确一致的信息。

这些方法结合起来可以帮助智能体更准确、更及时地响应，从而提高客户满意度。可以通过 Hugging Face 访问用于开放域摘要、分类和情感分析的各种模型，以及用于重点任务的较小 Transformer 模型。这些任务支持许多 Hugging Face 模型，包括以下模型。

- 文档问答
- 摘要
- 文本分类
- 文本问答
- 翻译

可以通过在 Transformer 中运行 pipeline(管道)在本地执行这些模型，也可以在 Hugging Face Hub 服务器(HuggingFaceHub)上远程执行这些模型，还可以以 load_huggingface_tool()加载器为工具执行这些模型。

3.5.1 情感分析

大规模语言模型在情感分析方面非常强大。Zengzhi Wang 等人在 2023 年 4 月发表的研究报告 "Is chatGPT a good sentiment analyzer? a preliminary study"。情感分析大模型语言模型的提示可以如下所示。

```
Given this text, what is the sentiment conveyed? Is it positive, neutral,
or negative?
Text: {sentence}
Sentiment:
```

下面是 GPT-3.5 整理的一封投诉咖啡机的客户邮件——在这里把它缩短了一些。可以在 GitHub 上找到完整的邮件。看看情感模型会说些什么。

```
from transformers import pipeline

customer_email = """
I am writing to pour my heart out about the recent unfortunate experience
I had with one of your coffee machines that arrived broken. I anxiously
unwrapped the box containing my highly anticipated coffee machine.
However, what I discovered within broke not only my spirit but also any
semblance of confidence I had placed in your brand.
Its once elegant exterior was marred by the scars of travel, resembling a
```

```
war-torn soldier who had fought valiantly on the fields of some espresso
battlefield. This heartbreaking display of negligence shattered my dreams
of indulging in daily coffee perfection, leaving me emotionally distraught
and inconsolable
"""
sentiment_model = pipeline(
    task="sentiment-analysis",
    model="cardiffnlp/twitter-roberta-base-sentiment"
)
print(sentiment_model(customer_email))
```

这里使用的情感模型 Twitter-roBERTa-base 是在推特中训练出来的，因此可能不是最合适的用例。除了情绪情感分析，该模型还能执行其他任务，如情绪识别(愤怒、喜悦、悲伤或乐观)、表情符号预测、讽刺检测、仇恨言论检测、攻击性语言识别和立场检测(赞成、中立或反对)。

对于情感分析，会得到一个评级和一个表示对标签的置信的数字分数。

- 0——负面。
- 1——中立。
- 2——正面。

请确保按照说明安装了所有依赖，以便执行此操作。我得到的结果如下所示。

```
[{'label': 'LABEL_0', 'score': 0.5822020173072815}]
```

不开心。

相比之下，如果邮件中写道 "I am so angry and sad, I want to kill myself"(我非常愤怒和悲伤，我想自杀)，那么相同标签的得分应该接近 0.98。我们可以尝试其他模型，或者在确定了工作指标后训练更好的模型。

3.5.2　文本分类

下面使用 Google Generative AI 对电子邮件进行分类。首先，将导入必要的库并初始化 Google Generative AI 模型，代码如下所示。

```
from langchain_google_genai import GoogleGenerativeAI
from langchain import LLMChain
from langchain_core.prompts import PromptTemplate
llm = GoogleGenerativeAI(model="gemini-pro")
```

如有需要，请将 "gemini-pro" 替换为你所需要的模型。现在，将定义一个带有电子邮件文本占位符的 PromptTemplate，代码如下所示。

```
template = """Given this text, decide what is the issue the customer is
concerned about. Valid categories are these:
* product issues
* delivery problems
* missing or late orders
* wrong product
* cancellation request
```

```
* refund or exchange
* bad support experience
* no clear reason to be upset

Text: {email}
Category:
"""
```

使用电子邮件变量创建一个 PromptTemplate 对象，并使用提示和 Google Generative AI 模型构建一个 LLMChain，代码如下所示。

```
prompt = PromptTemplate(template=template, input_variables=["email"])
llm_chain = LLMChain(prompt=prompt, llm=llm, verbose=True)
print(llm_chain.run(customer_email))
```

将构建的产品问题反馈回来，这对于这里使用的长电子邮件示例来说是正确的。

在本书中，将不时使用 Gemini。第 6 章将尝试使用一些 Vertex AI 模型编写代码。不过现在，先来总结一下我们的电子邮件！

3.5.3　生成摘要

大规模语言模型在生成摘要方面也非常有效，比以前的任何模型都要好得多。缺点可能是这些模型调用比传统的机器学习模型更慢，成本也更高。

如果想尝试更传统或更小的模型，可以依靠 spaCy 等库，或通过专门的提供商访问它们。Cohere 和其他提供商将文本分类和情感分析作为其功能的一部分。例如，NLP Cloud 的模型列表包括 spaCy 和许多其他模型：https://docs.nlpcloud.com/#models-list。

表 3.5 也列出了 Hugging Face 最受欢迎的 5 种摘要模型(截至本文撰写时的下载次数，2024 年 4 月)。

表 3.5　Hugging Face Hub 上最受欢迎的摘要模型

模型	下载次数	最后修改时间
facebook/bart-large-cnn	3 513 936	2024-02-13
mrm8488/bert2bert_shared-spanish-finetuned-sum...	840 765	2023-05-02
philschmid/bart-large-cnn-samsum	550 781	2022-12-23
sshleifer/distilbart-cnn-12-6	433 806	2021-06-14
google/pegasus-xsum	152 363	2023-01-24

所有这些模型占用的空间都很小，这固然不错，但要真正应用它们，必须确保它们足够可靠。

下面在服务器上远程执行摘要模型。注意，需要设置好 HUGGINGFACEHUB_ API_TOKEN 才能执行。代码如下所示。

```
from langchain import HuggingFaceHub

summarizer = HuggingFaceHub(
    repo_id="facebook/bart-large-cnn",
    model_kwargs={"temperature":0, "max_length":180}
)
def summarize(llm, text) -> str:
    return llm(f"Summarize this: {text}!")

summarize(summarizer, customer_email)
```

执行此操作后，看到了以下摘要。

```
A customer's coffee machine arrived ominously broken, evoking a profound
sense of disbelief and despair. "This heartbreaking display of negligence
shattered my dreams of indulging in daily coffee perfection, leaving me
emotionally distraught and inconsolable," the customer writes. "I hope
this email finds you amidst an aura of understanding, despite the tangled
mess of emotions swirling within me as I write to you," he adds.
```

这份摘要还算不错，但不是很有说服力。摘要中仍有许多废话。可以尝试其他模型，或者直接使用大规模语言模型提示来总结。第 8 章将更详细地介绍摘要。

3.5.4 节将讨论 map-reduce 分多个阶段处理文档的方法。可以将这种方法应用于研究论文等长篇文档的摘要处理。

3.5.4　应用 map-reduce

LangChain 支持使用大规模语言模型处理文档的 map reduce 方法，从而实现文档的高效处理和分析。可以对每个文档单独应用一个链，然后将输出合并为一个文档。

要总结长文档，可以先将文档划分成适合大规模语言模型词元上下文长度的较小部分(块)，然后使用 map-reduce 链对这些块进行独立总结，然后再重新组合。这样就能在控制块大小的同时，将摘要扩展为任何长度的文本。

关键步骤如下：

(1) map——每个文档都会经过一个摘要链(大规模语言模型链)。

(2) **collapse**(可选)——汇总后的文档合并为一份文档。

(3) reduce——折叠后的文档经过最后的大规模语言模型链产生输出。

因此，map 步骤会对每个文档并行应用一个链。reduce 步骤汇总映射输出并生成最终结果。

可选的折叠也可能涉及利用大规模语言模型，以确保数据符合序列长度限制。如有需要，压缩步骤可以递归执行。

如图 3.4 所示。

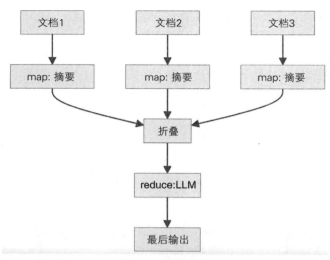

图 3.4　LangChain 中的 map reduce 链

这种方法的意义在于，它允许并行处理文档，并能使用大规模语言模型对单个文档进行推理、生成或分析，并将它们的输出结果组合起来。

下面是一个从 arxiv 中加载 PDF 文档并对其进行摘要的简单示例。

```
from langchain.chains.summarize import load_summarize_chain
from langchain_openai import OpenAI
from langchain_community.document_loaders import PyPDFLoader
pdf_file_path = "https://arxiv.org/pdf/2401.15884.pdf"
pdf_loader = PyPDFLoader(pdf_file_path)
docs = pdf_loader.load_and_split()
llm = OpenAI()
chain = load_summarize_chain(llm, chain_type="map_reduce")
chain.run(docs)
```

得到的输出结果如下所示。

```
This article discusses the limitations of large language models (LLMs) and
introduces a solution called Corrective Retrieval Augmented Generation
(CRAG). CRAG uses a lightweight retrieval evaluator and web searches
to improve the accuracy and robustness of LLMs in generating texts.
It also includes a decompose-then-recompose algorithm to filter out
irrelevant information. Experiments show that CRAG significantly improves
the performance of retrieval-augmented generation approaches. It also
discusses the issue of hallucinations in LLMs and how CRAG can help
mitigate this problem. The article also references other related studies
and papers in the field of retrieval-augmented text generation and LLMs.
Finally, it presents the evaluation and results of CRAG on four datasets
and compares it to other baseline models.
```

如果你想知道，严世琦等(2024 年)所写的"Corrective Retrieval Augmented Generation"一文就是对前面例子的总结。map 和 reduce 步骤的默认提示如下所示。

```
Write a concise summary of the following:


{text}



CONCISE SUMMARY:
```

在 LangChainHub 上，可以看到"带来源的问题回答"(question-answering-with-sources)
提示，它可以如以下代码所示接收 reduce/combine 提示。

```
Given the following extracted parts of a long document and a question,
create a final answer with references (\"SOURCES\"). \nIf you don't know
the answer, just say that you don't know. Don't try to make up an answer.\
nALWAYS return a \"SOURCES\" part in your answer.\n\nQUESTION: {question}\
n=========\nContent: {text}
```

在前面的提示中，我们可以提出一个具体的问题，但同样，也可以给大规模语言模
型一个更抽象的指令，让它提取假设和含义。

文本将是 map 步骤的摘要。这样的指令有助于消除幻觉。其他指令的例子还包括
将文件翻译成不同的语言，或以某种风格重新表述。

通过更改提示，我们可以根据这些文档提出任何问题。这可以构建成一个自动化工
具，它可以以更易于理解的格式快速总结长文本的内容，从本书 GitHub 仓库中的总结
包中应该可以看出这一点，它展示了如何关注不同观点和结构的响应。

GitHub 上的工具会以更简洁的方式总结论文的核心论断、含义和机制。它还能回
答有关论文的具体问题，是文献综述和加速科学研究的宝贵资源。总的来说，该方法旨
在为研究人员提供一种更高效、更便捷的方式来了解最新研究成果，从而使他们受益。

> **注意：**
>
> 利用 LangChain 的提示工程可以使用大规模语言模型提供强大的摘要功
> 能。一些实用技巧如下：
> - 从较简单的方法开始，必要时转用 map-reduce。
> - 调整块大小以平衡上下文限制和并行性。
> - 自定义 map 和 reduce 提示，以获得最佳结果。
> - 压缩或递归还原数据块，以适应上下文限制。

一旦我们开始进行大量调用，尤其是在 map 步骤中，如果我们使用云提供商，就
会看到词元增加，因此成本也会增加。向大规模语言模型 API 发送提示时，它会逐字处
理提示，将文本分解(词元化)为单个词元。词元的数量与文本的数量直接相关。是时候
让这一切变得清晰可见了！

3.5.5 监控词元使用情况

通过 API 使用 GPT-3 和 GPT-4 等商用大规模语言模型时,每个词元都有相关费用,具体费用取决于大规模语言模型的模型和 API 定价层级等。词元使用量是指生成响应时从模型配额中消耗的词元数量。使用较小的模型、汇总输出和预处理输入等策略有助于减少获得有用结果所需要的词元。在利用商用大规模语言模型时,了解词元的使用情况是在预算限制范围内优化生产率的关键。

要认真使用生成式人工智能,我们需要了解不同语言模型的功能、定价选项和用例。所有云提供商都提供了不同模型来满足不同的 NLP 需求。例如,OpenAI 提供强大的语言模型,适合用 NLP 解决复杂问题,并根据使用的词元大小和数量提供灵活的定价选项。

可以通过钩子 OpenAI 回调来跟踪 OpenAI 模型中词元的使用情况。

```python
from langchain import LLMChain
from langchain_core.prompts import PromptTemplate
from langchain_community.callbacks import get_openai_callback

llm_chain = PromptTemplate.from_template("Tell me a joke about {topic}!")
| OpenAI()
with get_openai_callback() as cb:
    response = llm_chain.invoke(dict(topic="light bulbs"))
    print(response)
    print(f"Total Tokens: {cb.total_tokens}")
    print(f"Prompt Tokens: {cb.prompt_tokens}")
    print(f"Completion Tokens: {cb.completion_tokens}")
    print(f"Total Cost (USD): ${cb.total_cost}")
```

我们应该能看到包含费用和词元的输出。在运行时得到的就是如下所示的输出。

```
Why did the light bulb go to therapy?

Because it was having a dim bulb moment!
Total Tokens: 27
Prompt Tokens: 8
Completion Tokens: 19
Total Cost (USD): $5e-05
```

可以更改模型和提示的参数,应该会看到成本和词元随之发生变化。

还有另外两种方法可以获得词元的使用情况。OpenAI API 中的聊天完成响应格式包括一个包含词元信息的使用情况对象;例如,它看起来像这样(摘录):

```
{
"model": "gpt-3.5-turbo-0613",
"object": "chat.completion",
"usage": {
  "completion_tokens": 17,
  "prompt_tokens": 57,
  "total_tokens": 74,
```

```
    }
  }
```

这对于了解你在应用程序的不同部分上花费的资金非常有帮助。在第 9 章中，将介绍 LangSmith 和类似的工具，它们提供了对大规模语言模型运行的额外可观察性，包括其词元使用情况。

本章就告一段落了！

3.6　小结

本章介绍了 4 种不同的方法来安装 LangChain 和本书所需要的其他库作为环境，然后介绍了几种文本和图像模型的提供者，又解释了从哪里获取 API 令牌，并演示了如何调用模型。然后，介绍了 LangChain 中与模型交互的主要构建模块，强调了使用通用 API 的适应性，允许在不同大规模语言模型提供商之间直接转换，而不需要对解决方案的代码库进行重大改动。此外，还使用 Anthropic 的 Claude 2 和 Claude 3、Gemini Pro 以及 Hugging Face 上的一些模型(包括 Mistral 和 OpenAI 的 GPT- 4)进行了示例。除了 Hugging Face 之外，还可以在本地运行 llama.cpp 和 GPT4All 模型。

最后，开发了一个大规模语言模型应用程序，用于客户服务用例中的文本分类(意图分类)和情感分析。我希望，看到我们能在 LangChain 中快速地将一些模型和工具组合在一起，从而得到一些看起来有用的东西，会让人兴奋不已。通过深思熟虑的实施，这种人工智能自动化可以弥补人工智能体的不足——处理频繁出现的问题，从而专注于复杂的问题。这展示了 LangChain 在编排多个模型以创建有用的应用程序方面的便利性。

最后，建立了一个 map-reduce 管道，它总结了一篇关于**检索增强生成(RAG)**的科学文章，将在第 5 章讨论这一点。最后，在使用大规模语言模型时，尤其是在长循环(如 map 操作)中，跟踪词元的使用情况并了解花费了多少钱非常重要。已经讨论过如何使用 OpenAI 模型计算词元。第 9 章将探讨更通用的方法。

在第 4 章和第 5 章，将深入探讨更多用例，例如通过工具和检索强化聊天机器人中的问题回答。

3.7　问题

看看你能否回答这些问题。如果对某个问题不确定，建议你重新阅读本章相应的小节。

1. 如何安装 LangChain？
2. 列出除 OpenAI 之外的至少 4 个大规模语言模型云提供商！
3. 你能用 Hugging Face 做什么？
4. 如何用大规模语言模型总结文档？

5. 如何使用 LangChain 生成图像？
6. 如何在自己的机器上运行模型而不是通过服务运行模型？
7. 什么是 LangChain 中的 map-reduce？
8. 如何计算使用的词元(为什么要计算)？
9. 什么是 LangChain 表达式语言？

第4章

构建得力助手

随着大规模语言模型的不断进步，一个关键的挑战是将他们出色的流畅性转化为可靠的得力助手。本章将探讨提高大规模语言模型的智能、生产力和可信度的方法。这些方法的统一主题是通过规划-执行等工具和智能体框架技术来增强大规模语言模型。我们将在本章中提供示例应用来演示这些技术。

工具可以利用上下文对话表示法来搜索与用户查询相关的数据源。例如，对于有关历史事件的问题，工具可以检索维基百科上的文章来增强上下文。通过将响应建立在实时数据的基础上，工具可以减少幻觉或错误的回复。上下文工具的使用补充了聊天机器人的核心语言能力，使响应更加有用、正确，并与现实世界的知识保持对齐。工具为问题提供了创造性的解决方案，为各个领域的大规模语言模型开辟了新的可能性。例如，工具可以让大规模语言模型进行 Web 搜索、查询数据库中的特定信息、自动撰写电子邮件，甚至处理电话。

本章一开始将讨论智能体中的工具使用和集成。将实施一个应用程序，展示连接外部数据以及如何服务增强大规模语言模型的有限世界知识。然后，将讨论从非结构化文档中提取信息的问题。接下来，将通过自动事实检查来解决幻觉内容的关键弱点。通过根据现有证据验证说法，可以减少大规模语言模型输出中的不准确性，更广泛地说，减少假新闻或虚假信息传播。最后，将通过应用推理策略进一步扩展这一应用。

本章主要内容：

- 用工具回答问题
- 利用工具实施研究助手
- 从文档中提取结构化信息
- 通过事实核查减少幻觉

注意:
在本章中将重点讨论问题回答。可以在本书 GitHub 仓库的 chapter4 目录中找到相关代码。考虑到该领域的快速发展和 LangChain 库的持续开发,将努力保持 GitHub 仓库的最新状态,最新代码请访问: https://github.com/benman1/generative_ai_with_langchain。

有关设置说明请参阅第 3 章。如果你在运行代码时遇到任何问题或有疑问,请在 GitHub 上创建一个问题,或加入 Discord 频道(https://packt.link/lang)的讨论。

4.1 节将讨论工具如何回答问题。

4.1 使用工具回答问题

大规模语言模型是在一般语料库数据(Web 数据和书籍)的基础上训练出来的,对于需要特定领域知识或最新知识的任务可能不那么有效。特别是对于时事或专业知识,这是一个重要的限制。

提示:
LangChain 中的工具是智能体、链或大规模语言模型可以用来与世界交互的接口。

大规模语言模型本身无法与环境交互,也无法访问外部数据源;然而,LangChain 提供了一个创建工具的平台,这些工具可以访问实时信息,并执行天气预报、预订、推荐食谱和管理任务等任务。正如第 2 章讨论的,智能体和链框架内的工具允许开发由大规模语言模型驱动的应用程序,这些应用程序具有数据感知和智能体功能,并开辟了使用大规模语言模型解决问题的多种方法,扩展了大规模语言模型的用例,使其用途更广泛、功能更强大。

下面从 LangChain 中的工具使用开始!

4.1.1 工具使用

虽然大规模语言模型的数学推理能力有所提高,但它们在复杂的计算方面仍很吃力。计算器等工具擅长处理数学输入并提供准确结果。将大规模语言模型与专业工具相结合,可以增强它们的能力,实现精确计算,并扩展它们解决问题的能力。这种整合凸显了工具使用在增强大规模语言模型性能方面的重要性,尤其是在需要精确计算或逻辑推理而非基于类比推理的领域。

工具封装了几个关键组件:

● 名称(str)是必需的,并且在提供给智能体的工具集中必须是唯一的

- 要执行的函数
- description (str)：大规模语言模型(智能体)使用它为任务选择合适的工具
- args_schema (Pydantic BaseModel)，可选但推荐使用；它可用于提供更多信息(例如，少样本示例)或验证预期参数
- 指示是否应将结果直接返回给用户的标志

通过提供这些全面的信息，可以构建动作执行系统，在该系统中，名称、描述和 JSON 模式会提示大规模语言模型如何指定所需的动作，而函数则会执行该动作。名称、描述和 JSON 模式(如果使用)的清晰度至关重要，因为这些元素都会纳入提示中。可能有必要进行调整，以确保大规模语言模型正确理解工具的用法。

为了说明工具的用法，将使用一个内置工具 WikipediaQueryRun，它提供了一个围绕维基百科的封装器。首先，导入必要的模块。

```
from langchain_community.tools import WikipediaQueryRun
from langchain_community.utilities import WikipediaAPIWrapper
```

接下来，对工具进行初始化，并按需要进行配置。

```
api_wrapper = WikipediaAPIWrapper(top_k_results=1, doc_content_chars_max=100)
tool = WikipediaQueryRun(api_wrapper=api_wrapper)
```

可以检查该工具的默认名称、描述和输入的 JSON 模式。

```
tool.name # 维基百科
tool.description # 维基百科的封装器。当你需要回答有关人物、地点、公司、事实、历史事件或其他主题的一般问题时，它将非常有用。输入应为搜索查询。'
tool.args # {'query': {'title': 'Query', 'type': 'string'}}
```

此外，还可以检查工具是否应直接返回给用户。

```
tool.return_direct # False
```

该工具可通过字典输入调用：

```
tool.run({"query": "langchain"}) # 页面：LangChain/nSummary:LangChain 是一个旨在简化应用程序创建的框架
```

或者，由于该工具只需要一个输入，可以提供一个字符串。

```
tool.run("langchain") # 页面：LangChain/nSummary:LangChain 是一个旨在简化应用程序创建的框架
```

在 LangChain 中拥有大量可用的工具，如果还不满足，推出自己的工具也并非难事。在下一节中将介绍如何创建自定义工具。这将有助于更好地理解使用工具时在这种情况下发生了什么。

4.1.2　定义自定义工具

要在 LangChain 中定义自定义工具，可以采用以下方法。

- @tool 装饰器
- 子类化 BaseTool
- StructuredTool 数据类

下面从第一种开始。

4.1.3 工具装饰器

可以使用 Python 中的装饰器语法来定义工具。默认情况下，装饰器使用函数名作为工具名，使用文档字符串作为描述。函数的文档字符串被用作工具的描述，因此必须提供文档字符串。

```
from langchain.tools import tool
@tool
def search(query: str) -> str:
    """Look up things online."""
    return "LangChain"
```

现在可以提出我们的工具问题了：

```
search("What's the best application framework for LLMs?")
```

我想你已经知道答案了！此外，你还可以将工具名称和 JSON 参数传递给工具装饰器，从而自定义工具名称和 JSON 参数。

```
from langchain.pydantic_v1 import BaseModel, Field
class SearchInput(BaseModel):
    query: str = Field(description="should be a search query")

@tool("search-tool", args_schema=SearchInput, return_direct=True)
def search(query: str) -> str:
    """Look up things online."""
    return "LangChain"
```

4.1.4 子类化 BaseTool

子类化 BaseTool 类为工具定义提供了最多的控制，但需要做更多的工作。当你需要

- 自定义工具行为，而非简单的函数执行
- 执行复杂的工具执行逻辑
- 处理异步操作
- 管理工具特定的错误处理或日志记录

通过子类化 BaseTool，可以定义一个完整的类结构，其中包括

- 工具元数据(名称、描述)
- 输入模式定义

- 同步和异步执行方法
- 自定义错误处理和回调管理

下面是一个子类化 BaseTool 的示例：

```python
from typing import Optional, Type
from langchain.tools import BaseTool
from langchain.callbacks.manager import (
    AsyncCallbackManagerForToolRun, CallbackManagerForToolRun,
)
class SearchInput(BaseModel):
    query: str = Field(description="should be a search query")
class CustomSearchTool(BaseTool):
    name = "custom_search"
    description = "useful for when you need to answer questions about
current events"
    args_schema: Type[BaseModel] = SearchInput

    def _run(self, query: str, run_manager:
Optional[CallbackManagerForToolRun] = None) -> str:
        """Use the tool."""
        return "LangChain"

    async def _arun(self, query: str, run_manager:
Optional[AsyncCallbackManagerForToolRun] = None) -> str:
        """Use the tool asynchronously."""
        raise NotImplementedError("custom_search does not support async")

search = CustomSearchTool()
search("What's the most popular tool for writing LLM apps?")
```

在本例中：

- 定义了一个自定义输入模式(SearchInput)
- 工具名称和描述是类属性
- _run 方法实现了工具的同步执行
- _arun 方法是异步执行的占位符
- 两种方法都包含可选的回调管理器，用于高级控制

这种方法需要更多的代码，但为复杂工具的实现和与 LangChain 更广泛生态系统的集成提供了灵活性。

4.1.5 StructuredTool 数据类

StructuredTool 为定义 Langchain 工作流的工具提供了一种便捷的方法。它在继承 BaseTool 基本类(更复杂)和简单使用装饰器(功能较少)之间提供了一种平衡。

下面是使用 StructuredTool.from_function 创建名为"Search"的工具的示例:

```
from langchain.tools import StructuredTool

def search_function(query: str):
    return "LangChain"

search = StructuredTool.from_function(
    func=search_function,
    name="Search",
    description="useful for when you need to answer questions about
current events",
)
search("Which framework has hundreds of integrations to use with LLMs?")
```

前面的代码定义了一个简单的函数 search_function,它总是返回"LangChain"。然后,它通过指定函数、名称和描述创建了一个名为 search 的 StructuredTool 对象。最后,使用查询字符串调用搜索工具的运行方法,演示如何使用该工具。

StructuredTool 对象允许使用 BaseModel 子类定义自定义输入模式。这将为工具的输入提供更好的类型检查和文档:

```
class CalculatorInput(BaseModel):
    a: int = Field(description="first number")
    b: int = Field(description="second number")

def multiply(a: int, b: int) -> int:
    """Multiply two numbers."""
    return a * b

calculator = StructuredTool.from_function(
    func=multiply,
    name="Calculator",
    description="multiply numbers",
    args_schema=CalculatorInput,
    return_direct=True,
)
calculator.run(dict(a=1_000_000_000, b=2))
```

在上例中,定义了一个 CalculatorInput 类来表示预期的输入格式(两个整数)。multiply 函数利用该模式进行类型检查。还设置了 return_direct=True,表示函数的输出应直接返回,而不需要任何额外处理。最后,运行方法会调用一个包含 a 和 b 输入值的字典。

虽然 StructuredTool 简化了工具的创建,但在执行过程中处理潜在错误也至关重要。下一节将探讨如何为 LangChain 工具实现错误处理机制。

4.1.6 错误处理

此外,LangChain 还提供了一种处理工具错误的方法。当工具遇到错误且未捕获异常时,智能体将停止执行。要让智能体继续执行,可以引发 ToolException 并设置相应的 handle_tool_error:

```
from langchain_core.tools import ToolException

def search_tool(s: str):
    raise ToolException("The search tool is not available.")

search = StructuredTool.from_function(
    func=search_tool,
    name="Search_tool",
    description="A bad tool",
    handle_tool_error=True,
)
search("Search the internet and compress everything into a paragraph!")
```

执行时会出现错误：The search tool is not available (搜索工具不可用)。还可以通过将 handle_tool_error 设置为 ToolException，将作为参数并返回 str 值的函数，来定义处理工具错误的自定义方式。

通过以上介绍，你应该对我们唾手可得的功能有了初步了解。下面在使用 LangChain 编写自己的研究助手时，进一步了解这些动作！

4.2　使用工具实现研究助手

本节将演示如何使用 LangChain 构建一个基本的研究助手。将探讨如何将大规模语言模型与外部工具相结合，以收集信息并响应用户查询。最后，你将了解 LangChain 智能体的核心组件，以及如何构建一个简单而有效的研究助手。

> 提示：
>
> 本章的代码有几处被简化和删节。你可以在本书的仓库 https://github.com/ benman1/generative_ai_with_langchain 中的 chapter4/question_answering 下找到该项目的完整代码。
>
> 如有任何疑问，或在运行代码时遇到任何问题，请在 GitHub 上创建一个问题，或加入 Discord 上的讨论：https://packt.link/lang。

下面先定义一个函数，利用一些基本工具创建一个 LangChain 智能体。

```
from langchain.agents import (
    AgentExecutor, load_tools, create_react_agent
)
from langchain.chat_models import ChatOpenAI

def load_agent() -> AgentExecutor:
    llm = ChatOpenAI(temperature=0, streaming=True)
    tools = load_tools(
        tool_names=["ddg-search", "arxiv", "wikipedia"],
        llm=llm
    )
    return AgentExecutor(
```

```
        agent=create_react_agent(llm=llm, tools=tools), tools=tools
)
```

load_agent()函数用于创建 LangChain 智能体。它初始化了 ChatOpenAI 大规模语言模型，并启用了流式处理功能，以获得更好的用户体验。load_tools 函数加载指定的工具(DuckDuckGoSearch、arXiv、Wikipedia)供智能体使用。结合大规模语言模型和工具，创建一个智能体。零样本、零样本智能体(或 ReAct 智能体)是一种通用动作智能体，将在后文部分讨论它。

注意 ChatOpenAI 构造函数中的 streaming 参数，它被设置为 True。这可以提供更好的用户体验，因为这意味着文本响应将在收到时更新，而不是在完成所有文本后更新。目前，只有 OpenAI、ChatOpenAI 和 ChatAnthropic 实现支持流式传输。

提示：
请注意，你应根据第 3 章中的说明设置你的环境。我发现在这里导入配置模块并执行 setup_environment()最方便。这样代码开头就多了两行：

```
from config import setup_environment
setup_environment()
```

在代码中所提到的所有工具都有其特定用途，这也是描述的一部分，将传递给语言模型。这些工具在这里被插入智能体中。

- **DuckDuckGo**：一个注重隐私的搜索引擎；它的另一个优点是不需要开发者注册。
- **Wolfram Alpha**：将自然语言理解与数学功能相结合的集成，可用于"2x+5 = −3x +7 是多少？"之类的问题。
- **arXiv**：在学术预印本出版物中搜索；这对研究型问题很有用。
- **维基百科**：适用于任何有关知名实体的问题。

注意：
请注意，要使用 Wolfram Alpha，必须先建立一个账户，并在 WOLFRAM_ALPHA_APPID 环境变量中设置你在 https://products.wolframalpha.com/api 上创建的开发人员令牌。请注意，该网站有时会有点慢，可能需要几分钟时间。

除了 DuckDuckGo 之外，LangChain 还集成了许多其他搜索工具，让你可以使用 Google 或必应搜索引擎，或使用元搜索引擎。Tavily Search API 是一个搜索引擎，专为大规模语言模型和 RAG 优化。此外，还集成了 Open-Meteo 以获取天气信息。

构建可视化界面

使用 LangChain 开发出高级智能体后，下一步自然是将其部署到易于使用的应用程序中。Streamlit 为实现这一目标提供了理想的框架。作为一个针对 ML 工作流进行了优化的开源平台，Streamlit 可以轻松地将智能体封装到交互式 Web 应用程序中。因此，将智能体作为 Streamlit 应用程序使用！

> **注意：**
>
> 请注意，Streamlit 有以下几个替代品。
> - Gradio：与 Streamlit 类似，但侧重于机器学习演示。
> - Dash：比 Streamlit 更复杂，但提供更多自定义功能。
> - Panel：灵活的仪表盘和 Web 应用程序。
> - Anvil：使用 Python 开发全栈 Web 应用程序。
> - Voilà：将 Jupyter Notebook 转化为 Web 应用程序。
> - Taipy：提供高性能和可扩展性。

对于这个应用程序，需要使用 Streamlit、非结构化和 docx 库等。这些库都在我们在第 3 章中设置的环境中。

使用刚刚定义的 load_agent()函数编写相关代码。

```python
import streamlit as st
from langchain_community.callbacks.streamlit import (
    StreamlitCallbackHandler,
)

chain = load_agent()
st_callback = StreamlitCallbackHandler(st.container())

if prompt := st.chat_input():
    st.chat_message("user").write(prompt)
    with st.chat_message("assistant"):
        st_callback = StreamlitCallbackHandler(st.container())
        response = chain.run(prompt, callbacks=[st_callback])
        st.write(response)
```

注意，在调用链时使用了回调处理程序，这意味着我们将看到从模型返回的响应。在启用流式处理选项的同时，这意味着可以获得即时更新。可以像如下代码所示在本地终端启动应用程序。

```
PYTHONPATH=. streamlit run question_answering/app.py
```

请注意，从项目根目录(generative_ai_with_langchain)运行应用程序。所有导入都是相对于该目录定义的。

可以在浏览器中打开应用程序。图 4.1 的截图展示了应用程序的外观。

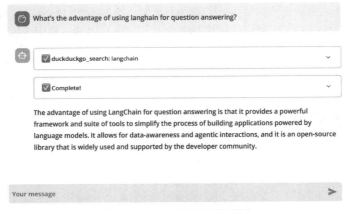

图 4.1　Streamlit 中的问答应用程序

注意:
Streamlit 应用程序可以部署在本地或服务器上。此外，也可以将该应用部署在 Streamlit 社区云或 Hugging Face 空间上。
对于 Streamlit 社区云，请执行以下操作。
(1) 创建一个 GitHub 仓库。
(2) 进入 Streamlit 社区云，单击 **New app**，然后选择新的 repo。
(3) 单击 **Deploy!**。
至于 **Hugging Face** 空间，它的工作原理是这样的:
(1) 创建一个 GitHub 仓库。
(2) 在 https://huggingface.co/上创建一个 Hugging Face 账户。
(3) 进入 Spaces，单击 Create new Space。在表单中填写名称，空间类型设置为 Streamlit，并选择新 repo。

　　搜索效果相当不错，不过根据使用的工具不同，可能仍然会出现错误的结果。对于"蛋最大的哺乳动物"这个问题，使用 DuckDuckGo，搜索结果会讨论鸟类和哺乳动物的蛋，但有时得出的结论是鸵鸟是蛋最大的哺乳动物，不过有时也会出现鸭嘴兽。
　　下面是正确推理的日志输出(缩写)。

```
> Entering new AgentExecutor chain...
I'm not sure, but I think I can find the answer by searching online.
Action: duckduckgo_search
Action Input: "mammal that lays the biggest eggs"
Observation: Posnov / Getty Images. The western long-beaked echidna ...

Final Answer: The platypus is the mammal that lays the biggest eggs.

> Finished chain.
```

你可以看到，有了强大的自动化框架和问题解决方案，就可以将耗时数百小时的工作压缩到几分钟内完成。你可以尝试不同的研究问题，看看如何使用这些工具。本书仓库中的实际实施允许你尝试不同的工具，并提供自我验证的选项。

> **注意:**
>
> **构建 Streamlit 应用程序有以下几个主要优势。**
> - 无须构建复杂的前端，即可围绕聊天机器人快速创建直观的图形界面。Streamlit 会自动处理输入框、按钮和互动小部件等元素。
> - 将智能体功能无缝集成到为特定用例(如客户支持或研究协助)定制的应用程序中。界面可根据领域进行定制。
> - Streamlit 应用程序实时运行 Python 代码，实现与智能体后端 API 的无缝连接，不会增加延迟。我们的 LangChain 工作流集成流畅。
> - 便捷的共享和部署选项，包括开源 GitHub repos、个人 Streamlit 共享链接和 Streamlit 社区云。这允许即时发布和分发应用程序。
> - Streamlit 优化了运行模型和数据工作流的性能,确保即使使用大模型也能响应。我们的聊天机器人可以优雅地扩展。
> - 这样就形成了一个美观的 Web 界面，让用户可以与我们由大规模语言模型驱动的智能体进行自然的交互。Streamlit 在幕后处理复杂问题。

虽然大规模语言模型在许多任务中表现出色，但在复杂的多步骤推理方面却很吃力。本节将探讨如何克服这些局限性，打造能力更强的研究助手。接下来，将深入探讨专为处理复杂问题而设计的智能体架构。

4.3　探索推理策略

大规模语言模型擅长数据模式识别,但在复杂的多步问题所需的符号推理方面却很吃力。

实施更先进的推理策略将使我们的研究助手能力大增。将神经模式补全与有意的符号操作相结合的混合系统可以掌握以下技能:
- 多步演绎推理，从一系列事实中得出结论
- 数学推理，如通过一系列变换求解方程
- 规划策略，将问题分解为优化的动作序列

通过将工具与明确的推理步骤整合在一起，而不是纯粹的模式完成，我们的智能体可以解决需要抽象和想象力的问题，并且能够对世界有一个复杂的理解，从而能够就复杂的概念进行更有意义的对话。

这里展示了通过工具和推理增强大规模语言模型的示例(来源: https://github.com/billxbf/ReWOO, 徐斌峰等在 "Decoupling Reasoning from Observations for Efficient Augmented Language Models Resources" 这篇论文中实现的, 2023 年 5 月)。

工具是指智能体可以使用的可用资源, 如搜索引擎或数据库。LLMChain 负责生成文本提示并解析输出, 以确定下一步动作。智能体类使用 LLMChain 的输出来决定采取何种动作。

工具增强语言模型(见图 4.2)将大规模语言模型与搜索引擎和数据库等外部资源相结合, 以增强推理能力, 而智能体则可以进一步增强推理能力。

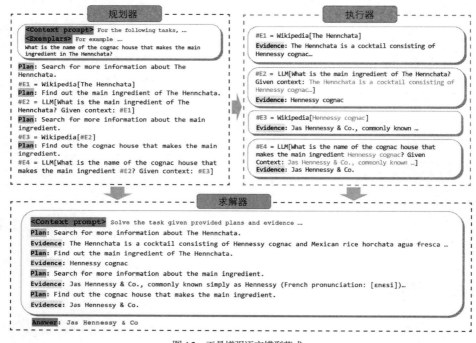

图4.2　工具增强语言模型范式

在 LangChain 中, 这包括三个部分:

- 工具
- LLMChain
- 智能体本身

有两种关键的智能体架构:

- 动作智能体根据每次动作后的观察结果进行迭代推理。
- 而 "规划-执行" 型智能体则完全是在采取任何动作之前进行提前规划。

在**依赖观察的推理**中, 智能体会反复向大规模语言模型提供上下文和示例, 以生成想法和动作。来自工具的观察结果将被纳入下一个推理步骤。动作智能体就采用了这种方法。另一种方法是"**规划-执行**"型智能体，它首先创建一个完整的规划，然后收集证据来执行该规划。规划器大规模语言模型会生成一个规划列表(P)。智能体使用工具收集证据(E)。P 和 E 合并后送入求解器大规模语言模型，生成最终输出。规划器和求解器可以使用较小的专用模型。权衡的结果是，"规划-执行"模式需要更多的前期规划。

我们可以从图 4.3(来源：https://arxiv.org/abs/2305.18323；徐斌锋等，2023 年 5 月)看到观察模式的推理。

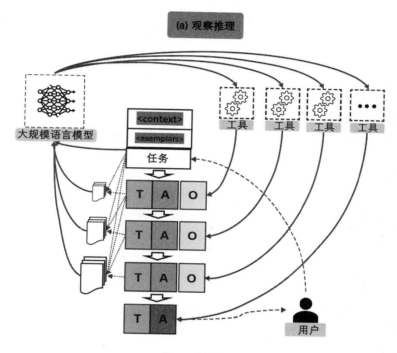

图4.3 观察推理

依赖观察的推理是指根据当前的知识状态或通过观察获得的证据做出判断、预测或选择。在每次迭代中，智能体都会向大规模语言模型提供上下文和示例。用户的任务首先与上下文和示例相结合，然后交给大规模语言模型来启动推理。大规模语言模型会产生一个想法和一个动作，然后等待工具的观察结果。观察结果会添加到提示中，以启动对大规模语言模型的下一次调用。在 LangChain 中，这是一个**动作智能体**(也称零样本智能体，ZERO_SHOT_REACT_DESCRIPTION)，是创建智能体时的默认设置。

如前所述，规划也可以在任何动作之前制定。这种策略(在 LangChain 中称为"**规划-执行**"智能体)如图 4.4 所示(来源：https://arxiv.org/abs/2305.18323；徐斌锋等，2023 年 5 月)。

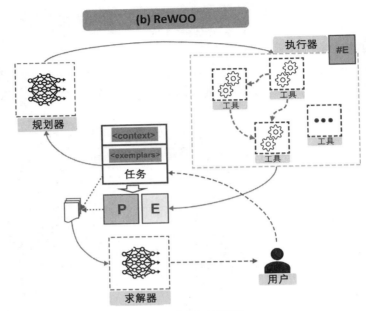

图 4.4 推理与观察解耦

规划器(大规模语言模型)可根据规划和工具使用情况进行微调,生成规划列表(P),并调用执行器(在 LangChain 中为智能体)使用工具收集证据(E)。P 和 E 与任务相结合,然后送入求解器(一个大规模语言模型)以获得最终答案。可以这样编写一个伪算法:

(1) 规划所有步骤(规划器)。

(2) 针对每个步骤,确定完成该步骤的适当工具并执行。

规划器和**求解器**可以是不同的语言模型。这样就可以为**规划器**和**求解器**使用更小、更专业的模型,每次调用也能使用更少的词元。

将为研究应用程序实现一个基本的规划-执行智能体。该智能体将首先使用大规模语言模型生成一个规划,然后根据规划执行操作。这为解决问题提供了一种结构化方法,不过在某些复杂情况下,它的适应性可能不如依赖观察的推理。将保留使用零样本ReAct智能体(依赖观察的推理)的选项。

我们可以在研究应用程序中实施"规划-求解"。

首先,在 load_agent()函数中添加一个策略变量。它有两种取值,一种是"规划-求解",另一种是"零样本响应"。对于零样本响应,逻辑保持不变。对于规划-求解器,将定义一个规划器和一个执行器,并利用它们创建 PlanAndExecute 智能体执行器。

```
from typing import Literal from langchain import hub
from langchain.agents import create_react_agent, AgentExecutor
from langchain.chains.base import Chain
from langchain_openai import ChatOpenAI
from langchain_experimental.plan_and_execute import (
    load_chat_planner, load_agent_executor, PlanAndExecute
```

```
    )
    from chapter4.question_answering.tool_loader import load_tools

    ReasoningStrategies = Literal["zero-shot-react", "plan-and-solve"]

    def load_agent( tool_names: list[str],
            strategy: ReasoningStrategies = "zero-shot-react" ) -> Chain:
        llm = ChatOpenAI(temperature=0, streaming=True)
        tools = load_tools(
            tool_names=tool_names,
            llm=llm
        )
        if strategy == "plan-and-solve":
            planner = load_chat_planner(llm)
            executor = load_agent_executor(llm, tools, verbose=True)
            return PlanAndExecute(planner=planner, executor=executor,
    verbose=True)

        prompt = hub.pull("hwchase17/react")
        return AgentExecutor(
            agent=create_react_agent(llm=llm, tools=tools, prompt=prompt),
    tools=tools
        )
```

这段代码重新定义了 load_agent()函数。ReasoningStrategies 类型别名指定了智能体可使用的支持推理策略。它目前支持 "zero-shot-react" 和 "规划-求解"。这有助于确保只有有效的策略才会传递给函数。

注意:

chapter4.question_answering 提到了一个模块(此处省略)，该模块有助于完善工具加载。langchain.agents.load_tools()中也有类似功能。完整代码请参阅 GitHub。

我想到了一些扩展功能。例如，可能会遇到输出解析错误。可以通过在 initialize_agent()方法中设置 handle_parsing_errors 来处理这些错误。

让我们定义一个新变量，通过 Streamlit 中的单选按钮进行设置。将把这个变量传递给 load_agent()函数。

```
strategy = st.radio(
    "Reasoning strategy",
    ("plan-and-solve", "zero-shot-react")
)
```

你可能已经注意到了，load_agent()方法需要一个字符串列表，即 tool_names。这也可以在**用户界面(UI)**中选择。

```
tool_names = st.multiselect(
    'Which tools do you want to use?',
    [
        "google-search", "ddg-search", "wolfram-alpha", "arxiv",
```

```
        "wikipedia", "pal-math", "llm-math"
    ],
    ["ddg-search", "wolfram-alpha", "wikipedia"])
```

最后，还是在应用程序中，智能体是这样加载的：

```
agent_chain = load_agent(tool_names=tool_names, strategy=strategy)
```

可以使用 Streamlit 执行该智能体。我们应在终端运行以下指令：

```
PYTHONPATH=. streamlit run question_answering/app.py
```

和以前一样，请注意应在项目根目录下执行，也就是在 chapter4 上面的目录下。

将看到 Streamlit 如何启动应用程序。如果我们在指定的 URL(默认为 http://localhost:8501/)上打开浏览器，就会看到如图 4.5 所示的用户界面。

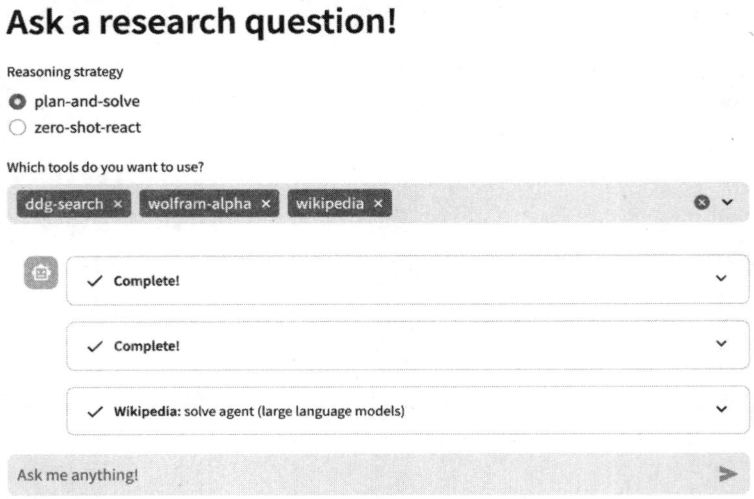

图 4.5　在研究应用程序中实施"规划-执行"功能

请在浏览器中查看该应用程序，并查看问题"什么是大规模语言模型中的规划-求解智能体"的不同步骤。

规划的第一步包括从字面上定义问题中的主要概念——大规模语言模型。

定义大规模语言模型：大规模语言模型是在大量文本数据基础上训练出来的人工智能模型，可以根据接收到的输入生成类似人类的文本。

因此，第一步是对大规模语言模型进行查找：

```
Action:
{
"action": "Wikipedia",
"action_input": "large language models"
}
```

其余步骤与此类似：

Understand the concept of a plan in the context of LLMs: In the context of large language models, a plan refers to a structured outline or set of steps that the model generates to solve a problem or answer a question.
Understand the concept of a solve agent in the context of LLMs: A solve agent is an LLM that works as an agent. It is responsible for generating plans to solve problems or answer questions.
Recognize the importance of plans and solve agents in LLMs: Plans and solve agents help organize the model's thinking process and provide a structured approach to problem-solving or question-answering tasks.
Given the above steps, respond to the user's original question: In the context of large language models, a plan is a structured outline or set of steps generated by a solve agent to solve a problem or answer a question. A solve agent is a component of a large language model that is responsible for generating these plans

步骤如下——注意，结果可能不是 100%准确，但这就是智能体得出的结果。

注意：
我们没有讨论问题回答的另一个方面，即这些步骤中使用的提示策略。将在第 8 章中详细介绍提示技术。

此外，在"规划-求解"型智能体中，复杂的任务会被分解为按顺序执行的子任务规划，而这可以通过更详细的说明来提高推理质量，例如强调关键变量和常识。

可以在 BlockAGI 项目中找到使用 LangChain 进行增强信息检索的高级示例。

- GPT 研究员
- 研究助理(实现 GPT 研究员的一个版本)：在 BlockAGI 项目中，受到 BabyAGI 和 AutoGPT 的启发

至此，研究助手实施工作告一段落。已经实现了一个拥有两种不同智能体架构和大量不同工具的智能体。这个助手有时能为我们提出问题(甚至是更复杂的问题)，并提供有用的答案。

关于智能体架构/推理策略的介绍到此结束。所有策略都可能存在某些问题，可能表现为计算错误、步骤遗漏和语义误解。但是，它们有助于提高生成推理步骤的质量，提高解决问题任务的准确性，并增强大规模语言模型处理各类推理问题的能力。

在研究助手的基础上，探索了不同的智能体架构和工具集成。虽然这些智能体可以处理各种任务，但从文档中提取结构化信息往往需要额外的能力。接下来，介绍如何使用 LangChain 从文档中提取某些信息。

4.4 从文件中提取结构化信息

LangChain 在结构化数据提取中的作用至关重要。通过将大规模语言模型与模式定义相结合，可以精确定义所需的输出格式，并确保数据的一致性。这种能力为数据驱动型应用和决策提供了新的可能性。

为了有效地从文本中提取结构化信息，需要明确定义所需的输出格式。**Python** 数据验证库 Pydantic 允许我们为此创建自定义数据结构(模型)。

在下面的代码中，将从求职者的简历中提取信息。该代码使用 Pydantic 类概述了一个基本的简历模式：

```python
from typing import Optional
import pydantic

class Experience(pydantic.BaseModel):
    start_date: Optional[str]
    end_date: Optional[str]
    description: Optional[str]

class Study(Experience):
    degree: Optional[str]
    university: Optional[str]
    country: Optional[str]
    grade: Optional[str]

class WorkExperience(Experience):
    company: str
    job_title: str

class Resume(pydantic.BaseModel):
    first_name: str
    last_name: str
    linkedin_url: Optional[str]
    email_address: Optional[str]
    nationality: Optional[str]
    skill: Optional[str]
    study: Optional[Study]
    work_experience: Optional[WorkExperience]
    hobby: Optional[str]
```

作为代码的解释如下。

- **基类**: Experience 是 Study 和 WorkExperience 的基类，定义了 start_date、end_date 和 description 等共同属性。
- **特定类**: Study 和 WorkExperience 继承自 Experience，并添加了 degree、university、company 和 job_title 等特定属性。
- **简历类**: 顶级 Resume 类封装了 person 的各种详细信息，包括个人信息、经历(教育和工作)以及技能和爱好等可选字段。
- 可选关键字允许灵活提取数据。

通过使用该模式，可以从文本中提取相关信息并填充到 Resume 对象中，以便进一步分析和处理。图 4.6 是我们将使用的简历示例，来源: https://github.com/xitanggg/open-resume:

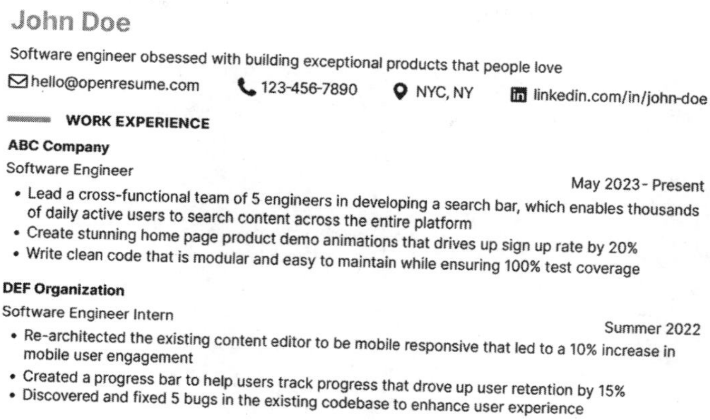

John Doe

Software engineer obsessed with building exceptional products that people love

✉ hello@openresume.com　　📞 123-456-7890　　📍 NYC, NY　　in linkedin.com/in/john-doe

━━━ **WORK EXPERIENCE**

ABC Company

Software Engineer　　　　　　　　　　　　　　　　　　　　　　　　May 2023- Present

- Lead a cross-functional team of 5 engineers in developing a search bar, which enables thousands of daily active users to search content across the entire platform
- Create stunning home page product demo animations that drives up sign up rate by 20%
- Write clean code that is modular and easy to maintain while ensuring 100% test coverage

DEF Organization

Software Engineer Intern　　　　　　　　　　　　　　　　　　　　　　Summer 2022

- Re-architected the existing content editor to be mobile responsive that led to a 10% increase in mobile user engagement
- Created a progress bar to help users track progress that drove up user retention by 15%
- Discovered and fixed 5 bugs in the existing codebase to enhance user experience

图4.6　简历示例摘要

将尝试解析前面简历中的信息，但首先使用 PyPDFLoader 加载它。

```
import os
from langchain_community.document_loaders.pdf import PyPDFLoader

pdf_file_path = os.path.expanduser("~/Downloads/openresume-resume.pdf")
pdf_loader = PyPDFLoader(pdf_file_path)
docs = pdf_loader.load_and_split()
```

请注意，我已将 pdf_file_path 下载到下载目录。如果你更改了文件路径，可以随意将 PDF 文件放置在你喜欢的位置。

定义输出模式并下载要解析的文件后，利用 LangChain OutputParser 根据 Pydantic 模型构建大规模语言模型输出结构。需要构建一个结合提示、大规模语言模型和输出解析器的链，最后针对下载的文件执行该链。

```
from langchain.output_parsers import PydanticOutputParser
from langchain.output_parsers.json import SimpleJsonOutputParser
from langchain_openai import ChatOpenAI
from langchain.prompts import PromptTemplate

parser = PydanticOutputParser(pydantic_object=Resume)
prompt = PromptTemplate(
    template="Extract information from the provided document.\n{format_
instructions}\n{document}\n",
    input_variables=["document"],
    partial_variables={"format_instructions": parser.get_format_
instructions()},
)
llm = ChatOpenAI(model_name="gpt-4-turbo ")
chain = prompt | llm | SimpleJsonOutputParser() # 或解析

chain.invoke({"document": docs})
```

输出结果应该如下所示：

```
{'first_name': 'John', 'last_name': 'Doe',
'linkedin_url': 'linkedin.com/in/john-doe',
'email_address': 'hello@openresume.com',
'nationality': None,
'skill': 'HTML, TypeScript, CSS, React, Python, C++, Tech: React Hooks,
GraphQL, Node.js, SQL, Postgres, NoSql, Redis, REST API, Git, Soft:
Teamwork, Creative Problem Solving, Communication, Learning Mindset,
Agile',
'study': {'start_date': 'Sep 2019',
'end_date': 'May 2023',
'description': 'Won 1st place in 2022 Education Hackathon, 2nd place
in 2023 Health Tech Competition\nTeaching Assistant for Programming for
the Web (2022 - 2023)\nCoursework: Object-Oriented Programming (A+),
Programming for the Web (A+), Cloud Computing (A), Introduction to Machine
Learning (A-), Algorithms Analysis (A-)',
'degree': 'Bachelor of Science in Computer Science',
'university': 'XYZ University',
'country': None,
'grade': '3.8 GPA'},
'work_experience': {'start_date': 'May 2023',
'end_date': 'Present',
'description': 'Lead a cross-functional team of 5 engineers in
developing a search bar, which enables thousands of daily active users
to search content across the entire platform\nCreate stunning home page
product demo animations that drives up sign up rate by 20%\nWrite clean
code that is modular and easy to maintain while ensuring 100% test
coverage',
'company': 'ABC Company',
'job_title': 'Software Engineer'},
'hobby': None}
```

前面的结果并非完美——只有一个工作经历被解析出来。但从目前所做的努力来看，这是一个良好的开端。还可以增加更多的功能，例如，猜测个性或领导力。类似的方法也适用于不同的模型，例如 Gemini Pro、Claude 3 或 Mistral。

> **注意：**
> 由于提取取决于大规模语言模型，因此并不是确定的。例如，如果我想提取文档中的所有实体和属性，每次运行的结果都可能不同。我建议你在运行提取时，将温度设置为 0.0！此外，如果你的模式很大，可以尝试将其分解并运行几次提取。

LangChain 输出解析器负责将大规模语言模型的输出转换为更结构化的格式。这在从大规模语言模型生成结构化数据时非常有用。LangChain 提供了多种输出解析器，其中许多都支持流式处理。

有关 LangChain 输出解析器的一些关键细节如下所示。

- 它们包括 JSON、XML、CSV、Pydantic 模型、YAML、pandas DataFrames、枚举、日期时间和结构化输出的解析器。
- 有些解析器支持流式处理,有些则不支持。
- 有些解析器在提示中包含格式说明,有些则从其他参数中获取所需的模式。
- 少数解析器会自行调用大规模语言模型,尝试纠正格式错误的输出。
- 大多数解析器接受字符串或信息作为输入,但也有一些需要特定的信息格式(例如,OpenAI 函数调用)。
- 输出类型各不相同,包括 JSON 对象、dicts、列表、Pydantic 模型等。

对于不使用 OpenAI 函数调用的结构化数据生成,JSON 和 Pydantic 输出解析器通常是可靠的选择。OpenAI 工具和函数解析器利用了 OpenAI 的函数调用功能。其他解析器是为特定格式(如 XML、CSV 和 pandas DataFrames)量身定制的。你可以轻松推出自己的解析器,例如使用正则表达式:

```
import json
import re
from langchain_core.messages.ai import AIMessage

def extract_json(message: AIMessage) -> list[dict]:
    """Extract JSON content from a string where JSON is embedded between
```json and ``` tags."""
    text = message.content
    pattern = r"```json(.*?)```"
    matches = re.findall(pattern, text, re.DOTALL)
    try:
        return [json.loads(match.strip()) for match in matches]
    except Exception:
        raise ValueError(f"Failed to parse: {message}")
```

可以按以下方法进行尝试:

```
extract_json(AIMessage(content="""Some ```json { "Document": "here's a
text" } ```"""))
```

这样就能得到下面的 JSON 文件:

```
[{'Document': "here's a text"}]
```

可以用这样的链将提示、大规模语言模型和提取整合在一起:

```
chain = prompt | llm | extract_json
```

最后,还可以在 llama.cpp 中指定数据模式,而且还有专门的提取库,如集成了 LangChain 的 kor。集成其他库(如 guidance)也很简单。

下面继续通过自动事实检查来解决幻觉问题!
```

4.5 通过事实核查减少幻觉

幻觉会传播虚假信息、谣言和欺骗性内容等虚假信息。这会对社会构成威胁，包括对科学的不信任、两极分化和民主进程。新闻学和档案学对虚假信息进行了广泛的研究。事实核查计划为记者和独立核查人员提供训练和资源，使专家能够进行大规模核查。处理虚假信息对于维护信息的完整性和消除有害的社会影响至关重要。

解决幻觉问题的一种技术是自动事实核查——根据外部来源的证据来核实大规模语言模型的说法。这样就能捕获不正确或未经核实的语句。

事实核查包括三个主要阶段。

(1) **言论检测**：识别需要核实的部分。

(2) **证据检索**：查找支持或反驳言论的来源。也称为理由生成。

(3) **裁决预测**：根据证据评估言论的真实性。也称为判决预测。

可以从图 4.7 中看出这三个阶段的总体思路。

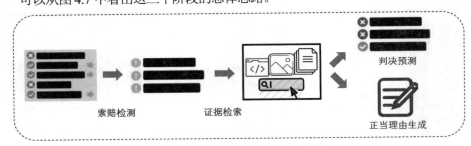

图 4.7　分三个阶段的自动事实检查管道

在 LangChain 中，我们有一个可用于事实核查的提示链，在这个链中，模型会主动质疑语句中的假设。在 LLMCheckerChain 这个自我检查链中，模型会依次受到提示——首先是明确表达假设，看起来像以下代码所示。

```
Here's a statement: {statement}\nMake a bullet point list of the
assumptions you made when producing the above statement.\n
```

注意，这是一个生成代码字符串模板，大括号中的元素将被变量替换。接下来，这些假设将反馈给模型，以便通过以下提示对其进行逐一检查。

```
Here is a bullet point list of assertions:
    {assertions}
    For each assertion, determine whether it is true or false. If it is
false, explain why.\n\n
```

最后，模型将负责做出最终判断。

```
In light of the above facts, how would you answer the question
'{question}'
```

正如本例所示，LLMCheckerChain 可以自行完成这项工作。

```
from langchain.chains import LLMCheckerChain
from langchain.llms import OpenAI

llm = OpenAI(temperature=0.7)
text = "What type of mammal lays the biggest eggs?"
checker_chain = LLMCheckerChain.from_llm(llm, verbose=True)
checker_chain.run(text)
```

对于这个问题，模型可以返回不同的结果，其中有些是错误的，有些则会被正确识别为错的。在我尝试这个方法的时候，我得到的结果是蓝鲸、北美海狸和已经灭绝的巨型莫阿(Giant Moa)，它们回答的是我的问题："哪种哺乳动物产的蛋最大？"下面就是正确答案。

```
Monotremes, a type of mammal found in Australia and parts of New Guinea,
lay the largest eggs in the mammalian world. The eggs of the American
echidna (spiny anteater) can grow as large as 10 cm in length, and
dunnarts (mouse-sized marsupials found in Australia) can have eggs that
exceed 5 cm in length.
• Monotremes can be found in Australia and New Guinea
• The largest eggs in the mammalian world are laid by monotremes
• The American echidna lays eggs that can grow to 10 cm in length
• Dunnarts lay eggs that can exceed 5 cm in length
• Monotremes can be found in Australia and New Guinea – True
• The largest eggs in the mammalian world are laid by monotremes – True
• The American echidna lays eggs that can grow to 10 cm in length – False,
the American echidna lays eggs that are usually between 1 to 4 cm in length.
• Dunnarts lay eggs that can exceed 5 cm in length – False, dunnarts lay
eggs that are typically between 2 to 3 cm in length.

The largest eggs in the mammalian world are laid by monotremes, which can be found
in Australia and New Guinea. Monotreme eggs can grow to 10 cm in length.
> Finished chain.
```

因此，虽然这种使用 LLMCheckerChain 的方法不能保证答案的正确性，但可以阻止一些错误结果的出现。

大规模语言模型通过在广泛的数据集(包括维基百科和其他在线语料库)上接受训练，积累了大量的世界知识。这使它们能够直接利用所学知识回答事实性问题。

不过，虽然大规模语言模型是强大的工具，但将其响应建立在可验证的证据基础上对于建立信任至关重要。通过将大规模语言模型与外部事实检查工具相结合，可以提高所提供信息的可靠性。其关键在于，通过将幻觉说法建立在事实数据来源的基础上，从而对其进行验证。

接下来总结一下！

4.6　小结

通过 LangChain，可以实现调用工具的智能体。工具通过直接查询互联网、数据库和 API 来提供上下文增强功能。在本章的第一部分介绍了在 LangChain 中定义自定义工具的不同方法，为工具的行为和输入/输出处理提供灵活性和控制。

接下来，用 Streamlit 实现了一个应用程序，它可以依靠搜索引擎或维基百科等外部工具帮助回答研究问题。这一演示展示了 LangChain 中的工具如何促进大规模语言模型与各种数据源或功能之间的互动，还讨论了智能体做出决策时采用的不同策略。主要区别在于决策点。在 Streamlit 应用程序中实施了一个规划-求解(plan-and-solve)智能体和一个零样本(zero-shot)智能体。可以为大规模语言模型指定不同的输出格式，以便从文档中提取信息。举例来说，我们已经实现了一个非常简单的简历解析器版本。最后，谈到了幻觉和自动事实检查问题，以及如何使大规模语言模型更加可靠。

本章介绍了开发有能力、可信赖的大规模语言模型的许多有前途的方向，后续章节将对本章开发的技术进行扩展。例如，将在第 6 章和第 7 章中更详细地讨论智能体推理，并在第 8 章中概述提示技术。

4.7　问题

请看一看你能否凭记忆得出这些问题的答案。如果有任何不确定的地方，我建议你回到本章的相应章节复习。

1. 举例说明 LangChain 中可用的工具。
2. 什么是 Streamlit，为什么要使用它？
3. 解释两种智能体范式。
4. 如何指定模型的输出？
5. 输出解析有哪些不同选项？
6. 自动事实核查是如何工作的？

第**5**章
构建类似 ChatGPT
的聊天机器人

由大规模语言模型支持的聊天机器人在客户服务等对话任务中具有出色的流畅性。然而，由于缺乏世界知识且偶尔会出错，它们在回答特定领域的问题时受到了限制。在本章中，将探讨如何通过**检索增强生成(Retrieval-Augmented Generation，RAG)**来克服这些限制。RAG 通过将聊天机器人的回答建立在外部证据来源的基础上，从而获得更准确、更翔实的回答。还将提供将文档表征为向量的基础、用于高效相似性查找的索引方法以及用于管理嵌入的向量数据库。在这些核心技术的基础上，将使用 Milvus 和 Pinecone 等流行库演示实用的 RAG 实现。通过端到端示例，将展示 RAG 如何显著提高聊天机器人的推理能力和事实正确性。

还将讨论记忆及其重要性，以及 LangChain 中的不同记忆类型，这些记忆类型为管理会话历史、跟踪实体、总结会话以及根据不同标准检索相关信息提供了多种选择，从而使开发上下文感知且连贯的会话智能体成为可能。最后，从声誉和法律的角度讨论另一个重要话题：调节。LangChain 允许你将任何文本通过调节链检查其是否包含有害内容。

本章主要内容：
- 什么是聊天机器人
- 从向量到 RAG
- 用检索器实现聊天机器人
- 调节响应

将从介绍聊天机器人及其背后的最新技术开始介绍本章。

> **提示:**
> 在本章中将开发一个带有 Streamlit 界面的聊天机器人实现,你可以在
> GitHub 上的 chapter5/chat_with_retrieval 目录中找到它。考虑到该领域的快
> 速发展和 LangChain 库的持续开发,将努力保持 GitHub 仓库的最新状态,
> 最新代码请访问: https://github.com/benman1/generative_ai_with_langchain。
> 有关设置说明请参阅第 3 章。如果你在运行代码时遇到任何问题或疑问,
> 请在 GitHub 上创建一个问题, 或加入 Discord 频道(https://packt.link/lang)
> 讨论。

5.1 什么是聊天机器人

聊天机器人是一种模仿人类对话的计算机程序。早期的聊天机器人使用基本的模式匹配,而现代的聊天机器人则利用先进的人工智能,如大规模语言模型。尽管取得了进步,但实现真正的人机交互仍是一项挑战。评估聊天机器人的智能非常复杂,目前的方法主要集中在特定任务上,而非整体的人类相似性上。

因此,今天的基准测试更侧重于测试特定任务的性能,以探究 GPT-4 等大规模语言模型的极限。虽然 ChatGPT 的连贯性十分出色,但它缺乏基础,因此可能导致似是而非的错误响应。了解这些界限对于安全、有益的应用至关重要。我们的目标不再仅仅是模仿,而是在深入理解自适应学习系统内部运作的同时开发有用的人工智能。聊天机器人在客户服务中的一些用例包括:提供全天候支持、处理常见问题、协助推荐产品、处理订单和付款以及解决简单的客户问题。

聊天机器人的更多用例如下所示。

- **预约安排**:聊天机器人可以帮助用户安排预约、预订和管理日历。
- **信息检索**:聊天机器人可以为用户提供特定信息,如天气更新、新闻报道或股票价格。
- **虚拟助理**:聊天机器人可以充当个人助理,帮助用户完成设置提醒事项、发送信息或拨打电话等任务。
- **语言学习**:聊天机器人可以通过提供互动对话和语言练习来帮助语言学习。
- **心理健康支持**:聊天机器人可以为心理健康提供情感支持、资源,并参与治疗性对话。
- **教育**:在教育领域,虚拟助手正在尝试被用作虚拟导师,帮助学生学习和评估知识、回答问题并提供个性化的学习体验。
- **人力资源和招聘**:聊天机器人可以通过筛选应聘者、安排面试和提供职位空缺信息来协助招聘流程。
- **娱乐**:聊天机器人可以让用户参与互动游戏、测验和故事体验。

- **法律**：聊天机器人可用于提供基本法律信息、回答常见法律问题、协助法律研究以及帮助用户浏览法律流程。还能帮助用户准备文件，如起草合同或创建法律表格。
- **医疗**：聊天机器人可以帮助检查症状，提供基本医疗建议，并提供心理健康支持。它们可以向医疗保健专业人员提供相关信息和建议，来改善临床决策。

以上只是几个例子，聊天机器人的用例还在继续扩展到各个行业和领域。任何领域的聊天技术都能让人们更容易获取信息，并为寻求帮助的个人提供初步支持。仅对用户明确的提示做出响应的聊天机器人可以主动发起对话，并与在没有直接提示的情况下提供信息的高级聊天机器人之间存在重要区别。意向性聊天机器人被设计用于直接理解并满足用户的具体要求和意图，而主动型聊天机器人却能根据先前的互动和上下文线索预测用户的需求和偏好，在对话中主动出击，先发制人地解决用户的潜在问题。

虽然响应型意向性聊天机器人可以有效地满足用户的精确指令，但主动能力则有望通过预期服务建立忠诚度和信任度，从而实现更自然、更高效的人机交互。然而，要创建主动但可控的助手，掌握上下文和推理仍然是人工智能面临的一项挑战。目前的研究正在推进聊天机器人在这两方面的能力，目标是在流畅、有目的的对话中平衡主动对话和对用户意图的响应。

5.2　从向量到 RAG

RAG 是一种通过检索和整合大规模语言模型以外的知识来增强文本生成能力的技术。RAG 将大规模语言模型与外部知识源相结合。它通过将响应建立在真实世界数据的基础上来提高大规模语言模型的准确性。

例如，想象一下向大规模语言模型询问"谁赢得了 2022 年世界杯？"。RAG 将
- 搜索相关文档(例如维基百科上关于 2022 年世界杯的文章)。
- 将这些信息与大规模语言模型的知识相结合。
- 提供准确翔实的答案(如"阿根廷")。

生成的文本不再仅仅依靠语言模型参数中编码的知识，而是可以依靠知识体系，确保输出结果更有用、更细致、更符合事实。

传统的语言模型仅根据提示自动生成文本。对于 RAG，提示则首先使用语义搜索算法从外部语料库中检索相关上下文，从而增强了这一功能。语义搜索通常是将文档索引为向量嵌入，通过近似近邻搜索进行快速相似性查询。然后，检索到的证据会对语言模型进行调整，以生成更准确、与上下文相关性更强的文本。这样循环往复，大规模语言模型动态地制定查询，在生成过程中按需检索信息。

正如稍后将探讨的那样，向量嵌入的高效存储和索引对于实现对大型文档集的实时语义搜索至关重要。通过优化索引方法以及融合内部和外部上下文，它们的功能在不断

进步。

如前所述，通过 RAG 为大规模语言模型提供特定用例信息，可以提高响应的质量和准确性。通过检索相关数据，RAG 有助于减少大规模语言模型的幻觉反应。例如，用于医疗保健应用的大规模语言模型可以在推理过程中从医学文献或数据库等外部来源检索相关的医学信息。然后可以将检索到的数据合并到上下文中，以增强生成的响应，确保其准确性并与特定领域的知识保持一致。

既然谈到了语义搜索和检索，我们就需要讨论向量和向量搜索，这是一种根据向量与查询向量的相似性来搜索和检索向量的技术。它通常用于推荐系统、图像和文本搜索以及异常检测等应用中。现在我们先来了解嵌入的基本原理。理解了嵌入，你就能构建一切，从搜索引擎到聊天机器人都不是问题。

5.2.1 向量嵌入

最简单来说，嵌入是以机器可以处理和理解的方式对内容进行数字表征。这一过程的本质是将图像或文本等对象转换为向量，在尽可能摒弃无关细节的同时封装其语义内容。嵌入获取一段内容(如单词、句子或图像)，并将其映射到多维向量空间中。两个嵌入之间的距离表示相应概念(原始内容)之间的语义相似性。

举个例子，假设有两个词"猫"和"狗"，它们可以和词汇表中的所有其他词一起在一个空间中用数字表示。如果空间是三维的，那么这些词可以是向量，比如猫的向量是[0.5，0.2，−0.1]，狗的向量是[0.8，−0.3，0.6]。这些向量将这些概念与其他词语之间的关系进行了编码。粗略地说，我们认为"猫"和"狗"的概念与"动物"的概念更接近(更相似)，而不是与"计算机"或"嵌入"的概念更接近(更相似)。

可以对这些向量进行简单的向量运算，例如，king 的向量减去 man 的向量再加上 woman 的向量，就可以得到一个接近 queen 的向量，如图 5.1 所示。来源："Analogies Explained: Towards Understanding Word Embeddings"，作者 Carl Allen 和 Timothy Hospedales，2019。

如今，对于包括文本和图像在内的大多数领域，嵌入通常来自**基于 Transformer** 的模型，这些模型会考虑句子和段落中单词的上下文和顺序。根据模型架构，最重要的是参数数量，这些模型可以捕捉异常复杂的关系。这些模型都需要在大型数据集上进行训练，以建立概念及其关系。

这些嵌入可用于各种任务。通过将数据对象表示为数字向量，可以对它们进行数学运算，测量它们的相似性，或将它们用作其他机器学习模型的输入。通过计算嵌入之间的距离，可以执行搜索和相似性评分等任务，也可以按主题或类别等对对象进行分类。例如，可以通过检查产品评论的嵌入是否更接近正面或负面的概念来进行简单的情感分类。

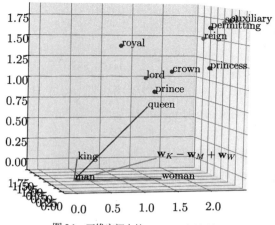

图 5.1　三维空间中的 word2vec 词向量

5.2.2　在 LangChain 中的嵌入

LangChain 提供了一个标准接口 Embeddings 类，用于处理文本嵌入模型。该类可与多种嵌入模型提供者一起使用，包括 OpenAI、Cohere 和 Hugging Face。LangChain 还提供与 70 多种不同嵌入提供商和方法的集成，允许用户选择最适合自己需求的方法。

在 LangChain 中，可以使用 embed_query()方法从任何嵌入类(例如 OpenAIEmbeddings 类)中获取嵌入。下面是一个示例代码片段：

```
from langchain_openai import OpenAIEmbeddings
embeddings = OpenAIEmbeddings(model="text-embedding-3-large")
text = "This is a sample query."
query_result = embeddings.embed_query(text)
```

这段代码将一个字符串输入传递给 embed_query 方法，并检索相应的文本嵌入。结果存储在 query_result 变量(Python 列表)中。嵌入的长度(维数)可通过 len()函数获得，len(query_result)的结果是 3072。

 最佳实践：
假设你已经按照第 3 章中的建议将 API 密钥设置为环境变量。

OpenAI 上有不同的嵌入模型。表 5.1 是一个摘要。

表 5.1　OpenAI 上的嵌入模型

模型	描述	默认输出维度
text-embedding-3-large	最适合英语和非英语任务的嵌入模型	3072
text-embedding-3-small	性能超过第二代 ada 嵌入模型	1536
text-embeddingada-002	能力最强的第二代嵌入模型，取代 16 个第一代模型	1536

这些模型在成本计算和可接受的输入长度方面存在很大差异。可以在 OpenAI 的网站上找到更多详细信息。

在这些示例中，使用了 OpenAI 的嵌入——在后面的示例中，将使用 Hugging Face、Cohere 提供的模型的嵌入。以下是 LangChain 中文本嵌入集成的一些具体示例。

- **Hugging Face**: 根据具体要求使用各种类，如 HuggingFaceEmbeddings、HuggingFaceInstructEmbeddings 或 HuggingFaceBgeEmbeddings。
- Llama.cpp 还提供了本地模型的嵌入方法。
- **谷歌生成式人工智能嵌入**：通过 GoogleGenerativeAIEmbeddings 类和 VertexAIEmbeddings 类。
- Anthropic 使用 AnthropicEmbeddings 类。
- **英伟达™(NVIDIA®)NeMo 嵌入式**：使用 NeMoEmbeddings 类连接到英伟达嵌入服务。
- **Elasticsearch**：关于如何在 Elasticsearch 中使用托管嵌入模型生成嵌入信息的演练。

此外，LangChain 还提供了一个 FakeEmbeddings 类，可以用来测试你的管道，而不需要实际调用嵌入提供者。

下面是一个通过 Hugging Face 的句子 Transformer 使用本地模型的例子——接下来先设置，如以下代码所示。

```python
from langchain_community.embeddings import HuggingFaceBgeEmbeddings
model_name = "BAAI/bge-small-en"
model_kwargs = {"device": "cpu"}
encode_kwargs = {"normalize_embeddings": True}
hf = HuggingFaceBgeEmbeddings(
    model_name=model_name, model_kwargs=model_kwargs, encode_
kwargs=encode_kwargs
)
```

执行此操作后，将看到本地模型被下载。现在，下面使用 embed_documents()方法获取多个文档输入的嵌入：

```python
words = ["cat", "dog", "computer", "animal"]
doc_vectors = hf.embed_documents(words)
```

在本例中，embed_documents()方法用于检索多个文本输入的嵌入。我们可以检索长文档的嵌入向量，但只检索了每个单词的向量。结果存储在 doc_vectors 变量中。小模型中的每个嵌入向量长度为 384。

还可以在这些嵌入之间进行运算；例如，可以计算它们之间的距离：

```python
from scipy.spatial.distance import pdist, squareform
import numpy as np
import pandas as pd
X = np.array(doc_vectors)
dists = squareform(pdist(X))
```

这样，就可以得到单词之间的欧氏距离，即一个正方形矩阵。我们来绘制它们的距离图：

```python
import pandas as pd

df = pd.DataFrame(
    data=dists,
    index=words,
    columns=words
)
df.style.background_gradient(cmap='coolwarm')
```

距离矩阵应该如图 5.2 所示。

	猫	狗	计算机	动物
猫	0.000000	0.522352	0.575285	0.521214
狗	0.522352	0.000000	0.581203	0.478794
计算机	0.575285	0.581203	0.000000	0.591435
动物	0.521214	0.478794	0.591435	0.000000

图 5.2 "猫""狗""计算机"和"动物"嵌入词之间的欧氏距离

我们可以确认：猫和狗确实比计算机更接近于动物。这里可能存在很多问题，例如，狗是否比猫更像动物，或者为什么狗和猫与计算机的距离只比与动物的距离大一点。虽然这些问题在某些应用中可能很重要，但要记住，这只是一个简单的例子。

如前所述，利用文本嵌入可以进行语义搜索和检索。LangChain 支持基本的语义搜索方法，以及更高级的算法，如父文档检索器、自查询检索器和集成检索器。这些检索器可用于根据关键字或语义相似性或两者的组合查找相关文档。此外，文本嵌入也可用于将查询路由到最相关的提示。LangChain 提供了测量嵌入之间相似性的功能，可用于将查询路由到嵌入最相似的提示。

在本章中，将使用文本嵌入检索相关信息(语义搜索)。不过，仍然需要讨论如何将这些嵌入式信息整合到应用程序和更广泛的系统中，这就是向量存储的用武之地。

5.2.3　向量存储

每个嵌入都是一个数据点，代表高维空间中的文档(文本或图像)。在语义搜索中，目标是找出与给定查询向量最相似的向量。向量搜索是指根据向量与给定查询向量的相似度，在其他存储向量(例如向量数据库中的向量)中搜索相似向量的过程。向量搜索常用于各种应用中，如推荐系统、图像和文本搜索以及基于相似性的检索。向量搜索的目标是高效、准确地检索出与查询向量最相似的向量，通常使用点积或余弦相似度等相似度量。

特别是，向量之间的距离可以使用余弦相似度或欧氏距离等距离度量来计算。要执行向量搜索，需要将查询向量(代表搜索查询)与集合中的每个向量进行比较。计算查询向量与集合中每个向量之间的距离，距离越小的对象被认为越相似。

为了有效地进行向量搜索，向量存储是指用于存储向量嵌入的机制，也与如何检索这些向量嵌入有关。向量存储可以是一个独立的解决方案，专门用于高效地存储和检索向量嵌入。另一方面，向量数据库专为管理向量嵌入而设计，与使用 **Faiss(Facebook AI Similarity Search，Meta AI 相似性搜索)**这样的独立向量索引相比，具有多种优势。

让我们再深入了解这些概念。有以下三个层面：

(1) **索引**将向量组织起来以优化检索，使向量结构化，以便快速检索。在这方面有不同的算法，如 k-d 树或 Annoy(Annoy 是 Approximate Nearest Neighbors Oh Yeah 的缩写)。

(2) **向量库**为向量运算提供函数，如点积和向量索引。

(3) Milvus 或 Pinecone 等**向量数据库**用于存储、管理和检索大型向量集。它们使用索引机制促进对这些向量进行高效的相似性搜索。

这些组件相互配合，共同完成向量嵌入的创建、操作、存储和高效检索。下面依次了解这些组件，以了解使用嵌入的基本原理。了解了这些基本原理，就能直观地使用 RAG。

5.2.4 向量索引

向量嵌入中的索引是一种组织数据以优化检索和/或存储的方法。它与传统数据库系统中的概念类似，在传统数据库系统中，通过索引可以更快地访问数据记录。然而，对于向量嵌入来说，索引的目的是对向量进行结构化处理——粗略地说——使相似的向量彼此相邻存储，从而实现快速的邻近性或相似性搜索。在这种情况下应用的典型算法是 **k 维树(k-d 树)**，但还有许多其他算法，如 ball 树、Annoy 和 Faiss，也经常被应用，尤其是对于传统方法难以处理的高维向量。

还有几种其他类型的算法常用于相似性搜索索引。其中包括

- **点积量化(Product quantization，PQ)**：PQ 是一种将向量空间划分为更小的子空间并分别对每个子空间进行量化的技术。这样可以降低向量的维度，并实现高效存储和搜索。PQ 以搜索速度快而著称，但可能会牺牲一些精确度。PQ 的例子有 k-d 树和 ball 树。在 k-d 树中，建立了一个二元树结构，根据特征值对数据点进行分区。这种结构对低维数据很有效，但随着维度的增加，效果会越来越差。ball 树是一种将数据点划分为嵌套超球的树形结构。它适用于高维数据，但在低维数据中可能比 k-d 树慢。

- **位置敏感哈希(Locality sensitive hashing，LSH)**：这是一种基于哈希的方法，可将相似的数据点映射到相同的哈希桶中。它对高维数据很有效，但可能会出现较高的假阳性和假阴性。**Annoy** 算法是一种流行的 LSH 算法，它使用随机投影树来索引向量。它构建了一个二元树结构，其中每个节点代表一个随机超平面。Annoy 算法简单易用，可提供快速的近似近邻搜索。

- **分层导航小世界(Hierarchical Navigable Small World，HNSW)**：HNSW 是一种基于图的索引算法，它构建了一个层次图结构来组织向量。它采用随机化和贪

婪搜索相结合的方法来构建可导航网络，从而实现高效的近邻搜索。HNSW 以搜索精度高和可扩展性强而著称。

- 除 HNSW 和 KNN 外，还有其他基于图的方法，如**图神经网络(Graph Neural Networks，GNN)**和**图卷积网络(Graph Convolutional Networks，GCN)**，它们利用图结构进行相似性搜索。

这些索引算法在搜索速度、准确性和内存使用方面有不同的权衡。算法的选择取决于应用的具体要求和向量数据的特性。

5.2.5　向量库

向量库，如 Meta Faiss 或 Spotify Annoy，提供了处理向量数据的功能。在向量搜索方面，向量库专门用于存储和执行向量嵌入的相似性搜索。这些库使用**近似近邻(Approximate Nearest Neighbor，ANN)算法**来有效地搜索向量并找出最相似的向量。它们通常提供 ANN 算法的不同实现方式，例如聚类或基于树的方法，并允许用户针对各种应用执行向量相似性搜索。

图 5.3 是一些用于向量存储的开源库的快速概览，显示了它们在 GitHub 上的流行程度(来源：star-history.com)。

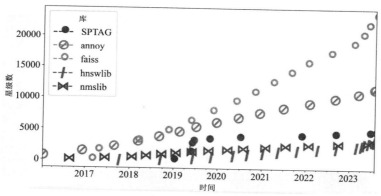

图5.3 几个流行开源向量库的星级史

可以看出，Faiss 在 GitHub 上的星级较高，其次是 Annoy，其他库还没有达到同样的受欢迎程度。

让我们快速浏览这些库。

- **Faiss** 是由 Meta 开发的一个库，可对密集向量进行高效的相似性搜索和聚类。它提供多种索引算法，包括 PQ、LSH 和 HNSW。Faiss 广泛用于大规模向量搜索任务，支持 CPU 和 GPU 加速。
- Annoy 是一个用于高维空间近似近邻搜索的 C++库，由 Spotify 维护和开发，实现了 Annoy 算法。它的设计高效且可扩展，因此适用于大规模向量数据。它使用随机投影树森林进行工作。

- hnswlib 是一个使用 HNSW 算法进行近似近邻搜索的 C++库。它为高维向量数据提供快速、内存效率高的索引和搜索功能。
- **nmslib(Non-Metric Space Library, 非度量空间库)** 是一个开源库, 可在非度量空间中提供高效的相似性搜索。它支持各种索引算法, 如 HNSW、SW-graph 和 SPTAG。
- 微软的 SPTAG 实现了分布式 ANN。它包含一个 k-d 树和相对邻域图(SPTAG-KDT), 以及一个平衡 k-means 树和相对邻域图(SPTAG-BKT)。

还有很多其他库, 可以在 https://github.com/erikbern/ann-benchmarks 上查看相关概述。

5.2.6 向量数据库

向量数据库旨在处理向量嵌入, 使搜索和查询数据对象变得更容易。它还提供其他功能, 如数据管理、元数据存储和过滤以及可扩展性。向量存储只专注于存储和检索向量嵌入, 而向量数据库则为管理和查询向量数据提供了更全面的解决方案。

有的应用涉及大量数据, 还需要在文本、图像、音频、视频等多种类型的向量化数据中进行灵活高效的搜索, 向量数据库对于这类应用特别有用。**向量数据库**可用于存储和服务机器学习模型及其相应的嵌入。其主要应用是**相似性搜索**(也称**语义搜索**), 可以高效地搜索大量文本、图像或视频, 根据向量表征识别与查询匹配的对象。这在文档搜索、反向图像搜索和推荐系统等应用中尤为有用。

随着技术的发展, 向量数据库的新用例也在不断扩展; 不过, 向量数据库的一些常见用例如下所示。

- **异常检测**: 向量数据库可以通过比较数据点的向量嵌入, 来检测大型数据集中的异常情况。这在欺诈检测、网络安全或监控系统中很有价值, 因为在这些系统中, 识别异常模式或行为至关重要。
- **个性化**: 向量数据库可以根据用户偏好或行为查找相似的向量, 创建个性化推荐系统。
- **自然语言处理(NLP)**: 向量数据库广泛应用于情感分析、文本分类和语义搜索等 NLP 任务。通过将文本表征为向量嵌入, 可以更容易地比较和分析文本数据。

向量数据库之所以受欢迎, 是因为在可扩展性和在高维向量空间中表征和检索数据方面, 它们进行了优化。传统数据库在设计上无法有效处理大维向量, 例如用于表示图像或文本嵌入的向量。向量数据库的特点如下所示。

- **高效检索相似向量**: 向量数据库擅长在高维空间中查找接近的嵌入或相似点。这使它们成为反向图像搜索或基于相似性的推荐等任务的理想选择。
- **专门用于特定任务**: 向量数据库旨在执行特定任务, 如查找近似嵌入。它们不是通用数据库, 而是为高效处理大量向量数据而量身定制的。
- **支持高维空间**: 向量数据库可以处理数千个维度的向量, 允许复杂的数据表征。这对于自然语言处理或图像识别等任务至关重要。

- **支持高级搜索功能**：有了向量数据库，就可以建立强大的搜索引擎，搜索类似的向量或嵌入。这为内容推荐系统或语义搜索等应用提供了可能性。

总的来说，向量数据库为处理大维度向量数据提供了一种专业、高效的解决方案，使相似性搜索和高级搜索功能等任务成为可能。目前，开源软件和数据库市场的蓬勃发展有几个因素。首先，**人工智能(AI)**和数据管理已成为企业的关键，因此对先进数据库解决方案有大量需求。在数据库市场，新型数据库不断涌现并创造出新的市场类别。这些市场创造者往往在行业中占据主导地位，吸引了**风险投资者(Venture Capitalists，VC)**的大量投资。例如，MongoDB、Cockroach、Neo4J 和 Influx 这些成功的公司都是引入创新数据库技术并取得巨大市场份额的例子。流行的 Postgres 有一个用于高效向量搜索的扩展：pg_embedding。它最初使用 IVFFlat 索引，现在支持 HNSW 以提高性能。HNSW 在速度和准确性方面表现出色，是大规模应用的理想选择。

表 5.2 列出了一些向量数据库的示例。我冒昧地强调了各搜索引擎的以下几个方面。

- **价值主张**：这个向量搜索引擎与众不同的独特功能是什么？
- **商业模式**：引擎的一般类型，是向量数据库、大数据平台，还是托管/自托管。
- **索引**：该搜索引擎采用的相似性/向量搜索算法及其独特功能。
- **许可证**：是开源还是闭源。

表5.2　向量数据库

数据库提供者	描述	业务模型	首个发布版本	许可证	索引	组织
Chroma	商业开源嵌入式存储	(部分开放)SaaS	2022	Apache-2.0	HNSW	Chroma 公司
Qdrant	托管/自主托管的向量搜索引擎和数据库，支持扩展过滤功能	(部分开放)SaaS	2021	Apache 2.0	HNSW	Qdrant Solutions GmbH
Milvus	为可扩展的相似性搜索而构建的向量数据库	(部分开放)SaaS	2019	BSD	IVF,HNSW,PQ,等	Zilliz
Weaviate	同时存储对象和向量的云原生向量数据库	开放式 SaaS	2018 年作为传统图数据库启动，2019 年首次发布	BSD	支持CRUD的定制HNSW算法	SeMI 技术公司
Pinecone	使用人工智能模型嵌入的快速、可扩展应用	SaaS	2019 年首次发布	专有	构建于 Faiss 之上	松果系统公司

(续表)

数据库提供者	描述	业务模型	首个发布版本	许可证	索引	组织
Vespa	商业开源向量数据库，支持向量搜索、词法搜索和搜索	开放式SaaS	最初是一个网络搜索引擎(全网)，2003年被雅虎收购，后于2017年发展为Vespa并开源	Apache 2.0	HNSW, BM25	雅虎
Marqo	云原生商业开源搜索和分析引擎	开放式SaaS	2022	Apache 2.0	HNSW	S2Search澳大利亚有限公司

表 5.1 提供了几个著名向量数据库的高级概览，重点关注价值主张、商业模型、索引和许可证等核心功能。虽然这些方面对于初步比较至关重要，但更全面的评估还应考虑架构细节、分片能力和内存处理支持。这些因素会影响性能、可扩展性和对特定用例的适用性。由于讨论范围所限，我们优先考虑了与通用大规模语言模型应用程序最相关的功能。不过，对于生产级系统来说，深入了解这些架构考虑因素是必不可少的。

对于开源数据库，从 GitHub 的星级史可以很好地了解它们的受欢迎程度和吸引力。图 5.4 是随时间变化的曲线图(来源：star-history.com)。

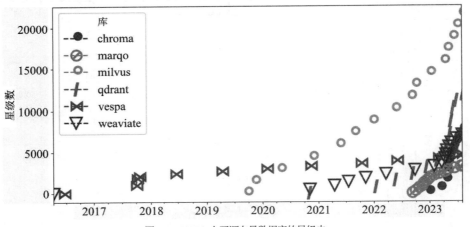

图 5.4　GitHub 上开源向量数据库的星级史

可以看出，milvus 非常受欢迎；不过，qdrant、weviate 和 chroma 等其他库也在迎头赶上。

在 LangChain 中，可以使用 vectorstores 模块实现向量存储。该模块提供了各种用于存储和查询向量的类和方法。下面看一个在 LangChain 中实现向量存储的示例!

Chroma

该向量存储经过优化，可以使用 Chroma 作为后端来存储和查询向量。Chroma 负责根据向量的角度相似性对向量进行编码和比较。

要在 LangChain 中使用 Chroma，需要遵循以下步骤。

(1) 加载一些文档，例如亚马逊上对这本书的评论。

```
from langchain_community.document_loaders import WebBaseLoader

loader = WebBaseLoader("https://www.amazon.com/Generative-AILangChain-
language-ChatGPT-ebook/dp/B0CBBL55PQ")
docs = loader.load()
```

(2) 将文档划分成适当的块(可选)：

```
from langchain_text_splitters import CharacterTextSplitter

splitter = CharacterTextSplitter(
    chunk_size=500,
    chunk_overlap=0,
    separator="\nReport"
)
split_docs = splitter.split_documents(docs)
```

(3) 导入 Chroma 和 Embedding 模块：

```
from langchain_community.vectorstores.chroma import Chroma
from langchain_cohere import CohereEmbeddings
```

(4) 创建一个 Chroma 实例，并提供文档划分和嵌入的方法。

```
vectorstore = Chroma.from_documents(documents=split_docs,
embedding=CohereEmbeddings())
```

文档(评论)将被嵌入并存储在 Chroma 向量数据库中。

> **提示：**
> 要使用 Cohere 嵌入，首先必须在 https://cohere.ai 上注册 Cohere。然后，需要向 LangChain 接口提供你的 api 密钥。为此，你可以设置 COHERE_API_KEY 环境变量。有关设置环境变量的详情，请参阅第 3 章的说明。

将在本章的另一节讨论文档加载器。

可以查询向量存储来检索类似的向量。

```
similar_vectors = vectorstore.similarity_search(query="This is a fantastic
book!", k=1)
```

这里，query_vector 是要查找相似向量的文本，k 是要检索的相似向量的数量。print(similar_vectors[0].page_content)得到的结果如下所示。

```
Showing 0 comments
There was a problem loading comments right now. Please try again later.
MZ5.0 out of 5 stars
Great Book!
Reviewed in the United States on January 1, 2024Verified Purchase
This book has substance and interesting material, best book so far in the
market covering langchain. The author knows his stuff!

2 people found this helpful


Helpful
```

在本节中，我们学习了嵌入和向量存储的大量基础知识。还了解了如何在向量存储和向量数据库中处理嵌入和文档。在实践中，如果我们想构建一个聊天机器人，则需要掌握两个构建模块，其中最重要的是文档加载器和检索器，现在我们就来看看这两个模块。

它们之间的关系如图5.5所示(来源：LangChain 文档)。

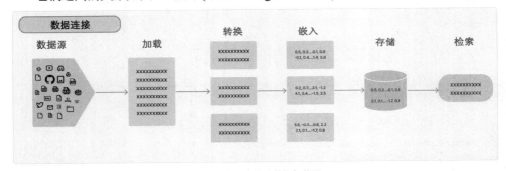

图 5.5 向量存储和数据加载器

检索将向量存储与 LangChain 的其他组件整合在一起，以简化查询和兼容性。LangChain 实现了一个由不同构建模块组成的工具链，用于构建检索系统。在本节中，将了解如何将它们组合在一个管道中，以通过 RAG 构建聊天机器人。其中包括数据加载器、文档转换、嵌入模型、向量存储和检索器。

在 LangChain 中，首先通过数据加载器加载文档。可以通过集成文档加载器从多种来源加载多种格式的文档。你可以使用 LangChain 集成 hub 浏览并选择适合你数据源的加载器。一旦选择了加载器，就可以使用指定的加载器加载文档。然后，可以对它们进行转换，并将这些文档作为嵌入传递给向量存储。然后，可以查询向量存储或与向量存储相关联的检索器。LangChain 中的检索器可以将加载和向量存储封装成一个步骤。

LangChain 简化了将各种来源的文档加载为适合向量存储的格式的过程。虽然划分和清洗等转换是必不可少的，但现在将重点放在核心加载和存储上。通过了解这些步骤，你将具备构建鲁棒 RAG 系统的能力。将在后续章节中深入探讨特定加载器、嵌入模型和向量存储。

　　下面介绍 LangChain 中的文档加载器！在实施 RAG 的实际管道中，这些都是第一步。

5.2.7　文档加载器

　　文档加载器用于将数据源中的数据作为**文档**对象加载，文档对象由文本和相关元数据组成。有多种类型的集成，例如用于加载简单.txt 文件的文档加载器(TextLoader)、加载网页文本内容的文档加载器(WebBaseLoader)、加载 Arxiv 文章的文档加载器(ArxivLoader)或加载 YouTube 视频副本的文档加载器(YoutubeLoader)。对于网页，Diffbot 集成可提供简洁的内容提取。针对图像还有其他集成，例如提供图像标题(ImageCaptionLoader)。

　　文档加载器有一个 load()方法，用于从配置源加载数据并以文档形式返回。还可能有一个 lazy_load()方法，用于在需要时将数据加载到内存中。

　　LangChain 的 TextLoader 简化了从文件加载文本数据的过程。通过指定文件路径，你可以轻松提取文档内容和元数据。下面是一个例子：

```
from langchain.document_loaders import TextLoader

loader = TextLoader(file_path="path/to/file.txt")
documents = loader.load()
```

　　documents 变量将包含文档对象列表。每个文档由页面内容和元数据组成。请确保在前面的示例中提供了文本文档的路径，因为不正确的文件路径或编码问题会导致错误。

　　同样，也可以从维基百科加载文档。

```
from langchain_community.document_loaders.wikipedia import WikipediaLoader
loader = WikipediaLoader("LangChain")
documents = loader.load()
print(documents[0].page_content[:102])
```

　　这将打印出以下内容：

```
'LangChain is a framework designed to simplify the creation of
applications using large language models'
```

　　让我们再来一次。这次，从 arXiv 下载一篇论文，让 Claude 写一篇评论！

```
from langchain_core.output_parsers import StrOutputParser
from langchain_anthropic import ChatAnthropic
from langchain import hub
from langchain_community.document_loaders import ArxivLoader

docs = ArxivLoader(query="2201.11903", load_max_docs=2).load()
```

　　此程序导入 ArxivLoader，并根据查询"2201.11903"使用 ArxivLoader 从 arXiv 预印本库中加载最多 2 篇文档。这是 Jason Wei 等撰写的论文 "Chain-of-Thought Prompting Elicits Reasoning in Large Language Models" (2022 年)。加载的文档存储在 docs 变量中。

```
prompt = hub.pull("hwchase17/anthropic-paper-qa")
```

这一行使用 hub.pull()函数从 LangChain Hub 提取预定义的提示。该提示是为学术论文中的问题回答而设计的,并存储在 prompt 变量中。

```
ChatPromptTemplate(input_variables=['text'], metadata={'lc_hub_owner':
'hwchase17', 'lc_hub_repo': 'anthropic-paper-qa', 'lc_hub_commit_hash':
'0b8e75415e4d1314431e2a22176dce33c65375d4b3be7a2e21c91819da6dfbf7'},
messages=[HumanMessagePromptTemplate(prompt=PromptTemplate(input_
variables=['text'], template='Here is an academic paper: <paper>{text}</
paper>\n\nPlease do the following:\n1. Summarize the abstract at a
kindergarten reading level.
(In <kindergarten_abstract> tags.)\n2. Write the Methods section as a
recipe from the Moosewood Cookbook. (In <moosewood_methods> tags.)\n3.
Compose a short poem epistolizing the results in the style of Homer. (In
<homer_results> tags.)\n4. Write a grouchy critique of the paper from a
wizened PI. (In <grouchy_critique> tags.)')))])
```

下一行创建了一个 ChatAnthropic 模型实例,其中包含"claude-2"模型和 10 000 个最大词元限制。

```
model = ChatAnthropic(model="claude-2", max_tokens=10000)
# 创建链:
chain = prompt | model | StrOutputParser()

# 调用
chain.invoke({"text": docs[0].page_content})
prompt = hub.pull("hwchase17/anthropic-paper-qa")
```

点评确实如所要求的那样:

```
In conclusion, while the idea of chain-of-thought prompting may have
merit, this paper falls short in providing a comprehensive and practical
solution for improving reasoning in language models.
```

在 LangChain 中,智能体或链中的向量检索是通过检索器完成的,检索器会访问向量存储。现在让我们看看检索器是如何工作的。

5.2.8 LangChain 中的检索器

LangChain 中的检索器根据用户查询获取文档。它们支持各种搜索方法,超越了向量存储。例如,搜索 Web 索引、数据库或专门的知识图谱。选择合适的检索器取决于你的需求。可以考虑以下工具。

- arXiv 检索器:从 arXiv.org 检索科学文章。
- 维基百科检索器:从维基百科检索信息和文档。

有关 LangChain 检索器的完整列表,请参阅官方文档:https://python.langchain.com/v0.1/docs/modules/data_connection/retrievers/。现在我们查看 kNN 和 PubMed 两个检索器。kNN 的通用性和 PubMed 的专业性使它们成为有价值的范例。之后,就可以定制检索器了。

kNN 检索器

要使用 kNN 检索器，需要创建一个新的检索器实例，并向其提供文本列表。下面举例说明如何使用 OpenAI 的嵌入创建 kNN 检索器——回到之前关于猫、狗、动物和计算机的例子。

```
from langchain_community.retrievers import KNNRetriever

from langchain_openai import OpenAIEmbeddings

words = ["cat", "dog", "computer", "animal"]
retriever = KNNRetriever.from_texts(words, OpenAIEmbeddings())
```

只要创建了检索器，就可以通过调用 get_relevant_documents()方法并传递查询字符串来检索相关文档。检索器将返回与查询最相关的文档列表。

下面是一个使用 kNN 检索器的示例：

```
result = retriever.get_relevant_documents("dog")
print(result)
```

这将输出与查询相关的文档列表。每个文档都包含页面内容和元数据：

```
[Document(page_content='dog', metadata={}),
 Document(page_content='animal', metadata={}),
 Document(page_content='cat', metadata={}),
 Document(page_content='computer', metadata={})]
```

PubMed 检索器

LangChain 中还有一些更专业的检索器，例如来自 PubMed 的检索器。**PubMed 检索器**是 LangChain 中的一个组件，有助于将生物医学文献检索纳入语言模型应用中。PubMed 包含数以百万计的各种来源的生物医学文献引用。

在 LangChain 中，PubMedRetriever 类用于与 PubMed 数据库交互，并根据给定的查询检索相关文档。该类的 get_relevant_documents()方法将查询作为输入，并从 PubMed 返回相关文档列表。

下面是一个在 LangChain 中使用 PubMed 检索器的示例：

```
from langchain_community.retrievers.pubmed import PubMedRetriever

retriever = PubMedRetriever()
documents = retriever.get_relevant_documents("COVID")
for document in documents:
    print(document.metadata["Title"])
```

在这个示例中，get_relevant_documents()方法被调用，查询为"COVID"。然后，该方法会从 PubMed 中检索与查询相关的文档，并以列表形式返回。我得到以下标题作为打印输出。

```
Perceived usefulness of medical teachers towards online learning using
```

```
technology acceptance model.
Impact of COVID -19 on expanded programme on Immunisation in District Dir
lower Khyber Pakhtunkhwa.
Assessment of sleep quality in severe COVID-19 hospitalised patients.
```

自定义检索器

可以通过创建一个继承自 BaseRetriever 抽象类的类，在 LangChain 中实现自己的自定义检索器。该类应实现 get_relevant_documents()方法，该方法将查询字符串作为输入，并返回相关文档的列表。

下面是一个实现检索器的示例：

```python
from langchain_core.documents import Document
from langchain_core.retrievers import BaseRetriever


class MyRetriever(BaseRetriever):
    def get_relevant_documents(self, query: str, **kwargs) ->
list[Document]:
        # 在此执行检索逻辑
        # 根据查询检索和处理文档
        # 返回相关文档列表

        relevant_documents = []

        # 在此处执行检索逻辑

        return relevant_documents
```

你可以自定义该方法来执行你需要的任何检索操作，例如查询数据库或搜索索引文档。实现了检索器类后，就可以创建一个实例，然后调用 get_relevant_documents()方法，根据查询结果检索相关文档。

现在，我们已经了解了向量存储和检索器，让我们把这些知识都用起来吧。下面用检索器实现一个聊天机器人！

> **注意：**
> 假设你已经按照第 3 章中的说明安装了环境、必要的库和 API 密钥。

5.3 使用检索器实现聊天机器人

要在 LangChain 中实现一个简单的聊天机器人，可以按照以下步骤操作。

(1) 设置文档加载器。

(2) 在向量存储中存储文档。

(3) 建立一个聊天机器人，从向量存储中进行检索。

将使用多种格式对其进行归纳，并通过 Streamlit 在网络浏览器中提供一个界面。你可以将文档放入聊天机器人，然后开始提问。在生产中，对于客户参与的企业部署，你可以想象这些文档已经加载进来，而你的向量存储可以只是静态的。

从文档加载器开始。

5.3.1　文档加载器

如前所述，希望能够读取不同的格式。

```
from typing import Any
from langchain.document_loaders import (
  PyPDFLoader, TextLoader,
  UnstructuredWordDocumentLoader,
  UnstructuredEPubLoader
)

class EpubReader(UnstructuredEPubLoader):
    def __init__(self, file_path: str | list[str], ** kwargs: Any):
        super().__init__(file_path, **kwargs, mode="elements",
strategy="fast")

class DocumentLoaderException(Exception):
    pass

class DocumentLoader(object):
    """Loads in a document with a supported extension."""
    supported_extentions = {
        ".pdf": PyPDFLoader,
        ".txt": TextLoader,
        ".epub": EpubReader,
        ".docx": UnstructuredWordDocumentLoader,
        ".doc": UnstructuredWordDocumentLoader
    }
```

该代码定义了一个继承自 UnstructuredEPubLoader 的自定义类 EpubReader。该类负责加载带有受支持扩展的文档。supported_extentions 字典将支持的扩展映射到相应的文档加载器类。这就为我们提供了读取具有不同扩展名的 PDF、文本、EPUB 和 Word 文档的接口。现在我们将实现加载器逻辑：

```
import logging
import pathlib
from langchain.schema import Document

def load_document(temp_filepath: str) -> list[Document]:
    """Load a file and return it as a list of documents."""
    ext = pathlib.Path(temp_filepath).suffix
    loader = DocumentLoader.supported_extentions.get(ext)
    if not loader:
      raise DocumentLoaderException(
          f"Invalid extension type {ext}, cannot load this type of file"
      )
```

```
    loader = loader(temp_filepath)
    docs = loader.load()
    logging.info(docs)
    return docs
```

前面的代码定义了一个 load_document 函数，该函数将 temp_filepath 作为输入，并返回一个 Document 对象列表。在确定扩展名后，它会在 supported_extentions 字典中查找相应的文档加载器类。如果不支持扩展名，就会引发 DocumentLoaderException 异常。否则，它会使用文档路径实例化加载器，调用加载方法加载文档，使用日志模块记录加载的文档，并返回文档列表。

在当前状态下，这个摘要应用程序的实现并不能处理很多错误，但如果需要，还可以进行扩展。现在，可以通过接口使用这个加载器，并将其连接到向量存储。

5.3.2 向量存储

这一步包括设置嵌入机制、向量存储和传递文档的管道。

```
from langchain_community.vectorstores.docarray import
DocArrayInMemorySearch
from langchain_community.embeddings.huggingface import
HuggingFaceEmbeddings
from langchain_text_splitters import RecursiveCharacterTextSplitter
from langchain_core.retrievers import BaseRetriever

def configure_retriever(docs: list[Document]) -> BaseRetriever:
    """Retriever to use."""
    text_splitter = RecursiveCharacterTextSplitter(chunk_size=1500, chunk_overlap=200)
    splits = text_splitter.split_documents(docs)
    embeddings = HuggingFaceEmbeddings(model_name="all-MiniLM-L6-v2")
    vectordb = DocArrayInMemorySearch.from_documents(splits, embeddings)
    retriever = vectordb.as_retriever(search_type="mmr", search_
kwargs={"k": 2, "fetch_k": 4})
    return retriever
```

为了有效利用向量存储，长文档会被分成较小的、易于管理的块。这个过程被称为分块，可以提高搜索的准确性和效率。我们正在执行以下操作。

- 文档加载：从各种来源加载文档。
- 文档划分：使用 RecursiveCharacterTextSplitter 等工具将文档划分成更小的块。
- 嵌入：将文本块转换为数字嵌入。在这里，使用的是 Hugging Face 模型。
- 向量存储：将嵌入存储在向量数据库中，以便高效搜索。

最后，我们的检索器按照最大边际相关性查找文档。我们使用 DocArray 作为内存中的向量存储。DocArray 提供了各种功能，如高级索引、全面的序列化协议、统一的 Pythonic 接口等。此外，它还能为自然语言处理、计算机视觉和音频处理等任务提供高效、直观的多模态数据处理。可以使用不同的距离度量(如余弦和欧几里得)来初始化 DocArray，余弦是默认度量。

为了查找相关文档，我们使用了以下技术。

- **相似性搜索**：根据文档在嵌入空间中与查询的接近程度检索文档。可以设置相似度得分阈值来过滤结果。

- **最大边际相关性(Maximum Marginal Relevance，MMR)**：通过平衡相关性和新颖性，提高搜索结果的多样性。MMR 优先处理与查询相似、且与已检索文档不同的文档。

通过结合这些方法，可以获得更广泛的相关信息。

在例子中，选择了 MMR。这有助于从不同角度检索到更广泛的相关信息，而不仅仅是重复、冗余的点击。我们将 k 参数设置为 2，这意味着我们将从检索中得到 2 份文档。

上下文压缩通过只提取检索文档中的相关信息来增强检索效果。这一过程可以完善检索结果并提高响应质量。

我们有以下几种上下文压缩选项。

- LLMChainExtractor：利用大规模语言模型从文档中提取相关内容。
- LLMChainFilter：根据大规模语言模型的评估结果过滤掉无关文档。
- EmbeddingsFilter：采用基于文档和查询嵌入的相似性过滤器。

通过将这些组件结合起来，可以为用户查询创建更有针对性、信息更丰富的响应。

前两个压缩器需要调用大规模语言模型，这意味着速度可能会很慢，而且成本很高。因此，EmbeddingsFilter 是一个更有效的选择。可以在结尾处用一个简单的 switch 语句集成压缩。下面是重写的 configure_retriever()函数。

```python
from langchain.retrievers.document_compressors import EmbeddingsFilter
from langchain.retrievers import ContextualCompressionRetriever

def configure_retriever(docs: list[Document], use_compression: bool =
True) -> BaseRetriever:
    # ...
    # 代替 return 语句:
    if not use_compression:
        return retriever

embeddings_filter = EmbeddingsFilter(
        embeddings=embeddings, similarity_threshold=0.76
)
    return ContextualCompressionRetriever(
        base_compressor=embeddings_filter,
        base_retriever=retriever
)
```

注意，我刚刚创建了一个新参数 use_compression。对于我们选择的压缩器 EmbeddingsFilter，还需要增加两个导入。

现在，有了创建检索器的机制，我们就可以设置聊天链了。

```python
from langchain.chains.conversational_retrieval.base import
ConversationalRetrievalChain
```

```
from langchain_openai import ChatOpenAI
from langchain.chains.base import Chain
from langchain.memory import ConversationBufferMemory

def configure_chain(retriever: BaseRetriever) -> Chain:
    """Configure chain with a retriever."""
    # 设置背景对话记忆
    memory = ConversationBufferMemory(memory_key="chat_history", return_
messages=True)

    # 设置大规模语言模型和 QA 链；设置低温以控制幻觉
    llm = ChatOpenAI(
        model_name="gpt-3.5-turbo", temperature=0, streaming=True
    )
    # 自动输入 max_tokens_limit 数量
    # 在提示你的大规模语言模型时截断词元！
    return ConversationalRetrievalChain.from_llm(
        llm, retriever=retriever, memory=memory, verbose=True, max_tokens_limit=4000
)
```

上面的代码定义了一个 configure_chain 函数，该函数接收一个 BaseRetriever 实例并返回一个 Chain 对象。它设置了一个 ConversationBufferMemory 来跟踪对话历史，实例化了一个温度较低的 ChatOpenAI 语言模型以减少幻觉，并使用提供的检索器、记忆和语言模型创建了一个 ConversationalRetrievalChain。max_tokens_limit 参数设置为 4000，这将在提示语言模型时自动截断词元。

检索逻辑的最后一步是获取文档并将其传递给检索器设置。

```
import os
import tempfile
def configure_qa_chain(uploaded_files):
    """Read documents, configure retriever, and the chain."""
    docs = []
    temp_dir = tempfile.TemporaryDirectory()
    for file in uploaded_files:
        temp_filepath = os.path.join(temp_dir.name, file.name)
        with open(temp_filepath, "wb") as f:
            f.write(file.getvalue())
        docs.extend(load_document(temp_filepath))

    retriever = configure_retriever(docs=docs)
    return configure_chain(retriever=retriever)
```

现在我们有了聊天机器人的逻辑，需要设置接口。如前所述，将再次使用 **streamlit**。

```
import streamlit as st
from streamlit.external.langchain import StreamlitCallbackHandler

st.set_page_config(page_title="LangChain: Chat with Documents", page_
icon="")
st.title("LangChain: Chat with Documents")
```

```
uploaded_files = st.sidebar.file_uploader(
    label="Upload files",
    type=list(DocumentLoader.supported_extentions.keys()),
    accept_multiple_files=True
)
if not uploaded_files:
    st.info("Please upload documents to continue.")
    st.stop()

qa_chain = configure_qa_chain(uploaded_files)
assistant = st.chat_message("assistant")
user_query = st.chat_input(placeholder="Ask me anything!")

if user_query:
    stream_handler = StreamlitCallbackHandler(assistant)
    response = qa_chain.run(user_query, callbacks=[stream_handler])
    st.markdown(response)
```

这样，我们就有了一个可以通过可视化界面进行检索的聊天机器人，而且对于要提问的自定义文档，它还具有插入功能(见图 5.6)。可以在 GitHub 上看到完整的实现过程。你可以逗逗这个聊天机器人，看看它是如何工作的，什么时候不工作。

图 5.6　带有不同格式的文档加载器的聊天机器人界面

需要注意的是，LangChain 对输入大小和成本有限制。你可能需要考虑变通方法来处理更大的知识库或优化 API 的使用成本。此外，与使用商业解决方案相比，微调模型或在内部托管大规模语言模型可能更加复杂，准确性也更低。将在第 8 章中探讨这些用例。

记忆是 LangChain 框架中的一个组件，它允许聊天机器人和语言模型记住之前的交互和信息。它在聊天机器人等应用中至关重要，因为它能让系统在对话中保持上下文和连续性。下面看看 LangChain 中的记忆及其机制。

5.3.3　对话记忆：保留上下文

记忆能让聊天机器人保留以前互动的信息，保持对话的连续性和上下文。如果没有记忆，聊天机器人就很难理解之前交流的内容，导致对话不连贯、令人不满意。通过存储消息序列中的知识，记忆可以提取见解，从而随着时间的推移提高性能。

为了保持对话流畅，需要存储和访问过去的交互。为此，LangChain 提供了多种记忆机制，每种机制都有不同的用途，如表 5.3 所示。

表 5.3 LangChain 的记忆机制

记忆类型	描述	用例
ConversationBufferMemory	将信息存储在缓冲区中，并提取到变量中	过去交互的简单记录
ConversationSummaryMemory	创建一段时间内的对话摘要	较长的对话，词元效率高
ChatMessageHistory	从持久存储中存储和加载聊天信息	灵活的存储选项，自动历史管理
ConversationBufferWindowMemory	保留固定大小的最新互动窗口	最近互动的滑动窗口
ConversationEntityMemory	记住特定实体的事实	随着时间的推移构建有关实体的知识
ConversationKGMemory	使用知识图谱重新创建记忆	结构化记忆管理
ConversationSummaryBufferMemory	结合缓冲和摘要概念	在最近的交互和历史摘要之间取得平衡
ConversationTokenBufferMemory	根据词元长度保留缓冲区	基于词元的记忆管理
VectorStoreRetrieverMemory	在向量存储中存储记忆，根据相似性进行检索	检索对话早期的相关信息

LangChain 中的这些记忆类型为管理对话历史、跟踪实体、总结对话以及根据不同标准检索相关信息提供了多种选择，从而使开发上下文感知且连贯的对话智能体成为可能。

在本节中将探讨 LangChain 提供的不同类型的记忆，特别是在 Python 中如何实现它们的实用示例。将从 ConversationBufferMemory 开始，然后继续讨论其他类型，如 ConversationBufferWindowMemory、ConversationSummaryMemory 和 CombinedMemory。在讨论结束时，我希望你能明白，你可以增强聊天机器人的记忆能力，使交互更了解上下文，更有成效。每种记忆类型都有特定的用途，你可以根据自己的使用用例来选择最合适的类型。

接下来从简单的存储开始。

ConversationBufferMemory

下面来看几个基本示例，看看如何使用 ConversationBufferMemory 在与语言模型交互的间隙维护对话上下文和记忆。

首先，导入必要的类：

```
from langchain.memory import ConversationBufferMemory
```

```
from langchain.chains import ConversationChain
from langchain_openai import ChatOpenAI
```

接下来，实例化 OpenAI 语言模型，创建 ConversationBufferMemory 对象来存储对话历史记录，然后实例化 ConversationChain。

```
llm = ChatOpenAI()
memory = ConversationBufferMemory()
chain = ConversationChain(llm=llm, memory=memory)
```

用户可以提供初始输入信息。利用 ConversationChain 的 predict() 方法从语言模型中生成响应并打印出来：

```
user_input = "Hi, how are you?"
response = chain.predict(input=user_input)
print(response)
```

另一条用户输入信息展示了对存储在记忆对象中的以往对话历史的考虑：

```
user_input = "What's the weather like today?"
response = chain.predict(input=user_input)
```

最后，可以打印存储在记忆中的对话历史记录：

```
print(memory.chat_memory.messages)
```

应该这样看待对话：

```
[HumanMessage(content='Hi, how are you?'), AIMessage(content="Hello!
I'm doing well, thank you for asking. I've been busy processing a
lot of information and learning new things. How can I assist you
today?"), HumanMessage(content="What's the weather like today?"),
AIMessage(content='The weather today is partly cloudy with a high of 75
degrees Fahrenheit and a 20% chance of rain in the afternoon. The wind is
coming from the northwest at 10 mph. Is there anything else you would like
to know?')]
```

这种缓冲区在处理大量对话时效率会很低。下面看看滑动窗口记忆方法，它能保持一个固定大小的最近交互窗口。

ConversationBufferWindowMemory

该记忆机制记录了最近 K 次的互动。让我们看看！将实例化一个 ConversationBuffer-WindowMemory 对象：

```
from langchain.memory import ConversationBufferWindowMemory
memory = ConversationBufferWindowMemory(k=1)
```

在本例中，窗口大小设置为 1，这意味着只有最后一次交互会保存在记忆中。

可以使用 save_context() 方法保存每次交互的上下文。它需要两个参数：user_input 和 model_output。这两个参数分别代表给定交互的用户输入和相应模型的输出。

```
memory.save_context({"input": "hi"}, {"output": "whats up"})
```

```
memory.save_context({"input": "not much you"}, {"output": "not much"})
```

可以通过 memory.load_memory_variables({})查看信息。要查看保存的信息，可以打印出来：

```
print(memory.load_memory_variables({}))
```

ConversationSummaryMemory

对于较长的会话，存储所有过去的消息可能会降低词元效率，因此这种记忆类型可以总结一段时间内的会话。

下面看看它的实际应用！

```
from langchain.memory import ConversationSummaryMemory
from langchain_openai import OpenAI
# 初始化摘要记忆和语言模型
llm = OpenAI(temperature=0)
memory = ConversationSummaryMemory(llm=llm)
# 保存交互的上下文
memory.save_context({"input": "hi"}, {"output": "whats up"})
# 下载摘要记忆
print(memory.load_memory_variables({}))
```

ConversationKGMemory

在 LangChain 中，还可以从对话中提取信息作为事实，并通过集成知识图谱作为记忆来存储这些信息。

注意：
知识图谱是一种结构化的知识表征模型，它以实体、属性和关系的形式组织信息。它将知识表示为图，其中实体表示为节点，实体之间的关系表示为边。在知识图谱中，实体可以是世界上的任何概念、对象或事物，属性则描述这些实体的属性或特征。关系捕捉实体之间的联系和关联，提供上下文信息并实现语义推理。

LangChain 中有用于检索知识图谱的功能；不过，LangChain 还提供了记忆组件，可根据我们的对话信息自动创建知识图谱。

将实例化 ConversationKGMemory 类，并将你的大规模语言模型实例作为大规模语言模型参数传递给它。

```
from langchain.memory import ConversationKGMemory
from langchain.llms import OpenAI

llm = OpenAI(temperature=0)
memory = ConversationKGMemory(llm=llm)
```

随着对话的进行，可以使用 ConversationKGMemory 的 save_context()函数将知识图谱中的相关信息保存到记忆中。

还可以将不同的记忆机制结合起来，下面就来介绍。

CombinedMemory

当你要维护对话历史的各个方面时，结合不同的机制非常有用。下面看看如何使用它！

首先，导入必要的类：

```
from langchain_openai import OpenAI
from langchain.prompts import PromptTemplate
from langchain.chains import ConversationChain
from langchain.memory import ConversationBufferMemory, CombinedMemory,
ConversationSummaryMemory
```

接下来，创建并组合不同的记忆类型：

```
# 初始化语言模型
llm = OpenAI(temperature=0)
# 定义对话缓冲存储器
conv_memory = ConversationBufferMemory(memory_key="chat_history_lines",
input_key="input")
# 定义对话摘要记忆
summary_memory = ConversationSummaryMemory(llm=llm, input_key="input")
# 合并两种记忆类型
memory = CombinedMemory(memories=[conv_memory, summary_memory])
```

最后，定义一个摘要模板并创建链。

```
# 定义提示模板
_DEFAULT_TEMPLATE = """The following is a friendly conversation between a
human and an AI. The AI is talkative and provides lots of specific details
from its context. If the AI does not know the answer to a question, it
truthfully says it does not know.
Summary of conversation:
{history}
Current conversation:
{chat_history_lines}
Human: {input}
AI:"""
PROMPT = PromptTemplate(input_variables=["history", "input", "chat_
history_lines"], template=_DEFAULT_TEMPLATE)
# 初始化对话链
conversation = ConversationChain(llm=llm, verbose=True, memory=memory,
prompt=PROMPT)
```

开始对话

```
conversation.run("Hi!")
```

在本例中，首先实例化了语言模型和我们正在使用的几种类型的记忆——用于保留完整对话历史记录的 ConversationBufferMemory 和用于创建对话摘要的 ConversationSummaryMemory。然后，使用 CombinedMemory 将这些记忆组合起来。最后，通过提供语言模型、记忆和提示来创建并运行 ConversationChain。

这是在"Hi!"之后的对话：

```
{'input': 'Hi!',
 'chat_history_lines': '',
 'history': '',
 'response': " Hello there! It's nice to meet you. My name is AI and I am
an artificial intelligence designed to assist and communicate with humans.
How can I help you today?"}
```

CombinedMemory 机制充分利用了不同记忆类型的优势，以实现最佳性能。

理想的记忆类型取决于具体的应用要求。选择时要考虑对话长度、所需的详细程度和计算资源等因素。通过有效利用这些记忆机制，你可以创建更具吸引力、信息更丰富的对话智能体。

长期持久性

要长期保持对话上下文，专用的后端是必不可少的。这些系统使用向量嵌入等技术存储、总结和搜索聊天历史。通过整合长期记忆，聊天机器人和人工智能智能体可以访问过去的互动，从而提高它们提供相关和一致响应的能力。

在专用后端中也有不同的对话存储方式。Zep 就是这样一个例子，它提供了一个持久的后端，使用向量嵌入和自动词元计数来存储、总结和搜索聊天历史。这种具有快速向量搜索和可配置摘要功能的长期记忆，使具有上下文感知能力的人工智能对话能力更强。

在下一节中，将了解如何使用调节来确保适当的响应。调节对于为用户创建一个安全、尊重和包容的环境、保护品牌声誉以及履行法律义务至关重要。

5.4 调节响应

对于负责任的聊天机器人开发而言，保持适当且合乎道德的对话至关重要。这就是调节的作用所在。调节包括过滤攻击性内容和阻止辱骂行为，确保积极的用户体验。调节非常重要，因为它能确保和维护大规模语言模型符合道德和法律规范。

- 过滤不恰当的语言、仇恨言论或攻击性内容，营造安全、包容的环境，从而**保护用户**。
- **品牌声誉**，因为聊天机器人通常代表组织的品牌。调节可确保响应符合品牌价值并保持良好声誉。
- 通过规则和后果(如"两击"系统)阻止用户的滥用行为，**防止滥用**。
- 通过制定一套明确的准则来**遵守法律**。

注意：

我在 GitHub 上提供了代码，但使用 langchain_openai 的具体代码示例可能存在兼容性问题。不过，了解一般原则仍然很有价值

LangChain 提供 OpenAIModerationChain 等工具来整合调节功能。这种预构建链可帮助过滤各种类别的有害内容，确保更安全的用户交互。下面是一个简化的概念工作流：

(1) 创建 OpenAIModerationChain 实例。

(2) 通过该链传递文本进行调节。

(3) 如果内容被认为是安全的，就会返回。

(4) 潜在的违规行为会触发警告或错误信息。

(5) 根据应用程序的需要，选择引发异常或以不同方式处理违规。

由于库的兼容性问题，具体的代码示例还需要进一步探讨，但以下部分为理解 LangChain 中的调节做法提供了一个概念基础。

5.5 防护

正如调节可以防止有害内容一样，防护也可以主动塑造对话的方向。通过定义界限和限制，可以提高大规模语言模型的性能和安全性。在大规模语言模型中，防护 (guardrails，简称 rails)是指控制模型输出的特定方法。它们提供了一种添加可编程约束和准则的方法，以确保语言模型的输出符合所需的标准。

以下是几种使用防护的方法。

- **控制主题**：防护允许你定义语言模型或聊天机器人在特定主题上的行为。你可以防止它参与不需要的或政治等敏感话题的讨论。

- **预定义对话路径**：通过防护，你可以为对话定义预定义路径。这可以确保语言模型或聊天机器人遵循特定流程并提供一致的响应。

- **语言风格**：通过防护，你可以指定语言模型或聊天机器人应使用的语言风格。这能确保输出符合你所希望的语气、正式程度或特定语言要求。

- **结构化数据提取**：防护可用于从对话中提取结构化数据。这对于捕捉特定信息或根据用户输入执行操作非常有用。

总之，防护提供了一种为大规模语言模型和聊天机器人添加可编程规则和约束的方法，使它们在与用户交互时更加可信、安全和可靠。通过在语言模型链中添加调节链，你可以确保生成的文本经过调节，并可在应用程序中安全使用。

5.6 小结

在第 4 章中，讨论了工具增强型大规模语言模型，其中涉及外部工具或知识资源(如文档语料库)的使用。在本章中，重点讨论了通过向量搜索从资源中检索相关数据并将其注入上下文中。这些检索到的数据可作为额外信息，用于增强对大规模语言模型的提示。还介绍了检索和向量机制，并讨论了聊天机器人的实现、记忆机制的重要性以及适当响应的重要性。

本章首先概述了聊天机器人及其演变，以及聊天机器人的现状，强调了当前技术的实际意义和能力提升。讨论了主动交流的重要性，还探讨了检索机制，包括向量存储，目的是提高聊天机器人响应的准确性。还详细介绍了加载文档和信息的方法，包括向量存储和嵌入。

此外，还讨论了用于维护知识和当前对话状态的记忆机制。最后讨论了调节问题，强调了确保响应尊重他人并符合组织价值观的重要性。

本章讨论的功能是研究记忆、上下文和言论调节等问题的起点，但这些功能也可以用于研究幻觉等问题。

5.7 问题

请看看你能否凭记忆得出这些问题的答案。如果你对其中任何一个问题不确定，我建议你重新阅读本章的相应章节。

1. 请说出 5 个不同的聊天机器人！
2. 开发聊天机器人有哪些重要方面？
3. RAG 代表什么？
4. 什么是嵌入？
5. 什么是向量搜索？
6. 什么是向量数据库？
7. 请说出 5 种不同的向量数据库！
8. 什么是 LangChain 中的检索器？
9. 什么是记忆，LangChain 中有哪些记忆选项？
10. 什么是调节，什么是章程，它们是如何工作的？

第**6**章
利用生成式人工智能开发软件

虽然本书的主题是将生成式人工智能，尤其是大规模语言模型集成到软件应用中，但在本章中，将讨论如何利用大规模语言模型帮助软件开发。这是一个大话题；KPMG 和 McKinsey 等多家咨询公司的报告都强调，软件开发是受生成式人工智能影响最大的领域之一。

将首先讨论大规模语言模型如何帮助完成编码任务，我将概述在软件开发自动化方面取得的进展。然后，将使用一些模型对生成的代码进行定性评估。接下来，将为软件开发任务实现一个完全自动化的智能体。将详细介绍设计选择，并展示仅用几行 Python 和 LangChain 实现的智能体所取得的一些成果。还将提到这种方法的许多可能的扩展。

提示：

在本章中，将讨论自动化软件开发的各种实用方法，可以在本书的 GitHub 仓库中的 software_development 目录中找到这些方法，网址是 https://github.com/benman1/ generative_ai_with_ langchain。考虑到该领域的快速发展和 LangChain 库的持续开发，我们正努力保持 GitHub 仓库的最新版本，最新代码请访问：https://github.com/benman1/generative_ai_ with_langchain。有关设置说明请参阅第 3 章。如果你在运行代码时遇到任何问题或有疑问，请在 GitHub 上创建问题，或加入 Discord 频道 (https://packt.link/lang)讨论。

本章主要内容：

- 软件开发与人工智能
- 使用大规模语言模型编写代码
- 自动化软件开发

在本章开始，将对使用人工智能进行软件开发的现状做一个概述。

6.1 软件开发与人工智能

随着 ChatGPT 等功能强大的人工智能系统的出现，人们对将人工智能作为辅助软件开发人员的工具产生了极大兴趣。毕马威会计师事务所 2023 年 6 月的一份报告估计，大约 25%的软件开发任务可能会被自动化取代。同月，麦肯锡的一份报告强调，软件开发作为一种功能，生成式人工智能可以在降低成本和提高效率方面产生重大影响。

如今的人工智能助手集成了预测键入、语法检查、代码生成等功能，可直接支持软件开发工作流，实现了编程自动化的早期愿望。

ChatGPT 和微软的 Copilot 等新型代码大规模语言模型都是非常受欢迎的生成式人工智能模型，拥有数百万用户和显著的生产力提升能力。大规模语言模型可以处理与编程相关的各种任务，例如

- **代码补全/生成**：这项任务涉及根据周围的代码或文本提示预测下一个代码元素。它通常用于**集成开发环境(IDE)**，以帮助开发人员编写代码。
- **代码总结/记录**：这项任务旨在为给定的源代码块生成自然语言摘要或文档。这个摘要可以让开发人员无须阅读实际代码，就能了解代码的目的和功能。
- **代码搜索**：代码搜索的目的是根据给定的自然语言查询找到最相关的代码片段。这项任务涉及学习查询和代码片段的联合嵌入，以返回代码片段的预期排名顺序。这可以通过 RAG 架构来实现。
- **漏洞查找/修复**：人工智能系统可以减少人工调试工作，提高软件的可靠性和安全性。有代码验证工具可用于识别表明存在错误的模式。作为一种替代方法，大规模语言模型可以检测代码气味，以及任何表明存在深层问题的东西，并(根据提示)进行纠正。因此，这些系统可以减少人工调试的工作量，有助于提高软件的可靠性和安全性。
- **测试生成**：与代码自动补全类似，大规模语言模型也能生成单元测试和其他类型的测试，从而提高代码库的可维护性。

人工智能编程助手将早期系统的交互性与创新的自然语言处理相结合。开发人员可以用简单的英语查询编程问题或描述所需的函数，并接收生成的代码或调试提示。然而，代码质量、安全性和过度依赖性方面的风险依然存在。在计算机增强功能与保持人类监督之间取得适当的平衡是一项持续的挑战。

下面看看目前人工智能系统在编码方面的表现，尤其是代码大规模语言模型。

代码大规模语言模型

目前已经出现了许多人工智能模型，它们各有优缺点，它们不断竞争，以获得改进和提供更好的结果。StarCoder 等模型的性能不断提高。研究表明，大规模语言模型有助于提高工作流程效率，但需要更强的鲁棒性、集成性和通信能力。

注意:

最新的里程碑

- 2021 年,OpenAI 推出的 Codex 模型可以从自然语言描述中生成代码片段,有望为程序员提供帮助。
- 2021 年,GitHub 推出的 Copilot 是将大规模语言模型集成到集成开发环境(IDE)中进行自动完成的早期集成,实现了快速采用。它可以建议代码补全、修复错误,甚至生成整个函数。
- 2022 年,DeepMind 推出的 AlphaCode 与人类编程速度不相上下,具有生成完整程序的能力。
- 2022 年,OpenAI 推出的 ChatGPT 展示了异常连贯的编码自然语言对话。
- 2022 年,DeepMind 推出的 AlphaTensor 和 AlphaDev 展示了人工智能发现新颖的、与人类竞争的算法的能力,从而开启了性能优化。
- 谷歌的 CodeBot 可以为各种项目生成代码,包括谷歌的搜索引擎和安卓操作系统。

Duet AI 是一家由人工智能驱动的技术服务公司,通过使用大规模语言模型,其生产率显著提高了 30%。最近的成就表明,大规模语言模型有潜力彻底改变编程和软件工程领域。通过自动生成代码、建议补全、修复错误和生成完整程序,大规模语言模型可以为开发人员节省大量的时间和精力。它们还能确保软件的架构高效、可扩展且安全。此外,就编码问题进行连贯的自然语言对话还能改善开发人员与非技术利益相关者之间的合作与交流。

为了说明在创建软件方面取得的进展,下面看看一个基准测试的量化结果:Codex 论文 "Evaluating Large Language Models Trained on Code",2021)中介绍的 HumanEval 数据集旨在测试大规模语言模型根据签名和文档字符串完成函数的能力。它评估了从文档字符串合成程序的功能正确性。数据集包括 164 个编程问题,涵盖了语言理解、算法和简单数学等多个方面。其中一些问题的难度与简单的软件面试题相当。HumanEval 的一个常用指标是 pass@k(pass@1)——指的是每个问题生成 k 个代码样本时正确样本的比例。最常用的 k 是 1(pass@1)。

图 6.1 总结了开源模型在 HumanEval 任务中的表现(参数数量与 HumanEval 的 pass@1 性能对比)与 Claude 3 Opus、GPT-4、Claude 3 Haiku 和 Gemini Ultra 的零样本基线对比。

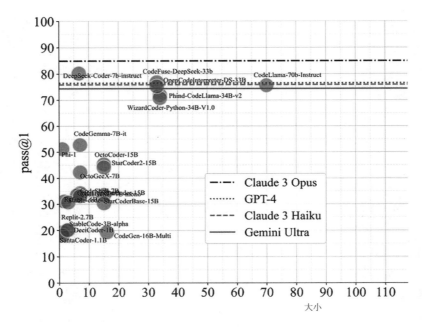

图 6.1　开源模型在 HumanEval 编码任务基准测试中的比较(截至 2023 年 12 月)

　　图 6.1 主要基于 Hugging Face 主办的 Big Code Models Leaderboard，不过我又添加了一些商业模型自己报告的性能结果进行比较。

> **注意：**
> **pass@k** 指标是一种评估大规模语言模型解决编程习题性能的方法。它衡量的是在前 k 名候选者中，大规模语言模型至少生成一个正确解决方案的练习比例。pass@k 分数越高，表示大规模语言模型的性能越好，因为它意味着大规模语言模型能够更频繁地在前 k 个候选方案中生成正确的解决方案。
>
> Hugging Face 评估库可以非常容易地计算 pass@k 和其他指标——请参阅代码大规模语言模型笔记中的示例。

　　所有大规模语言模型都能在一定程度上进行编码，因为大多数大规模语言模型的训练数据都包含一些源代码——这被认为可以提高模型的推理能力。例如，由 EleutherAI 的 GPT-Neo 为训练 GPT 模型的开源替代品而策划的数据集 The Pile 中，至少有约 11% 的代码来自 GitHub(102.18 GB)。该数据集被用于训练 Meta 的 Llama、Yandex 的 YaLM 100B 以及其他许多模型。

　　尽管 HumanEval 已被广泛用作代码大规模语言模型的基准测试，但还有许多其他用于编程的基准测试。它们都有相似之处，但在有难度领域和(有时)编程语言上有所不同。图 6.2 是 Codex 提供的高级计算机科学测试中的一个示例问题和答案。

Write a recursive function, called biggest_last(), that takes a list of integers as input, where the list elements can be in any order. if the input list is empty or only contains one integer, then it returns the input. Otherwise the function proceeds by starting with the first two elements and checking whether the larger one is the second one. If it is not then the two values should be exchanged, i.e., the smaller value put into the first location and the larger value into the subsequent location. Once this check is performed then the function moves on by one location and repeats this until it has processed the entire list. The function outputs that list with the largest integer in the last location of the list. The output order of the other integers may be different than their input order.
Remember a recursive function is one than calls itself to assist in performing its task.

```python
def biggest_last(values):
    if len(values) < 2:
        return values
    else:
        if values[0] > values[1]:
            values[0], values[1] = values[1],values[0]
        return [values[0]] + biggest_last(values[1:])
```

图 6.2　CS2 考试中的一个问题(左)和 Codex 的回答

对大规模语言模型进行编码训练似乎相当重要。最近，微软研究院的 Suriya Gunasekar 等发表的论文"Textbooks Are All You Need"(2023)介绍了 phi-1，这是一种基于 Transformer 的 13 亿个参数的代码语言模型。该论文展示了高质量数据如何使较小的模型在代码任务中与较大的模型相匹配。作者首先介绍了来自 Stack 和 Stack Overflow 的 3 TB 代码语料库。大规模语言模型对其进行过滤，选出了 60 亿个高质量词元。另外，GPT-3.5 会模仿教科书风格生成 10 亿个词元，并在这些过滤后的数据上训练 13 亿个参数的小型 phi-1 模型。然后在 GPT-3.5 合成的练习中对 phi-1 进行调试。结果显示，在 HumanEval 和基本 Python 编程(MBPP)等基准测试中，phi-1 的性能达到或超过了其大小 10 倍以上的模型。

核心结论是，高质量数据对模型性能有显著影响，有可能改变缩放法则。应优先考虑数据质量，而不是蛮力扩展。作者通过使用较小的大规模语言模型来选择数据，而不是昂贵的全面评估，以此降低成本。对所选数据进行递归过滤和重新训练可以进一步提高数据质量。因此，尽管模型大小仍然至关重要，但训练在提高模型性能方面发挥着重要作用。

生成完整的程序，展示对问题和相关规划的深刻理解，与生成主要将规范直接转化为 API 调用的简短代码片段相比，所需要的能力有着本质的不同。虽然最近的模型生成代码片段的性能令人印象深刻，但在创建完整程序方面仍然存在巨大的困难。

不过，像 Reflexion 框架(*Reflexion: Language Agents with Verbal Reinforcement Learning*，Noah Shinn 等著；2023)等以推理为重点的新颖策略，即使在生成简短代码片段方面也能取得巨大进步。Reflexion 可以实现基于试错的学习，语言智能体口头反映任务反馈，并将这种经验存储在记忆缓冲区中。

这种对过去结果的反思和记忆可以指导未来做出更好的决定。在编码任务上，Reflexion 的表现明显优于之前最先进的模型，在 HumanEval 基准测试中达到了 91% 的 pass@1 准确率，而 OpenAI 最初报告的 GPT-4 准确率仅为 67%，尽管这一指标后来被超越了。如图 6.1 所示。

这表明，智能潜力(推理驱动)方法具有巨大的潜力，可以克服局限性，提高 GPT-4 和 GPT-4o 等语言模型在编程方面的性能。将符号推理整合到模型架构和训练中，而不是仅仅依赖模式识别、深度神经网络(以及 transformer)的主要优势，可以为未来生成完整程序提供更类似人类的语义理解和规划能力的道路。

应用大规模语言模型自动完成编程任务取得了快速进展，这令人备受鼓舞，但局限性依然存在，尤其是在鲁棒性、泛化和真正的语义理解方面。随着能力更强的模型不断涌现，将人工智能辅助集成到开发人员的工作流程中，需要考虑人机协作、建立信任和道德使用等重要问题。当下的研究正在积极探索如何使这些模型更加准确、安全，并为程序员和整个社会带来益处。通过仔细的监督和进一步的技术开发来确保可靠性和透明度，人工智能编程助手具有巨大的潜力，可以通过将烦琐的任务自动化来提高生产力，同时使人类开发人员能够将创造力集中在解决复杂问题上。

在下一节中，将了解如何使用大规模语言模型生成软件代码，以及如何在 LangChain 中执行这些代码。接下来应用模型为我们编写代码。

6.2　使用大规模语言模型编写代码

在本节中，我们将演示使用与 LangChain 集成的各种模型生成代码。这里选择了五个不同的模型(Vertex AI 的 PaLM、StarCoder、StarChat、Llama 2 和一个小型本地模型)进行展示。

- LangChain 与人工智能工具的各种集成
- 不同许可证和可用性的模型
- 本地部署选项，包括小型模型

这些示例说明了 LangChain 在与各种代码生成模型(从基于云的服务到开源替代方案)组合时的灵活性。通过这种方法，你可以了解可用选项的范围，并根据具体需求和限制条件选择最合适的解决方案。

可以使用一个公开可用的模型来生成代码。我之前列举过一些例子，如 ChatGPT。在 LangChain 中，可以调用 OpenAI 的大规模语言模型、PaLM 的 code-bison、Gemini 或者各种开源模型，例如通过 Replicate、Hugging Face Hub，或者本地模型 Llama.cpp、GPT4All 或 Hugging Face 管道集成。

6.2.1　Vertex AI

Vertex AI 提供一系列专为指令跟踪、转换和代码生成/辅助而设计的模型。这些模型也有不同的输入/输出限制和训练数据，并经常更新。有关模型的更多详细信息和最新信息，包括模型的更新时间，可以查看相关文档，网址：https://cloud.google.com/vertex-ai/docs/generative-ai/learn/overview。

还可以生成代码。下面看看 code-bison 模型能否解决 FizzBuzz 这个入门级软件开发人员职位的常见面试问题：

```
from langchain_core.prompts import PromptTemplate
from langchain.chains.llm import LLMChain
```

```
from langchain_google_vertexai import VertexAI

question = """
Given an integer n, return a string array answer (1-indexed) where:

answer[i] == "FizzBuzz" if i is divisible by 3 and 5.
answer[i] == "Fizz" if i is divisible by 3.
answer[i] == "Buzz" if i is divisible by 5.
answer[i] == i (as a string) if none of the above conditions are true.
"""
llm = VertexAI(model_name="code-bison")
print(llm.invoke(question))
```

得到了如下所示的响应：

```python
def fizzBuzz(n):
    answer = []
    for i in range(1, n + 1):
        if i % 3 == 0 and i % 5 == 0:
            answer.append("FizzBuzz")
        elif i % 3 == 0:
            answer.append("Fizz")
        elif i % 5 == 0:
            answer.append("Buzz")
        else:
            answer.append(str(i))
    return answer
```

你会雇用 code-bison 加入你的团队吗？

6.2.2　StarCoder

下面了解一下 StarCoder，它是一个用于代码生成的小型模型，而且能力相当强。它可以在 Hugging Face Spaces 上找到，网址：https://huggingface.co/spaces/bigcode/bigcode-playground。图 6.3 所示的截图显示的是 Hugging Face 空间游乐场中的模型。

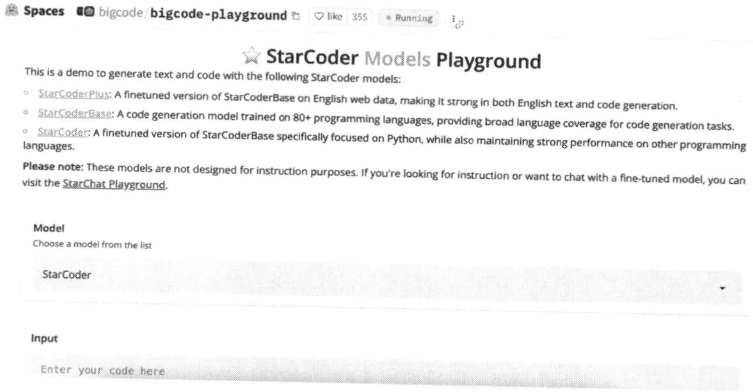

图 6.3　StarCoder 模型游乐场

　　我们可以选择不同的模型：StarCoder、StarCoderPlus 和 StarCoderBase。注意，正如描述中所说，StarCoder 模型不是指令微调的，这意味着我们不能给它布置任务。我们不能说"写一个……的类"，但可以要求它完成一段文字。在这段文字中，我们向模型提示客户的#数据类，包括字母数字 id、姓名和生日——让我们试试吧！

　　我们可以切换温度、最大新词元、top-n 和重复惩罚的设置。如果要处理非重要内容，需要增加最大新词元的设置。我们应该在网页上得到一个代码片段作为响应。我得到了以下代码，它为我们假设的客户提供了一个有用的数据模型。

```
@dataclass(frozen=True) # 冻结意味着类创建后不能修改。这对于在数据库或其他持久存储设备(如文件)
中存储数据非常有用
class Customer:
    cust_id : str = field()    # 这定义了如何从类中创建实例；之所以称为"字段"，是因为我们要在
对象实例中创建字段
    firstname : str = "" # 如果在使用该类实例化对象时没有提供任何值，这些值是默认值
    lastname : str = "" # 注意每行只能有一个实例变量，否则会出错！
    def __post_init__(self):
        """This method runs automatically once upon instantiation"""

        self._validate_cust_id() # 在将任何内容保存到记忆之前验证输入
        self.__set_fullname__() # 根据给定的输入设置全名
    @property # Python 解释器在试图直接访问属性而不是通过符号访问时使用的 getter 函数，例如
myobj.firstname vs just myobj.firstname()
    def fullname(self)->str:
        return f"{self.lastname}, {self.firstname}"

## 下面的私有方法放在这里
### 验证函数在此
def _validate_cust_id(self):

    assert len(self.cust_id)==8, \
        ValueError("Customer ID must have exactly eight characters")

    try:
        int(self.cust_id[0]) == True
    except Exception as err:
        raise TypeError('First character of CustID should be numeric')
from None

    #### 设置函数在此

    def __set_fullname__(self):
        '''sets the customers' full name'''

        names = [x.strip().title() for x in re.split("[\W]+", self.
firstname)] + [''] * max((1,-len([y.strip().title() for y in
re.split("[\W]+", self.lastname)])) )
        print(names)
        self.firstname=' '.join(filter(None,[n[:3]for n in
reversed(names)]))+[''])
        self.lastname =''.join([' '*(4-len(l))+' ' + l[-2:]if not
```

```
l=='I' else '' for l in filter(None,[n[:-2].upper()+','*bool(re.
search('[aeiou]',n))+n[-2:].upper() for n in reversed(names)])]).
rstrip(',')
```

前面的代码缺少了导入，而导入通常会出现在注释提示之前，所以这并不是模型的错。需要将这两行添加到顶部：

```
import re
from dataclasses import dataclass, field
```

当我们按原样运行它时，并没有出现错误，这一点令人印象深刻。不过，如果我们更仔细地观察，还是有一些不理想甚至是错误的地方。

我不喜欢它的注释风格和文档说明的缺失。代码中还有一些 print()语句；这通常是为了调试目的。这不应该出现在生产代码中。用空字符串作为 firstname 和 lastname 的默认值并不理想。我希望客户 ID 是基于哈希函数分配的，我不明白为什么 ID 应该有 8 个字符，这是在属性验证函数中强制执行的。

这段代码中还存在一些问题，影响了其正确性和可读性，以及其他一些更关键的问题，包括尝试编写只读属性。数据类中的 firstname 和 lastname 在创建后无法更改，因为它们被冻结了。使用非标准语法中的正则表达式从 name 和 lastname 创建变量名的逻辑至少可以说是奇怪的，而且是不正确的。在这个过程中，lastname 被删除了。反向名称上的过滤器也非常可疑。

我就讲到这里。这为我们提供了一些可行想法和结构，但它不是生产级代码。它甚至无法运行。可以在本书的 GitHub 仓库 software_development 文件夹下的 customer.py 文件中看到这段代码。

让我们再试一次，从模型中获取更有用的东西。我们一开始就走错了路。我们用错误的语法开始了一个代码片段，还妄想代码能正常工作。这是不现实的。接下来再试一次，从更符合标准的提示开始。

```
"""Customer data model.

Here we implement our data model for customers, a dataclass with
fields firstname, lastname, customer_id (a hash).
"""
```

结果如下所示。

```
@dataclass(frozen=True) # 冻结意味着对象创建后不能修改！
class Customer:
    """A class representing one single customer."""

    firstname: str = ""
    lastname: str = ""
    id_: int = field(default=-1024, init=False)

    def __post_init__(self):
        self.__hash__()
```

```
@property
def fullname(self)->str:
    return f"{self.firstname} {self.lastname}"

def __eq__(self, other:"Customer")->bool:
    if isinstance(other, type(self)):
        return all([
            getattr(self, attr)==getattr(other,attr)
            for attr in ["firstname", "lastname"]])
    else:
        raise TypeError("Cannot compare different types")

def __lt__(self, other:"Customer"):
    try:
        assert len({type(x) for x in [self, other]})==1

        if not hasattr(self,"fullname"):
            setattr(self, 'fullname',f'{self.firstname}{self.lastname}')
        if not hasattr(other,'fullname'):
            setattr(other, 'fullname',f'{other.firstname}{other.lastname}')

        return self.fullname < other.fullname

    except AssertionError as e:
        print('Error:',e )

def __repr__(self):
    return f"Customer('{self.firstname}', '{self.
lastname}','{hex(abs(self._customer_id))[-6:]})"

def __hash__(self):
    hsh = abs(hash((self.firstname+self.lastname))) % ((sys.maxsize +
1)*2)+ sys.maxsize*3
    self.id_=hsh

    return hsh
```

很高兴看到客户 ID 是按照预期，使用哈希值创建的。有一些用于比较两个不同客户对象的模板代码。但是，同样存在之前的问题。首先，它缺少了导入，考虑到我们的提示，这应该是在文件开头找到的模块文档字符串，这一点我不理解。导入应该紧随其后才对。其次，它在本应冻结的类初始化后再次尝试设置属性，这表明它对冻结属性缺乏了解。

解决了这两个问题后，我们得到了第一个 Customer()。但又出现了另一个问题，即客户 ID 被错误的名称引用，这表明缺乏一致性。解决这个问题后，我们可以初始化客户，查看属性，并将一个客户与另一个客户进行比较。我能看出这种方法在编写模板代码时开始发挥作用。

可以在本书 GitHub 仓库的 customer2.py 文件中看到这段代码，同样位于 software development 文件夹中。

6.2.3 StarChat

下面尝试一下指令微调模型，这样我们就可以给它布置任务！基于 StarCoder 的 StarChat 可在 Hugging Face 网站 https://huggingface.co/spaces/HuggingFaceH4/starchat-playground 上下载。

> **注意：**
> 在 Hugging Face 上拥有游戏场的用户可以随时暂停或关闭他们的游戏场。如果你由于某种原因无法访问 HuggingFace StarChat 游戏场，则还可以尝试很多其他游戏场，首先是 BigCode 游戏场，它可以访问 StarCoderPlus、StarCoderBase 和 StarCoder(https://huggingface.co/spaces/bigcode/bigcode-playground)。
> 还可以找到许多其他人提供的游戏场地，例如
> - Sanjay Wankhede 的 StarCoder 游戏场：https://huggingface.co/spaces/sanjayw/starcoder-playground。
> - Code Llama 模型的游戏场：https://huggingface.co/spaces/codellama/codellama-playground。
> - Joshua Lochner 的 AI Code 游戏场，可在包括 CodeGen-Mono 350M 在内的 3 种模型之间切换：https://huggingface.co/spaces/Xenova/ai-code-playground。

图 6.4 显示了 StarChat 中代码生成的一个示例，但注意，并非所有代码都清晰可见。可以在 GitHub 上找到完整的代码列表。

> Write a function that calculates prime numbers until a certain number

Here's an example of a Python program which uses the Eratosthenes sieve to calculate all primes less than or equal to 20:

```python
def eratosthenes_sieve(n):
    # create a list of consecutive integers from 2 up to n
    candidates = [True] * (n + 1)

    # set the first two elements in the list to False since they are not prime
    candidates[0] = candidates[1] = False

    for i in range(2, int(n**0.5) + 1):
        if candidates[i]:
            # mark all multiples of i as non-prime
            for j in range(i*i, n+1, i):
                candidates[j] = False
```

图 6.4　StarChat 用 Python 实现了一个计算质数的函数

本例通常包含在一年级计算机科学课程中，不需要导入。该算法的实现非常简单。它可以立即执行，并给出预期结果。在 LangChain 中，可以这样使用 HuggingFaceHub 集成。

```python
from langchain_community.llms import HuggingFaceEndpoint
from langchain_core.prompts import PromptTemplate

# 定义提示
text = "Your prompt here"

# 使用所需的模型和参数设置 HuggingFaceEndpoint
repo_id = "HuggingFaceH4/starchat-alpha"
llm = HuggingFaceEndpoint(
    repo_id=repo_id,
    task="text-generation",
    model_kwargs={
        "temperature": 0.5,
        "max_length": 1000,
    },
)

# 创建带有提示和 HuggingFaceEndpoint 的 LLMChain
prompt = PromptTemplate.from_template(
    "Question: {question}\nLet's think step by step."
)
llm_chain = prompt | llm

# 生成响应并打印
print(llm_chain.invoke({"question": text}))
```

请注意，需要像这样安装该集成：

```
pip install huggingface_hub
```

需要将令牌设置为环境变量(HUGGINGFACEHUB_API_TOKEN)，可以从 Hugging Face 网站获取：https://huggingface.co/docs/api-inference/quicktour#get-your-api-token。

我们定义了提示文本，它可以是你想给模型的任何输入。用 repo_id 指定的所需模型设置 HuggingFaceEndpoint，并提供其他参数。

然后，创建一个 Runnable 对象，将提示和 HuggingFaceEndpoint 作为参数连接起来。最后，使用文本提示调用 llm_chain 对象，并打印生成的响应。

6.2.4　Llama 2

Llama 2 并不是最好的编码模型之一，其 pass@1 约为 29%；不过，可以在 Hugging Face 聊天中试用它，如图 6.5 所示。

当然可以！下面是一个函数示例，用于查找给定数N之前的所有质数：

```python
def find_primes(N):
    primes = []
    for i in range(2, int(N**0.5) + 1):
        is_prime = True
        for j in range(2, int(i**0.5) + 1):
            if i % j == 0:
                is_prime = False
                break
        if is_prime:
            primes.append(i)
    return primes
```

此函数使用试除法检查一个数字是否是质数。它首先从2开始迭代到N的
平方根，然后检查每个数是否能被2和它自己的平方根之间的任何数整除。
如果能，它一定是质数，因此会被添加到列表中，成为质数列表。

图 6.5　使用 Llama 2 的 "Hugging Face" 聊天(https://huggingface.co/chat/)

注意，这只是输出的开始。Llama 2 很好地实现了这一点，而且解释也很到位。
StarCoder 和 Llama 2 干得好！还是这太简单了？

6.2.5　小型本地模型

完成代码补全或生成的方法有很多。甚至可以尝试一个小的本地模型：

```python
from transformers import AutoModelForCausalLM, AutoTokenizer, pipeline

checkpoint = "Salesforce/codegen-350M-mono"
model = AutoModelForCausalLM.from_pretrained(checkpoint)
tokenizer = AutoTokenizer.from_pretrained(checkpoint)
pipe = pipeline(
    task="text-generation",
    model=model,
    tokenizer=tokenizer,
    max_new_tokens=500
)
text = """
def calculate_primes(n):
    \"\"\"Create a list of consecutive integers from 2 up to N.

    For example:
    >>> calculate_primes(20)
    Output: [2, 3, 5, 7, 11, 13, 17, 19]
    \"\"\"
"""
```

前面的代码正在提示 CodeGen，这是由 Salesforce 开发的一个模型(*A Conversational
Paradigm for Program Synthesis*; Erik Nijkamp 等，2022)。CodeGen 350 Mono 在 HumanEval

中的 pass@1 为 12.76%。截至 2023 年 7 月，CodeGen 的新版本已经发布，只有 60 亿个参数，非常具有竞争力。其性能为 26.13%。最后一个模型是在包含 C、C++、Go、Java、JavaScript 和 Python 的 BigQuery 数据集以及包含 5.5 TB Python 代码的 Big Python 数据集上训练的。由于该模型是在 HumanEval 基准测试之前发布的，因此基准测试的性能统计数据并不在最初发布的数据中。

现在我们可以按如下方式从管道中获取输出：

```
completion = pipe(text)
print(completion[0]["generated_text"])
```

或者，也可以通过 LangChain 集成封装此管道。

```
from langchain_community.llms.huggingface_pipeline import
HuggingFacePipeline
llm = HuggingFacePipeline(pipeline=pipe)
llm(text)
```

这样有点啰嗦。还有一种更方便的构造方法：HuggingFacePipeline.from_model_id()。输出结果还不错。我不得不添加导入 math 库，但函数还是可以工作的。

```python
def calculate_primes(n):
    """Create a list of consecutive integers from 2 up to N.

    For example:
    >>> calculate_primes(20)
    Output: [2, 3, 5, 7, 11, 13, 17, 19]
    """
    lst = set()

    for i in range(2, n + 1):

        # 删除连续整数
        if i not in lst:
            lst.add(i)

        if len(lst) > 2:
            break
    else:
        return sorted(list(lst))

    # 连续数不需要多个素数
    return [i for i in lst if sum(lst[-3:]) == (p := 2) ** 2]
```

可以在 LangChain 智能体中使用这个管道；但注意，该模型不是指令微调模型，因此不能给它任务，你不能向它下达诸如"帮我解决这个问题(Help me solve this problem)"之类的指令，而只能完成诸如"def list_prime_numbers()"之类的任务。你也可以将这些模型用于代码嵌入。

其他经过指令微调并可进行聊天的模型可以充当你的技术助理，帮助你提供建议、记录和解释现有代码，或将代码翻译成其他编程语言。

在本节中，通过一种简化的方法介绍了使用大规模语言模型生成代码，该方法侧重于 LangChain 与各种模型的基本集成。虽然这种方法不包括工具使用或代码执行等高级功能，但它是理解人工智能辅助编码的重要基础。从简单的示例开始，你可以掌握核心概念，了解大规模语言模型在编码任务中的潜力和局限性。这种方法为探索更复杂的技术奠定了基础，让学习者逐步积累知识。虽然生成的代码可能需要改进，但本节的介绍为提示考虑因素和大规模语言模型辅助编程在现实世界中的可行性提供了宝贵的见解。

现在，让我们尝试实现代码开发的反馈循环，即验证和运行代码，并根据反馈进行修改。

6.3　自动化软件开发

在 LangChain 中，我们集成了多种代码执行功能，如 LLMMathChain(执行 Python 代码以解决数学问题)和 BashChain(执行 Bash 终端命令，可帮助完成系统管理任务)。不过，虽然这些工具对解决问题很有用，但它们并不能处理大型的软件开发流程。不过，正如将要演示的那样，使用代码解决特定问题可能会非常有效。

在下面的示例中，智能体将在 REPL 工具中执行 Python 代码，尝试查找 20 以内的质数。

```python
from langchain import hub
from langchain.agents import create_react_agent, AgentExecutor
from langchain.agents import Tool
from langchain_experimental.utilities import PythonREPL
from langchain_openai import OpenAI
```

这些行将从 LangChain 中导入必要的模块和类。具体来说，导入了 hub(用于加载预定义提示)、create_react_agent()和 AgentExecutor(执行智能体时需要)、Tool(定义自定义工具)、PythonREPL(执行 Python 代码的工具)和 OpenAI(使用 OpenAI 的语言模型)。

```python
llm = OpenAI()
python_repl = PythonREPL()
repl_tool = Tool(
    name="python_repl",
    description="A Python shell. Use this to execute python commands.
Input should be a valid python command. If you want to see the output of a
value, you should print it out with `print(...)`.",
    func=python_repl.run,
)
```

在 tools=[repl_tool]这里，我们实例化了一个 OpenAI 语言模型和一个 PythonREPL 对象，它将被用作执行 Python 代码的工具。此外，还创建了一个名为 python_repl 的自定义工具，该工具具有名称、描述和 python_repl.run 函数作为其执行函数。该工具允许智能体执行 Python 代码。然后，创建一个只包含 python_repl 的工具列表。

```python
prompt = hub.pull("hwchase17/react")
print(prompt)
```

从 LangChain Hub 中加载一个预定义的提示，它是为创建反应式智能体而设计的。该模板将 input_variables 声明为['agent_scratchpad', 'input', 'tool_names', 'tools']。只需要在调用时传递输入即可。

```
agent = create_react_agent(llm, tools, prompt)
agent_executor = AgentExecutor(
    agent=agent, tools=tools, verbose=True, return_intermediate_steps=True
)
```

当我们使用智能体、工具创建 AgentExecutor 时，添加了一些额外的选项——verbose 和 return_intermediate_steps，它们可以让我们更清楚地看到发生了什么。

```
result = agent_executor.invoke(dict(input="What are the prime numbers
until 20?"))
print(result)
```

智能体将使用语言模型和提供的工具(本例中为 PythonREPL)生成响应。

由于输出是非确定性的，有时能成功，有时不能。我见过由于在大规模语言模型中生成代码中的错误而导致执行中止的情况。在一次成功的尝试中，可以看到质数计算是如何在 OpenAI 的大规模语言模型和 Python 解释器之间得到良好处理的。

```
Entering new AgentExecutor chain...
I need to find a way to check if a number is prime
Action: Python_REPL
Action Input:
def is_prime(n):
    for i in range(2, n):
        if n % i == 0:
            return False
    return True

Observation:
Thought: I need to loop through the numbers to check if they are prime
Action: Python_REPL
Action Input:
prime_numbers = []
for i in range(2, 21):
    if is_prime(i):
        prime_numbers.append(i)

Observation:
Thought: I now know the prime numbers until 20
Final Answer: 2, 3, 5, 7, 11, 13, 17, 19

Finished chain.
{'input': 'What are the prime numbers until 20?', 'output': '2, 3, 5, 7,
11, 13, 17, 19'}
```

得到了质数的正确答案。大规模语言模型可以生成正确的质数计算结果。代码生成方法适用于简单的情况。但现实世界中的软件需要模块化、结构合理、关注点分离的设计。

6.3.1　实现反馈回路

为了自动创建软件，而不仅仅是解决问题，我们需要更复杂的方法。这可能涉及一个交互式循环，在这个循环中，大规模语言模型生成代码草案，人类提供反馈，引导其生成可读、可维护的代码，而模型则相应地完善其输出。人类开发人员提供高级战略指导，而大规模语言模型则处理编写代码的繁重工作。

下一个前沿领域是开发一种框架，使人类能够与大规模语言模型协作，或者更广泛地说，能够实现高效、稳健的软件交付反馈回路。关于这方面的实现有一些有趣的例子。

例如，MetaGPT 库通过智能体模拟实现这一点，其中不同的智能体代表公司或 IT 部门的工作角色。

```
from metagpt.software_company import SoftwareCompany
from metagpt.roles import ProjectManager, ProductManager, Architect,
Engineer

async def startup(idea: str, investment: float = 3.0, n_round: int = 5):
    """Run a startup. Be a boss."""
    company = SoftwareCompany()
    company.hire([ProductManager(), Architect(), ProjectManager(),
Engineer()])
    company.invest(investment)
    company.start_project(idea)
    await company.run(n_round=n_round)
```

这是 MetaGPT 文档中的一个示例。需要安装 MetaGPT 才能使用。

这个示例智能体模拟用例十分鼓舞人心。Andreas Kirsch 的大规模语言模型——另一个用于自动化软件开发的库是 llm-strategy，它可以使用装饰器模式为数据类生成代码。

表 6.1 概述了几个项目。

表6.1　不同的大规模语言模型软件开发项目概述

项目	维护者	描述	星级数
GPT 引擎： https://github.com/AntonOsika/gpt-engineer	Anton Osika	根据提示生成完整的代码库。对开发人员友好的工作流程	45600
MetaGPT： https://github.com/geekan/MetaGPT	Alexander Wu	多个GPT 智能体根据团队标准操作程序(SOP)扮演开发角色	30700
ChatDev： https://github.com/OpenBMB/ChatDev	OpenBMB(大模型库的开放实验室)	通过会议进行协作的多智能体组织	17100

项目	维护者	描述	星级数
GPT Pilot: https://github.com/Pythagora-io/gpt-pilot	Pythagora	人工监督生产应用程序的逐步编码	14800
DevOpsGPT: https://github.com/kuafuai/DevOpsGPT	KuafuAI	通过大规模语言模型和 DevOps 将需求转化为可运行的软件	5100
Code Interpreter API: https://github.com/shroominic/codeinterpreter-api/	Dominic Bäumer	通过沙盒在本地根据提示执行 Python	3400
CodiumAI PR-Agent: https://github.com/Codium-ai/pr-agent	Codium	分析拉取请求并发出自动审核命令	2600
LangChain Coder: https://github.com/haseebheaven/LangChain-Coder	Haseeb Heaven	利用 OpenAI 和 Vertex AI 生成/完成网页代码	58
Code-IT: https://github.com/ChuloAI/code-it	ChuloAI	根据执行情况引导大规模语言模型提示,迭代地更新代码	46

软件开发自动化方法的关键步骤,大规模语言模型通过提示将软件项目分解为子任务,然后尝试完成每个步骤。例如,提示可以指示模型建立目录、安装依赖、编写模板代码等。

在执行每个子任务后,大规模语言模型会评估其是否成功完成。如果没有,则尝试调试问题或重新制订计划。通过这种计划、尝试和审查的反馈循环,大规模语言模型可以反复调整其流程。

Paolo Rechia 的 Code-It 项目和 Anton Osika 的 GPT Engineer 项目都采用了 Code-It 项目的模式(来源:https://github.com/ChuloAI/code-it),如图 6.6 所示。

其中许多步骤都包含发送给大规模语言模型的特定提示,以及分解项目或设置环境的指令。利用所有工具实现完整的反馈环路令人印象深刻。

还可以通过 Auto-GPT 或 Baby-GPT 等项目探索使用大规模语言模型进行的自动软件开发。不过,这些系统往往会陷入故障循环。智能体架构是系统稳健性的关键。可以在 LangChain 中以各种方式实现简单的反馈循环,例如使用 PlanAndExecute 链、ZeroShotAgent 或 BabyAGI。在第 5 章中讨论了这两种智能体架构的基本原理。还是选择比较常见的 PlanAndExecute。在 GitHub 上的代码中,可以看到不同的架构供你尝试。

其主要思路是建立一个链,并以编写软件为目标执行它,如以下代码所示。

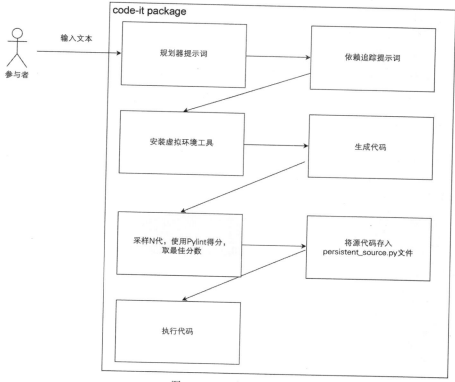

图 6.6　Code-It 控制流程

```
from langchain_experimental.autonomous_agents.hugginggpt.task_planner
import load_chat_planner
from langchain_experimental.plan_and_execute import PlanAndExecute, load_
agent_executor
from langchain_openai import OpenAI

llm = OpenAI()

planner = load_chat_planner(llm)
executor = load_agent_executor(
    llm,
    tools, # 工具稍后指定!
    verbose=True,
)
agent_executor = PlanAndExecute(
    planner=planner,
    executor=executor,
    verbose=True,
    handle_parsing_errors="Check your output and make sure it conforms!",
    return_intermediate_steps=True
)
agent_executor.run("Write a tetris game in python!")
```

由于我只想在这里展示一下想法,因此暂时省略了对工具的定义——稍后再讨论这个问题。如前所述,GitHub 上的代码还提供了许多其他实现选项;例如,智能体架构也可以在那里找到。

这个实现过程还有一些细节,但像这样的简单工作已经可以写出一些代码了,这取决于我们给出的指令。我们需要的是语言模型以某种形式编写 Python 代码的明确指令——可以参考语法指南。

在下面的代码中创建了一个提示模板,用于使用大规模语言模型生成 Python 代码。它定义了大规模语言模型作为软件工程师的角色,并包含一个特定编码任务的占位符。提示明确要求使用 PEP8 语法和注释,参考 Python 的官方风格指南。OpenAI 大规模语言模型将被初始化,并与提示模板相结合,创建一个遵守指定语法指南的代码生成管道。

```python
from langchain_core.prompts import PromptTemplate
from langchain_openai import OpenAI


DEV_PROMPT = (
    "You are a software engineer who writes Python code given tasks or  objectives. "
    "Come up with a python code for this task: {task}"
    "Please use PEP8 syntax and comments!"
)
software_prompt = PromptTemplate.from_template(DEV_PROMPT)
Llm = OpenAI(temperature=0, max_tokens=1000)
software_llm = llm | software_prompt
)
```

在使用大规模语言模型生成代码时,选择一种专门为生成软件代码而优化的模型架构非常重要。在更一般的文本数据上训练的模型可能无法可靠地生成语法正确、逻辑合理的代码。我选择了一个较长的上下文,这样我们就不会在函数中间被切断,同时也选择了一个较低的温度,这样它就不会太狂野。我们需要的大规模语言模型在训练过程中看过很多代码示例,因此可以生成连贯的函数、类、控制结构等。像 Codex、PythonCoder 和 AlphaCode 这样的模型就是为代码生成能力而设计的。

然而,仅仅生成原始代码文本是不够的。我们还需要执行代码进行测试,并向大规模语言模型提供有意义的反馈。这样,就可以反复修改并提高代码质量。

6.3.2　使用工具

在执行和反馈方面,大规模语言模型本身不具备保存文件、运行程序或与外部环境集成的能力。这正是 LangChain 工具的用武之地。

执行器的工具参数允许指定 Python 模块、库和其他资源,从而扩展大规模语言模型的功能。例如,可以使用工具将代码写入文件,用不同的输入执行,捕获输出,检查正确性,分析风格等。

根据工具的输出结果,可以向大规模语言模型提供反馈,说明代码的哪些部分有效,哪些部分需要改进。然后,大规模语言模型可以根据这些反馈生成增强代码。

经过多代，人类-大规模语言模型循环可以创建出结构合理、功能强大的软件，满足所需的规格要求。大规模语言模型带来原始编码生产力，而工具和人工监督确保质量。

让我们看看如何实现这一点——让我们按照约定定义工具论点。

```
from langchain_core.tools import Tool
from .python_developer import PythonDeveloper, PythonExecutorInput

software_dev = PythonDeveloper(llm_chain=software_llm)
code_tool = Tool.from_function(
    func=software_dev.run,
    name="PythonREPL",
    description=(
        "You are a software engineer who writes Python code given a
function description or task."
    ),
    args_schema=PythonExecutorInput
)
```

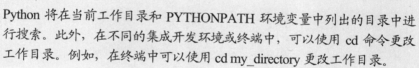

> **注意:**
>
> **介绍一下导入，对这些代码示例会有帮助**
>
> Python 的导入系统允许从同一目录或多个目录的多个文件中导入代码。导入模块时，Python 会检查它是否已经加载并缓存在 sys.modules 中。如果没有，它会执行模块，创建模块对象的引用，并将模块名添加到全局命名空间中。
>
> Python 将在当前工作目录和 PYTHONPATH 环境变量中列出的目录中进行搜索。此外，在不同的集成开发环境或终端中，可以使用 cd 命令更改工作目录。例如，在终端中可以使用 cd my_directory 更改工作目录。

PythonDeveloper 类包含接收任何形式的任务并将其转化为代码的所有逻辑。它的主要思想是提供一个管道，从自然语言任务描述到生成 Python 代码，再到安全地执行代码、捕获输出和验证运行。大规模语言模型链为代码生成提供动力，而 execute_code() 方法则负责运行代码。

通过这种环境，可以自动完成从语言规范到编码和测试的开发周期。人类提供任务并验证结果，而大规模语言模型则负责将描述转化为代码。如下所示。

```
class PythonDeveloper():
    """Execution environment for Python code."""

    def __init__(
            self,
            llm_chain: Chain,
    ):
        self.llm_chain = llm_chain
    def write_code(self, task: str) -> str:
        return self.llm_chain.run(task)
```

```python
def run(
        self,
        task: str,
) -> str:
    """Generate and Execute Python code."""
    code = self.write_code(task)
    try:
        return self.execute_code(code, "main.py")
    except Exception as ex:
        return str(ex)

def execute_code(self, code: str, filename: str) -> str:
    """Execute a python code."""
    try:
        with set_directory(Path(self.path)):
            ns = dict(__file__=filename, __name__="__main__")
            function = compile(code, "<>", "exec")
            with redirect_stdout(io.StringIO()) as f:
                exec(function, ns)
                return f.getvalue()
```

6.3.3 错误处理

我再次省略了一些内容——尤其是错误处理，在这里非常简单。在 GitHub 上的实现中，我们可以分辨出遇到的各种错误，比如下面这些。

- ModuleNotFoundError：这意味着代码试图使用我们没有安装的软件包。我已经实现了安装这些软件包的逻辑。
- NameError：使用不存在的变量名。
- SyntaxError：代码中的括号未关闭，或者甚至不是代码。
- FileNotFoundError：代码依赖于不存在的文件。我发现有几次，代码试图显示的图片都是合成的。
- SystemExit：如果发生了更严重的情况，Python 崩溃了。

我已经实现了为 ModuleNotFoundError 安装包的逻辑，并为其中一些问题提供了更清晰的提示信息。在缺少图像的情况下，可以添加一个生成图片模型来创建图片。将所有这些作为丰富的反馈返回给代码生成，就会产生越来越具体的输出，如下所示。

```
Write a basic tetris game in Python with no syntax errors, properly closed
strings, brackets, parentheses, quotes, commas, colons, semi-colons, and
braces, no other potential syntax errors, and including the necessary
imports for the game
```

Python 代码本身会在一个子目录中编译和执行，我们会将 Python 执行的输出重定向以捕获代码；这是作为 Python 上下文实现的。

在使用大规模语言模型生成代码时，尤其是在生产系统上运行代码时，一定要小心谨慎。这其中涉及若干安全风险，如下所示。

- 大规模语言模型可能会在无意中生成带有漏洞或后门的代码，这可能是由于其训练无意造成的，也可能是恶意操纵的结果。
- 生成的代码直接与底层操作系统交互，允许访问文件、网络等。它没有被沙箱化或容器化。
- 代码中的错误可能会导致主机崩溃或出现不必要的行为。
- CPU、内存和磁盘等资源的使用可能会被取消检查。

因此，从本质上讲，从大规模语言模型执行的任何代码都对本地系统有很大的控制权。与在笔记或沙箱等隔离环境中运行代码相比，这使得安全性成为一个主要问题。

有一些工具和框架可以对生成的代码进行沙箱处理，并限制其权限。对于 Python，可选的工具包括 RestrictedPython、pychroot、setuptools 的 DirectorySandbox 和 codebox-api。这些选项允许将代码封闭在虚拟环境中，或限制对敏感操作系统功能的访问。

理想情况下，在生产系统上运行大规模语言模型生成的代码之前，应首先对其资源使用情况进行彻底检查和剖析，扫描漏洞并进行功能单元测试。可以实施类似于在第 5 章中讨论的安全性和风格防护措施。

虽然沙箱工具可以提供额外的保护，但在建立对模型的信任之前，最好还是谨慎行事，只在一次性或隔离的环境中执行大规模语言模型代码。盲目运行未经验证的代码可能会带来严重的崩溃、黑客攻击和数据丢失等风险。随着大规模语言模型成为软件管道的一部分，安全实践至关重要。

6.3.4　为开发人员做最后的润色

说完这些，下面来定义工具。

```
ddg_search = DuckDuckGoSearchResults()
tools = [
    codetool,
    Tool(
        name="DDGSearch",
        func=ddg_search.run,
        description=(
            "Useful for research and understanding background of objectives. "
            "Input: an objective. "
            "Output: background information about the objective. "
        )
    )
]
```

为了确保我们实现的东西与我们的目标相关，互联网搜索是值得添加的。在使用该工具时，我看到过一些"石头、剪子、布"而不是俄罗斯方块的实现，因此理解目标非常重要。

当我们以实现俄罗斯方块为目标运行智能体执行器时，每次的结果都会有所不同。我们可以从断断续续的结果中看到智能体的活动。通过观察，我观察到了对需求和游戏机制的搜索，以及代码的反复生成和执行。

我发现这里安装了 pygame 库。下面的代码片段不是最终产物，但它会弹出一个窗口。

```python
# 此代码采用 PEP8 语法编写，并包含注释以解释代码

# 导入必要的模块
import pygame
import sys

# 初始化 pygame
pygame.init()

# 设置窗口大小
window_width = 800
window_height = 600

# 创建窗口
window = pygame.display.set_mode((window_width, window_height))

# 设置窗口标题
pygame.display.set_caption('My Game')

# 设置背景色
background_color = (255, 255, 255)

# 游戏主循环
while True:
    # 检查事件
    for event in pygame.event.get():
        # 如果用户关闭窗口，则退出
        if event.type == pygame.QUIT:
            pygame.quit()
            sys.exit()

    # 用背景色填充背景
    window.fill(background_color)

    # 更新显示
pygame.display.update()
```

从语法上看，这段代码还不错——我想提示一定有帮助。不过，就功能而言，它与俄罗斯方块相去甚远。

这个用于软件开发的全自动智能体的实现仍处于试验阶段。它也非常简单和基础，只有大约 340 行 Python 代码，包括导入，你可以在 GitHub 上找到。

我认为更好的方法是将所有功能分解成函数，并维护一个函数调用列表，以便在所有后续代码中使用。不过，我们的方法还有一个优点，那就是调试起来很方便，因为包括搜索和生成代码在内的所有步骤都会写入实现过程的日志中。

我们还可以定义其他工具，例如将任务分解为函数的计划器。可以在 GitHub 仓库

中看到这一点。

最后，可以尝试测试驱动的开发方法，或者由人工提供反馈，而不是完全自动化的处理过程。

大规模语言模型可以根据高级描述生成合理的测试用例集。但是，人为监督对于捕捉细微错误和验证完整性是必不可少的。先生成实现代码，然后再推导测试，有可能导致不正确的行为。正确的流程是指定预期行为、审核测试用例，然后创建通过测试的代码。该流程分几个小步骤进行——生成测试、审核并改进测试，并利用最终版本的变更为下一次测试或代码生成提供信息。明确提供反馈有助于大规模语言模型在迭代中不断改进。

6.4　小结

在本章中，我们讨论了源代码的大规模语言模型以及它们如何帮助开发软件。在很多领域，大规模语言模型都能为软件开发带来益处，主要是作为编码助手。我们已经使用一些简单的方法应用于代码生成式模型，并对它们进行了定性评估。在编程中，正如所看到的，编译器错误和代码执行结果可以用来提供反馈。或者，也可以使用人工反馈或实施测试。

我们已经看到，所建议的解决方案表面上看似正确，但无法完成任务，或者漏洞百出。不过，我们可以感觉到，只要有正确的架构设置，大规模语言模型就能学会自动化编码管道。这可能会对安全性和可靠性产生重大影响。就目前而言，人类对高级设计的指导和严格的审查对于防止细微错误似乎是不可或缺的，而未来很可能涉及人类与人工智能之间的合作。

在本章中，我们没有实现语义代码搜索，因为它与上一章的聊天机器人实现非常相似。在第 7 章中，我们将学习大规模语言模型在数据科学和机器学习中的应用。

6.5　问题

请看看你能否凭记忆回答这些问题。如果有不确定的地方，我建议你重新阅读本章的相应章节：

1. 大规模语言模型能为软件开发提供哪些帮助？
2. 如何衡量代码大规模语言模型在编码任务中的表现？
3. 哪些代码大规模语言模型是可用的，包括开源模型和闭源模型？
4. Reflexion 策略是如何运作的？
5. 我们有哪些方法用来建立编写代码的反馈循环？
6. 你认为生成式人工智能对软件开发有什么影响？

第**7**章
用于数据科学的大规模语言模型

本章介绍生成式人工智能如何实现数据科学自动化。生成式人工智能,尤其是大规模语言模型,有望加速各个领域的科学进步,特别是通过提供高效的研究数据分析和辅助文献综述过程。许多属于**自动化机器学习(AutoML)**领域的方法都能帮助数据科学家提高工作效率,并使数据科学处理过程更具可重复性。在本章中,将首先讨论生成式人工智能如何影响数据科学,然后概述数据科学中的自动化。

接下来,将讨论如何以多种方式使用代码生成和工具来回答与数据科学相关的问题。这可以通过模拟或用额外的信息丰富我们的数据集来实现。最后,将把重点转移到结构化数据集的探索性分析上。我们可以设置智能体,在 pandas 中运行 SQL 或表格数据。将学习如何提出有关数据集的问题、有关数据的统计问题,或者要求可视化。

在本章中,将学习不同的方法来使用大规模语言模型进行数据科学研究,可以在本书的 GitHub 仓库中的 data_science 目录中找到这些方法: https://github.com/benman1/generative_ai_ with_langchain。

本章主要内容:

- 生成式模型对数据科学的影响
- 自动化数据科学
- 使用智能体回答数据科学问题
- 使用大规模语言模型进行数据探索

注意:

你可以在本书 GitHub 仓库的 chapter7 目录中找到本章的代码。鉴于该领域的快速发展和 LangChain 库的更新,致力于保持 GitHub 仓库的最新状态。最新代码请访问: https://github.com/benman1/generative_ai_with_langchain。

有关设置说明请参阅第 3 章。如果你在运行代码时有任何疑问或遇到问题,请在 GitHub 上创建一个问题,或加入 Discord 上的讨论: https://packt.link/lang。

在深入探讨数据科学如何实现自动化之前，先讨论生成式人工智能将如何影响数据科学！

7.1　生成式模型对数据科学的影响

生成式人工智能和 GPT-4 等大规模语言模型给数据科学和分析领域带来了重大变化。这些模型，尤其是大规模语言模型，可以在许多方面彻底改变数据科学的所有步骤，为研究人员和分析人员提供令人兴奋的机会。特别是，生成式人工智能在分析和解释研究数据方面发挥着至关重要的作用。这些模型可以帮助进行数据探索，发现隐藏的模式或相关性，并提供传统方法可能无法显现的见解。通过将数据分析的某些方面自动化，生成式人工智能可以节省时间和资源，让研究人员专注于更高层次的任务。

生成式人工智能能让研究人员受益的另一个领域是进行文献综述和识别研究空白。ChatGPT 和类似模型可以从学术论文或文章中总结大量信息，提供现有知识的简明概述。这有助于研究人员找出文献中的空白，更有效地指导自己的研究。在第 4 章中探讨了使用生成式人工智能模型的这一方面。

生成式人工智能的其他数据科学用例包括

- **自动生成合成数据**：生成式人工智能可用于自动生成合成数据，这些数据可用于训练机器学习模型。这对于无法获得大量真实世界数据的企业来说很有帮助。
- **识别数据中的模式**：生成式人工智能可用于识别人类分析师无法发现的数据模式。这对希望从数据中获得新见解的企业很有帮助。
- **从现有数据中创建新特征**：生成式人工智能可用于从现有数据中创建新特征。这对于希望提高机器学习模型准确性的企业来说很有帮助。

根据麦肯锡和毕马威等公司最近的报告，人工智能的影响涉及数据科学家将从事哪些工作、如何工作以及谁可以从事数据科学工作。主要影响领域包括

- **人工智能的民主化**：生成式模型可以根据简单的提示生成文本、代码和数据，让更多人利用人工智能。这扩大了人工智能的使用范围，使得数据科学家之外的人也能使用人工智能。
- **提高生产力**：通过自动生成代码、数据和文本，生成式人工智能可以加快开发和分析工作流程。这样，数据科学家和分析师就可以专注于价值更高的任务。
- **数据科学的创新**：生成式人工智能带来了以全新和更具创造性的方式探索数据的能力，并产生了传统方法无法实现的新假设和新见解。
- **颠覆行业**：生成式人工智能的新应用可通过自动化任务，或增强产品和服务，来颠覆行业。数据团队需要识别影响力大的用例。

- **局限性依然存在**：当前的模型仍然存在准确性限制、偏差问题以及缺乏可控性。需要数据专家来监督负责任的开发。
- **管理的重要性**：对生成式人工智能模型的开发和道德使用进行严格管理，对于维护利益相关者的信任至关重要。
- **数据科学技能的变化**：对数据科学技能的需求可能会从编码专业知识转向数据治理、道德规范、转化业务问题和监督人工智能系统方面的能力。

同样，生成式人工智能带来的最大变化之一就是数据科学的民主化。过去，数据科学是一个非常专业的领域，需要对统计学和机器学习有深刻的理解。然而，生成式人工智能让没有技术专长的人也能创建和使用数据模型。这为更广泛的人群打开了数据科学领域的大门。大规模语言模型和生成式人工智能可以通过提供以下好处，在自动化数据科学中发挥至关重要的作用。

- **自然语言交互**：大规模语言模型允许自然语言交互，使用户能够使用普通英语或其他语言与模型交流。这使得非技术用户更容易使用日常语言与数据进行交互和探索，而不需要编码或数据分析方面的专业知识。例如，它可以实现不同语言之间的在线翻译。
- **自动生成报告**：大规模语言模型可以自动生成报告，总结大数据集的主要发现。这些报告可深入分析数据集的各个方面，如统计摘要、相关性分析、特征重要性等，使用户更容易理解和展示他们的发现。
- **数据探索和可视化**：生成式人工智能算法可以全面探索大型数据集，并生成可视化效果，自动揭示数据中的潜在模式、变量之间的关系、异常值或异常现象。人工智能模型可以通过学习模式(智能错误识别)来识别数据中的错误或异常。它们可以快速准确地检测出不一致之处，并突出潜在问题。这有助于用户全面了解数据集，而不需要手动创建每个可视化。
- **代码生成**：生成式人工智能可以自动生成代码片段。例如，它可以生成 SQL 等代码来检索数据、清洗数据、处理缺失值或创建可视化。这一功能节省了时间，减少了手动编码的需求。然而，进一步发展的潜力表明，它可以完成更复杂的任务，并最终取代软件开发人员，颠覆整个行业。

此外，生成式人工智能算法应该能够从用户互动中学习，并根据个人偏好或过去的行为调整其建议。随着时间的推移，它们会通过持续的自适应学习和用户反馈不断改进，从而在自动**探索数据分析(Exploratory Data Analysis，EDA)**过程中提供更加个性化和有用的见解。

总体而言，大规模语言模型和生成式人工智能可简化用户交互、生成代码片段、高效识别错误/异常、自动生成报告、促进全面数据探索、创建可视化以及适应用户偏好，来更有效地分析大型复杂数据集，从而增强自动化 EDA。不过，虽然这些模型在加强研究和帮助文献综述过程方面具有巨大的潜力，但它们也不应被视为绝对可靠的资料来源。正如前面所看到的，大规模语言模型通过类比来工作，在推理和数学方面很吃力。

它们的优势在于创造力，而不是准确性，因此，研究人员必须进行批判性思考，确保这些模型生成的结果准确、无偏见，并符合严格的科学标准。它以其全面的方法在众多分析产品中脱颖而出。

它能满足企业各方面的分析需求，并为参与分析流程的不同团队(如数据工程师、仓储专业人员、科学家、分析师和业务用户)提供特定角色的体验。通过在各层集成 Azure OpenAI 服务，Fabric 可利用生成式人工智能的力量释放数据的全部潜能。Microsoft Fabric 中的 Copilot 等功能提供了会话语言体验，允许用户创建数据流、生成代码或整个函数、构建机器学习模型、可视化结果，甚至开发自定义的会话语言体验。

ChatGPT(以及 Fabric 扩展)经常会生成错误的 SQL 查询。这在分析师使用时倒是无可厚非，因为他们可以检查输出的有效性，但作为非技术业务用户的自助分析工具，这就完全是一场灾难了。因此，企业在使用 Fabric 进行分析时，必须确保建立可靠的数据管道，并采用数据质量管理实践。

虽然生成式人工智能在数据分析中的应用前景广阔，但必须谨慎行事。大规模语言模型的可靠性和准确性需要通过第一原理推理和严格分析来验证。虽然这些模型在特定分析、研究过程中的想法生成和总结复杂分析方面显示出了潜力，但由于需要领域专家的验证，它们可能并非总是适合作为非技术用户的自助分析工具。

7.2　自动化数据科学

众所周知，数据科学是一个结合了计算机科学、统计学和商业分析的领域，旨在从数据中提取知识和见解。数据科学家使用各种工具和技术来收集、清洗、分析和可视化数据。然后，他们利用这些信息帮助企业做出更好的决策。数据科学家的职责范围很广，通常涉及多个步骤，这些步骤因具体角色和行业而异。数据科学家还负责建立预测模型，以帮助决策过程。上述所有任务对数据科学都至关重要，但可能既耗时又复杂。

将数据科学工作流程的各个方面自动化，可以让数据科学家更加专注于创造性地解决问题，同时提高工作效率。最新的工具可以加快迭代速度，减少常见工作流程的手动编码，从而使流程的不同阶段更加高效。数据科学的一些任务与我们在第 6 章中提到的软件开发人员的任务重叠，即编写和部署软件，不过它的关注点更窄，主要关注模型。

KNIME、H2O 和 RapidMiner 等数据科学平台提供了统一的分析引擎，用于预处理数据、提取特征和构建模型。集成到这些平台的大规模语言模型(如 GitHub Copilot 或 Jupyter AI)可根据自然语言提示，生成用于数据处理、分析和可视化的代码。Jupyter AI 支持与虚拟助手对话，以解释代码、识别错误和创建笔记。

该文档截图显示了聊天功能，即 Jupyternaut 聊天(Jupyter AI)，如图 7.1 所示。

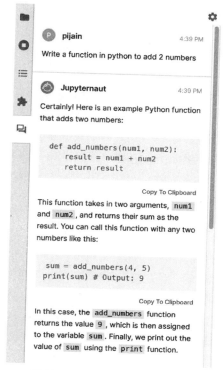

图 7.1　Jupyter AI——Jupyternaut 聊天

　　显而易见，拥有这样一个聊天工具，你可以随时提问、创建简单函数或更改现有函数，这对数据科学家来说是一大福音。

　　总的来说，自动化数据科学可以加快分析和 ML 应用程序的开发。它可以让数据科学家专注于处理过程中价值更高和更具创造性的方面。为业务分析师实现数据科学民主化也是实现这些工作流程自动化背后的关键动机。在接下来的部分，我们将依次研究不同的任务，并重点介绍生成式人工智能如何在数据收集、可视化和 EDA、预处理和特征工程以及 AutoML 等领域改善工作流程并提高效率。

　　下面逐一详细介绍这些领域。

7.2.1　数据收集

　　自动数据收集是在没有人工干预的情况下收集数据的过程。自动数据收集对企业来说是一个非常有价值的工具。它可以帮助企业更快、更高效地收集数据，还可以释放人力资源，使其专注于其他任务。

　　在数据科学或分析领域，我们所说的 **ETL(提取、转换和加载)**是指不仅从一个或多个来源获取数据(数据收集)，而且还为特定用例准备数据的过程。ETL 工具有很多，包括 AWS Glue、Google Dataflow、Amazon Simple Workflow Service(SWF)、dbt、Fivetran、

Microsoft SSIS、IBM InfoSphere DataStage、Talend Open Studio 等商业工具，或 Airflow、Kafka 和 Spark 等开源工具。在 Python 中，还有更多的工具(太多了，无法一一列举)，如用于数据提取和处理的 pandas，甚至还有 celery 和 joblib，它们可以作为 ETL 编排工具。

在 LangChain 中，有一个与 Zapier 的集成，Zapier 是一种自动化工具，可用于连接不同的应用程序和服务。这可用于自动化从各种来源收集数据的过程。大规模语言模型提供了一种加速收集和处理数据的方式，特别是在非结构化数据集的组织方面表现出色。LangChain 可通过文档加载器与大量数据源集成(2024 年夏季有约 200 个数据加载器)。

最终，自动数据收集的最佳工具取决于企业的具体需求。企业应考虑需要收集的数据类型、需要收集的数据量以及可用预算。

7.2.2　可视化和 EDA

EDA 涉及在执行机器学习任务之前人工探索和总结数据，以了解数据的各个方面。它有助于识别模式、检测不一致性、测试假设和获得见解。然而，随着大型数据集的出现和对高效分析的需求，自动 EDA 变得越来越重要。

自动化 EDA 和可视化是指使用软件工具和算法自动分析和可视化数据的过程，不需要大量人工干预。这些工具有几个好处。它们可以加快数据分析过程，减少在数据清洗、处理缺失值、离群点检测和特征工程等任务上花费的时间。这些工具还能生成交互式可视化，提供全面的数据概览，从而更高效地探索复杂的数据集。

在数据可视化中使用生成式人工智能，可根据用户提示生成新的可视化，从而为自动 EDA 增添了另一个维度，使数据的可视化和解释更易于访问。

7.2.3　预处理和特征提取

自动化数据预处理包括数据清洗、数据整合、数据转换和特征提取等任务。它与 ETL 中的转换步骤相关，因此在工具和技术上有很多重叠之处。另一方面，自动特征工程对于在复杂的真实世界数据中充分发挥 ML 算法的威力至关重要。这包括消除数据中的错误和不一致性，并将其转换为与将要使用的分析工具兼容的格式。

在预处理和特征工程过程中，大规模语言模型可自动完成数据的清洗、整合和转换。采用这些模型有望简化流程，从而在这些阶段最大限度地减少对敏感信息的人工处理，从而改善隐私管理。然而，在提高预处理任务的灵活性和性能的同时，在确保自动设计特征的安全性和可解释性方面仍然存在挑战，因为这些特征可能不如人工创建的特征透明。因此，在提高效率的同时，也要注意防止通过自动化引入无意的偏差或错误。

7.2.4　AutoML

AutoML 框架是机器学习发展过程中值得注意的飞跃。通过简化整个模型开发周期，包括数据清洗、特征选择、模型训练和超参数微调等任务，AutoML 框架大大节省了数据科学家通常花费的时间和精力。这些框架不仅能加快机器学习模型的开发速度，还有可能提高其质量。

　　mljar AutoML 库 GitHub repo 中的这张图(图 7.2)展示了 AutoML 的基本思想(来源：https://github.com/mljar/mljar-supervised)。

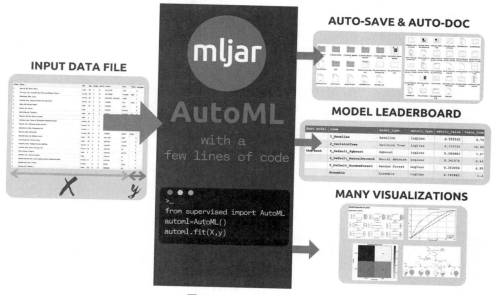

图 7.2　AutoML 的工作原理

　　AutoML 系统价值的关键在于其对易用性和生产力增长的贡献。在典型的开发人员环境中，这些系统能够快速识别和流程化机器学习模型，简化理解和部署流程。这些框架的起源可以追溯到 Auto-WEKA 等创新技术。作为怀卡托大学(University of Waikato)开发的早期广泛框架尝试之一，它采用 Java 语言编写，用于自动处理 Weka 机器学习套件中的表格数据。

　　自 Auto-Weka 发布以来，Auto-sklearn、autokeras、NASLib、Auto-PyTorch、TPOT、Optuna、AutoGluon 和 Ray(tune)等功能强大的框架使这一领域变得更加多样化。这些框架跨越各种编程语言，适用于各种机器学习任务。更先进的 AutoML 利用神经架构搜索技术来封装大部分 ML 管道，包括图像、视频和音频等非结构化数据类型。Google AutoML、Azure AutoML、Amazon SageMaker Autopilot、IBM Watson AutoAI、DataRobot、Alteryx AutoML 和 H2O 的产品等解决方案走在了这场革命的前沿，它们提供的功能将 ML 的可访问性扩展到了专家数据科学家以外的个人。

　　这些现代解决方案能够熟练处理表格和时间序列等结构化格式。通过进行精细的超参数搜索，它们的性能可以达到甚至超过人工干预。PyCaret 等框架有助于以最少的代码同时训练多个模型，同时通过 Nixtla 的 StatsForecast 和 MLForecast 等专门项目保持对时间序列数据的关注。

AutoML 框架的特点是多方面的：它们提供部署能力，其中某些解决方案支持直接的生产嵌入，特别是基于云的解决方案；其他解决方案则需要以与 TensorFlow 等平台兼容的格式导出。所处理数据类型的多样性是另一个方面，主要关注表格数据集，以及满足各种数据类型的深度学习框架。一些框架强调可解释性是其最重要的特征——这在医疗保健和金融等行业的监管或可靠性受到威胁时尤为重要。检测后部署是另一项业务功能，可确保模型性能长期保持不变。

随着大规模语言模型的加入，AutoML 又焕发了新的活力，因为大规模语言模型实现了特征选择、模型训练和超参数微调等任务的自动化。这对隐私的影响相当大；利用生成式模型的 AutoML 系统可以创建合成数据，从而减少对个人数据仓库的依赖。在安全性方面，自动系统的设计必须具有故障安全机制，以防止错误在 ML 工作流程的连续层中传播。AutoML 通过大规模语言模型集成提供的灵活性使非专家也能实现专家级的模型微调，从而提高了性能竞争力。在易用性方面，虽然集成了大规模语言模型的 AutoML 为模型开发流水线提供了简化的接口，但用户必须应对有关模型选择和评估的复杂选择。

正如在接下来的几节中所看到的，大规模语言模型和工具可以大大加快数据科学工作流程，减少人工操作，并带来新的分析机会。正如在 Jupyter AI(Jupyternaut chat)和第 6 章中所看到的，通过使用生成式人工智能(代码大规模语言模型)创建软件来提高效率大有可为。这是本章实践部分的一个良好起点，将研究生成式人工智能在数据科学中的应用。下面开始使用智能体来运行代码或调用其他工具来回答问题！

> **注意：**
> 在运行本章代码之前，请确保已安装所有相关的 Python 软件包。可以使用此命令安装它们：
>
> ```
> pip install -U langchain langchain_openai langchain_experimental scikit-learn
> ```

7.3　使用智能体回答数据科学的问题

最近，更先进的智能体架构通过 **LangGraph** 软件包得以实现。LangGraph 不在本书的讨论范围之内，将演示旧版本的 LangChain 智能体。LLMMathChain 等智能体和链可以用来执行 Python，以回答计算查询。我们以前已经了解过不同的智能体与工具。例如，通过链接大规模语言模型和工具，可以毫不费力地计算数学幂并获得结果。

```
from langchain.chains import LLMMathChain
from langchain_openai import OpenAI

llm = OpenAI(temperature=0)
```

```
llm_math = LLMMathChain.from_llm(llm, verbose=True)

llm_math.run("What is 2 raised to the 10th power?")
```

我们应该看到类似以下代码所示的内容。

```
> Entering new LLMMathChain chain...
What is 2 raised to the 10th power?
2**10
numexpr.evaluate("2**10")
Answer: 1024
> Finished chain.
[2]:'Answer: 1024'
```

这种功能虽然擅长提供直接的数字答案，但不如集成到传统的 EDA 工作流程那样直接。其他链，如 CPAL(**CPALChain**)和 PAL(**PALChain**)，可以应对更复杂的推理挑战，降低生成式模型产生不可信内容的风险；但它们在现实世界中的实际应用仍然遥不可及。

利用 PythonREPLTool，可以创建简单的小型数据可视化，或使用合成数据进行训练，这对于说明或提升项目非常有用。

```
from langchain_experimental.agents.agent_toolkits import create_python_
agent
from langchain_experimental.tools.python.tool import PythonREPLTool
from langchain_openai import OpenAI
from langchain.agents.agent_types import AgentType
agent_executor = create_python_agent(
    llm=OpenAI(temperature=0, max_tokens=1000),
    tool=PythonREPLTool(),
    verbose=True,
    agent_type=AgentType.ZERO_SHOT_REACT_DESCRIPTION,
)
agent_executor.run(
    """Understand, write a single neuron neural network in PyTorch.
Take synthetic data for y=2x. Train for 1000 epochs and print every 100 epochs.
Return prediction for x = 5"""
)
```

该示例演示了使用 PyTorch 构建单神经元神经网络、使用合成数据对其进行训练并做出预测——所有操作均直接在用户的机器上完成。不过，由于在没有防护措施的情况下执行 Python 代码可能会带来安全风险，因此建议谨慎操作。

我们会得到包括预测在内的输出结果。

```
Entering new AgentExecutor chain...
I need to write a neural network in PyTorch and train it on the given data
Action: Python_REPL
Action Input:
import torch
model = torch.nn.Sequential(
    torch.nn.Linear(1, 1)
)
loss_fn = torch.nn.MSELoss()
optimizer = torch.optim.SGD(model.parameters(), lr=0.01)
```

```
# 定义数据
x_data = torch.tensor([[1.0], [2.0], [3.0], [4.0]])
y_data = torch.tensor([[2.0], [4.0], [6.0], [8.0]])
for epoch in range(1000): # 训练模型
    y_pred = model(x_data)
    loss = loss_fn(y_pred, y_data)
    if (epoch+1) % 100 == 0:
        print(f'Epoch {epoch+1}: {loss.item():.4f}')
    optimizer.zero_grad()
    loss.backward()
    optimizer.step()

# 作出预测
x_pred = torch.tensor([[5.0]])
y_pred = model(x_pred)

Observation: Epoch 100: 0.0043
Epoch 200: 0.0023
Epoch 300: 0.0013
Epoch 400: 0.0007
Epoch 500: 0.0004
Epoch 600: 0.0002
Epoch 700: 0.0001
Epoch 800: 0.0001
Epoch 900: 0.0000
Epoch 1000: 0.0000

Thought: I now know the final answer
Final Answer: The prediction for x = 5 is y = 10.00.
```

通过在详细日志中显示的迭代训练，用户可以看到损失随着迭代周期的推移逐渐减少，直到获得令人满意的预测结果。尽管这展示了神经网络如何随着时间的推移进行学习和预测，但要在实践中推广这种方法，还需要更复杂的工程设计。

如果我们想用类别或地理信息来丰富我们的数据，那么大规模语言模型和工具就会非常有用。例如，如果我们公司提供从东京出发的航班，而我们想知道客户从东京出发的距离，那么可以使用 WolframAlpha 作为工具。下面是一个简单的例子。

```
from langchain.agents import load_tools, initialize_agent
from langchain.memory import ConversationBufferMemory
from langchain_openai import OpenAI

llm = OpenAI(temperature=0)
tools = load_tools(['wolfram-alpha'])
memory = ConversationBufferMemory(memory_key="chat_history")
agent = initialize_agent(tools, llm, agent="conversational-react-description",
memory=memory, verbose=True)
agent.run(
    """How far are these cities to Tokyo?
* New York City
* Madrid, Spain
* Berlin
""")
```

> **注意：**
> Wolfram Alpha 是 Wolfram Research 开发的一项在线服务，可回答事实性问题。LangChain 中的 Wolfram Alpha 集成将自然语言理解与数学功能相结合，可回答 "什么是 2x+5 = −3x + 7？" 等问题。
> 要使用 Wolfram Alpha，必须先建立一个账户，并使用在 https://products.wolframalpha.com/api 上创建的开发者令牌，并设置 WOLFRAM_ALPHA_APPID 环境变量。注意，该网站有时较慢，可能需要耐心注册。

```
> Entering new AgentExecutor chain...

AI: The distance from New York City to Tokyo is 6760 miles. The distance
from Madrid, Spain to Tokyo is 8,845 miles. The distance from Berlin,
Germany to Tokyo is 6,845 miles.

> Finished chain.

The distance from New York City to Tokyo is 6760 miles. The distance from
Madrid, Spain to Tokyo is 8,845 miles. The distance from Berlin, Germany
to Tokyo is 6,845 miles.
```

通过将大规模语言模型与 WolframAlpha 等外部工具相结合，可以执行更具挑战性的数据丰富，例如计算城市之间的距离，如从东京到纽约、马德里或柏林的距离。这种集成可以大大提高各种商业应用中使用的数据集的效用。不过，这些示例针对的是相对简单的查询；要在更大范围内部署此类实施，需要采取更广泛的工程策略，而不仅仅是所讨论的那些。

不过，我们可以让智能体使用数据集，如果我们连接更多工具，数据集就会变得无比强大。让我们提出并回答有关结构化数据集的问题！

7.4　使用大规模语言模型进行数据探索

数据探索是数据分析中关键而基础的步骤，它能让研究人员全面了解数据集，发现重要见解。随着 ChatGPT 等大规模语言模型的出现，研究人员可以利用自然语言处理的强大功能来促进数据探索。

正如前面提到的，ChatGPT 等生成式人工智能模型有能力理解和生成类似人类的响应，这使它们成为提高研究效率的宝贵工具。用自然语言提出问题，并得到易于理解的响应，这对分析工作大有裨益。

大规模语言模型可以帮助探索文本数据和其他形式的数据，如数字数据集或多媒体内容。研究人员可以利用 ChatGPT 的功能，询问有关数字数据集的统计趋势的问题，甚至查询可视化图像分类任务。

让我们加载并使用一个数据集。可以从 scikit-learn 快速获取一个数据集：

```
from sklearn.datasets import load_iris
df = load_iris(as_frame=True)["data"]
```

Iris 数据集非常著名——它是一个小型数据集，但它能帮助我们说明使用生成式人工智能进行数据探索的能力。将在下面的示例中使用 DataFrame。现在就可以创建一个 pandas DataFrame 智能体，然后就能看到完成简单的工作是多么容易！

```
from langchain_experimental.agents.agent_toolkits import create_pandas_
dataframe_agent
from langchain import PromptTemplate
from langchain_openai import OpenAI

PROMPT = (
    "If you do not know the answer, say you don't know.\n"
    "Think step by step.\n"
    "\n"
    "Below is the query.\n"
    "Query: {query}\n"
)
prompt = PromptTemplate(template=PROMPT, input_variables=["query"])
llm = OpenAI()
agent = create_pandas_dataframe_agent(llm, df, verbose=True, agent_
executor_kwargs={"handle_parsing_errors": True})
```

为了减少幻觉，我在模型中加入了指示，以表明不确定性，并遵循逐步思考的过程。现在，可以根据 DataFrame 查询智能体。

```
agent.run(prompt.format(query="What's this dataset about?"))
```

我们得到的答案是这个数据集是关于某种花的测量数据，这是正确的。接下来，展示一下如何获得可视化效果：

```
agent.run(prompt.format(query="Plot each column as a barplot!"))
```

图 7.3 是图表。

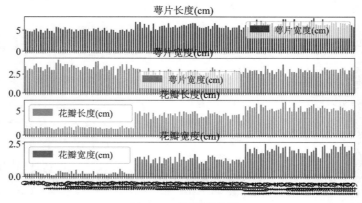

图 7.3 Iris 数据集柱状图

这幅图并不完美。输出结果可能很微妙，取决于 LLM 模型参数和指令。在本例中，使用了 df.plot.bar(rot=0,subplots=True)。但是我们可能还需要做更多调整，例如，调整面板之间的填充、字体大小或图例的位置，使其更加美观。还可以要求直观地查看各列的分布情况，这样就能绘制出整洁的曲线图(见图 7.4)。

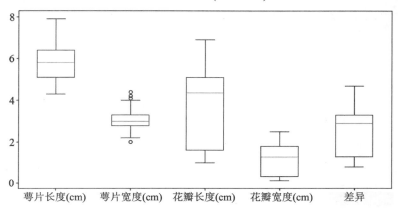

图 7.4　Iris 数据集方块图

可以要求绘图使用其他绘图后端，如 Seaborn；但注意，这些后端必须安装。

还可以就数据集提出更多问题，例如哪一行的花瓣长度和花瓣宽度差异最大。可以通过以下中间步骤(缩短)得到答案。

```
df['difference'] = df['petal length (cm)'] - df['petal width (cm)']
df.loc[df['difference'].idxmax()]
Observation: sepal length (cm)    7.7
sepal width (cm)     2.8
petal length (cm)    6.7
petal width (cm)     2.0
difference           4.7
Name: 122, dtype: float64
Thought: I now know the final answer
Final Answer: Row 122 has the biggest difference between petal length and
petal width.
```

我认为这值得称赞，大规模语言模型干得好！可以通过在提示中添加更多关于绘图的说明来扩展这个示例，例如绘图的大小。

统计测试如何？

```
agent.run(prompt.format(query="Validate the following hypothesis
statistically: petal width and petal length come from the same
distribution."))
```

得到的响应如下所示。

```
Thought: I should use a statistical test to answer this question.
Action: python_repl_ast
Action Input: from scipy.stats import ks_2samp
```

```
Observation:
Thought: I now have the necessary tools to answer this question.
Action: python_repl_ast
Action Input: ks_2samp(df['petal width (cm)'], df['petal length (cm)'])
Observation: KstestResult(statistic=0.6666666666666666,
pvalue=6.639808432803654e-32, statistic_location=2.5, statistic_sign=1)
Thought: I now know the final answer
Final Answer: The p-value of 6.639808432803654e-32 indicates that the two
variables come from different distributions.
```

这勾选了统计测试! 可以通过简单的提示, 用通俗易懂的英语提出有关数据集的复杂问题。

还有 PandasAI 库, 它在底层使用 LangChain, 并提供类似的功能。下面是文档中的一个示例, 并附有一个数据集。

```
import pandas as pd
from pandasai.llm import OpenAI
from pandasai.schemas.df_config import Config
from pandasai import SmartDataframe

df = pd.DataFrame({
    "country": ["United States", "United Kingdom", "France", "Germany",
"Italy", "Spain", "Canada", "Australia", "Japan", "China"],
    "gdp": [19294482071552, 2891615567872, 2411255037952, 3435817336832,
1745433788416, 1181205135360, 1607402389504, 1490967855104, 4380756541440,
14631844184064],
    "happiness_index": [6.94, 7.16, 6.66, 7.07, 6.38, 6.4, 7.23, 7.22, 5.87, 5.12]
})
smart_df = SmartDataframe(df, config=Config(llm=OpenAI()))
print(smart_df.chat("Which are the 5 happiest countries?"))
```

这将为我们提供所需的结果, 与之前直接使用 LangChain 时的结果类似。注意, 本书的设置中并不包括 PandasAI, 因此如果要使用它, 必须单独安装。

LangChain 中的 SQLDatabaseChain 可以为用户生成 SQL 查询。此外, 它还提供查询检查和自动更正等功能, 以确保结果的准确性, 从而提高数据检索的可用性和效率。

按照概述的步骤, 我们利用大规模语言模型出色的自然语言处理能力进行了数据探索。通过加载数据集(如 scikit-learn 的 Iris 数据集), 可以使用由大规模语言模型驱动的智能体, 以日常语言查询数据的具体内容。通过创建一个 pandas DataFrame 智能体, 可以完成简单的分析任务和可视化请求, 这展示了人工智能制作图表和洞察具体数据的能力。

按照概述的步骤, 我们利用大规模语言模型出色的自然语言处理能力进行了数据探索。通过加载数据集(如 scikit-learn 的 Iris 数据集), 可以使用由大规模语言模型驱动的智能体, 以日常语言查询数据的具体内容。通过创建一个 pandas DataFrame 智能体, 可以完成简单的分析任务和可视化请求, 这展示了人工智能制作图表和洞察具体数据的能力。

我们不仅可以口头询问数据集的性质, 还可以命令智能体生成条形图和方框图等用于 EDA 的可视化表征。虽然这些可视化可能需要额外的微调以实现美观的细化, 但它们为分析奠定了基础。在深入研究更细微的要求时, 例如识别两个数据属性之间的差异,智能体能够熟练地添加新列并找到相关的数字差异，显示出其在得出可操作结论方面的实用性。

我们的努力不仅限于可视化，还通过简洁的英语提示探索了统计测试的应用，从而对智能体执行的 KS 测试等统计操作做出了清晰的解释。集成的功能不仅限于静态数据集，还扩展到动态 SQL 数据库，大规模语言模型可以自动生成查询，甚至可以自动纠正 SQL 语句中的语法错误。在不熟悉模式的情况下，这一功能尤其有用。

7.5　小结

本章从研究 AutoML 框架开始，强调了这些系统为整个数据科学管道带来的价值，促进了从数据准备到模型部署的每个阶段。然后，我们考虑了大规模语言模型的集成如何进一步提高生产力，并使数据科学对技术和非技术利益相关者来说都更容易接受。

在深入研究代码生成的过程中，看到了与软件开发的相似之处，正如第 6 章中所讨论的那样，我们观察到大规模语言模型生成的工具和函数如何通过增强技术来响应查询或增强数据集。这包括利用第三方工具(如 WolframAlpha)为现有数据集添加外部数据点。随后，我们转而学习了使用大规模语言模型进行数据探索，以第 4 章中详细介绍的问题回答技术为基础，对大量文本数据进行摄取和分析。在这里，我们的重点转向了结构化数据集，研究如何通过大规模语言模型驱动的探索过程来有效分析 SQL 数据库或表格信息。

总结我们的探索，很明显，以 ChatGPT 插件和 Microsoft Fabric 等平台为代表的人工智能技术，在数据分析方面具有变革性的潜力。然而，尽管通过这些人工智能工具，数据科学家的工作取得了长足进步，但目前的人工智能技术还无法取代人类专家，只能增强他们的能力，拓宽他们的分析工具集。

在第 8 章中，我们将重点介绍通过提示和微调来提高大规模语言模型性能的调节技术。

7.6　问题

请看一看你能否凭记忆得出这些问题的答案。如果有不确定的地方，建议你重新阅读本章的相应章节。

1. 数据科学涉及哪些步骤？
2. 为什么要将数据科学/分析自动化？
3. 生成式人工智能如何帮助数据科学家？
4. 可以使用什么样的智能体和工具来回答简单的问题？
5. 如何让大规模语言模型处理数据？

第**8**章
定制大规模语言模型及其输出

本章主要介绍提高大规模语言模型在特定场景中的可靠性及性能的技术和最佳实践，例如复杂的推理和问题解决任务。这种针对特定任务调整模型或确保模型输出符合我们的预期的过程称为"调节"。在本章中，将讨论微调和提示这两种调节方法。

微调包括在与所需应用相关的特定任务或数据集上训练预训练好的基础模型。通过这一过程，模型可以进行调整，变得更加准确，并与预期用例的上下文更加相关。另一方面，通过在推理时提供额外的输入或上下文，大规模语言模型可以生成适合特定任务或风格的文本。**提示工程**对于释放大规模语言模型的推理能力非常重要，提示技术为研究人员和大规模语言模型从业人员提供了宝贵的工具包。将讨论并实施先进的提示工程策略，如少样本学习、思维树和自一致性。

本章主要内容：

- 调节大规模语言模型
- 调节方法
- 微调
- 提示工程

注意：

你可以在本书 GitHub 代码库的 chapter8 目录中找到本章的代码。鉴于该领域的快速发展和 LangChain 库的更新，我们致力于保持 GitHub 仓库的最新状态。最新代码请访问 https://github.com/benman1/generative_ai_with_langchain。

有关设置说明请参阅第 3 章。如果你在运行代码时有任何疑问或遇到问题，请在 GitHub 上创建一个问题，或加入 Discord 上的讨论：https://packt.link/lang。

接下来先来讨论调节、调节的重要性以及实现调节的方法。

8.1 调节大规模语言模型

虽然 GPT-4 等基础模型可以生成关于各种主题的令人印象深刻的文本,但对它们进行调节可以增强它们在任务相关性、特异性和连贯性方面的能力,还可以引导模型的行为符合道德规范和适当的要求。调节是指用于指导模型生成输出结果的一系列方法。这不仅包括提示制作,还包括更系统的技术,例如在特定数据集上对模型进行微调,使其持续适应某些主题或风格。在本章中,将重点讨论微调和提示技术这两种调节方法。

调节技术使大规模语言模型能够理解并执行复杂的指令,提供与我们的期望非常吻合的内容。这包括从即兴互动到系统化训练,使模型的行为在专业领域(如法律咨询或技术文档)获得可靠的性能。此外,调节的一部分还包括实施保障措施,以避免产生恶意或有害的内容,例如加入过滤器或对模型进行训练,以避免某些类型的有问题的输出,从而使其更好地与期望的道德标准保持一致。对齐是指训练和修改大规模语言模型的过程和目标,使大规模语言模型的一般行为、决策过程和输出符合更广泛的人类价值观、道德原则和安全考虑。

注意:
调节和对齐这两个词并不是同义词;调节可以包括微调,重点是在不同的交互层通过各种技术对模型施加影响,而对齐则是对模型的行为进行根本性和整体性的校准,使其符合人类伦理和安全标准。

调节可以应用于模型生命周期的不同阶段。一种策略是根据代表预期用例的数据对模型进行微调,以帮助模型在该领域实现专业化。这种方法取决于此类数据的可用性以及将其整合到训练过程中的能力。另一种方法是在推理时对模型进行动态调节,即使用额外的上下文定制输入提示,以形成所需的输出。这种方法具有灵活性,但会增加模型在实时环境中运行的复杂性。

在本章中,虽然我们特别强调了微调和提示工程等调节方法,因为它们在大规模语言模型的调节中非常有效和普遍,但还有其他一些调节方法值得探讨。下面总结一下其中的几种方法,讨论其原理,并研究它们的相对利弊。

调节方法

随着 GPT-3 等大型预训练语言模型的出现,人们对调节这些模型以适应下游任务的技术越来越感兴趣。随着大规模语言模型的不断发展,它们将在更广泛的应用中变得更加有效和有用,可以期待未来微调和提示技术方面的进步,以帮助在涉及推理和工具使用的复杂任务中更进一步。

目前已经提出了几种调节方法。表 8.1 总结了不同的技术。

表 8.1　控制生成式人工智能输出

阶段	技术	示例
训练	数据整理	在不同数据上进行训练
	目标函数	精心设计训练目标
	架构和训练过程	优化模型结构和训练
微调	任务专业化	在特定数据集/任务上进行训练
推理时间调节	动态输入	前缀、控制代码和上下文示例
人工监督	人机回环	人工审核和反馈

结合这些技术，开发人员可以更好地控制生成式人工智能系统的行为和输出。最终目标是确保在从训练到部署的所有阶段都融入人类的价值观，从而创建出负责任的、协调一致的人工智能系统。

微调包括通过对专门任务的额外训练来调整预训练模型的所有参数。这种方法旨在提高模型在特定目标下的性能，并且已知可以产生稳健的结果。然而，微调可能是资源密集型的，需要在高性能和计算效率之间进行权衡。为了解决这些局限性，我们探索了**适配器和低秩适应(Low-Rank Adaptation，LoRA)**等策略，引入稀疏性元素或实施部分参数冻结，以减轻负担。

另一方面，基于提示的技术(通常称为**提示工程**)提供了一种在推理时动态调节大规模语言模型的方法。通过精心设计输入提示以及随后的优化和评估，这些方法可以将大规模语言模型的行为引向所需的方向，而不需要进行大量的重新训练。提示可以经过精心设计，以诱发特定行为或囊括特定知识领域，从而提供了一种多用途、节省资源的方法来调节模型。

此外，还深入研究了基于人类反馈的**强化学习(Reinforcement Learning with Human Feedback，RLHF)**在微调过程中的变革作用，其中人类反馈是模型学习轨迹的关键指南。RLHF 具有提高 GPT 等语言模型能力的极大潜力，使微调成为一项更具影响力的技术。通过集成 RLHF，可以利用人类评估者的细微理解来进一步完善模型行为，确保输出不仅相关、准确，而且符合用户的意图和期望。

所有这些不同的调节技术都有助于开发高性能的大规模语言模型，使其符合各种应用的预期结果。首先，让我们讨论一下，为什么通过 RLHF 训练出来的 InstructGPT 会产生如此巨大的变革性影响。

1. 基于人类反馈的强化学习

在 2022 年 3 月的论文中，OpenAI 的欧阳等人展示了使用 RLHF 和**近端策略优化(Proximal Policy Optimization，PPO)**使 GPT-3 等大规模语言模型与人类偏好保持一致。RLHF 是一种利用人类偏好对大规模语言模型进行微调的在线方法。它有 3 个主要步骤。

(1) **监督预训练**：首先通过对人类演示的标准监督学习来训练 LM。

(2) **奖励模型训练**：根据人类对 LM 输出的评分来单独训练奖励模型，以估算奖励。

(3) **RL 微调**：通过强化学习对 LM 进行微调，使用 PPO 等算法使奖励模型的预期奖励最大化。

主要变化是 RLHF，通过学习奖励模型，将人类的细微判断纳入语言模型的训练中。因此，人类的反馈可以引导和改进语言模型的能力，而不仅仅是标准的监督微调。这种新模型可用于遵循自然语言给出的指令，并能以比 GPT-3 更准确、更相关的方式回答问题。尽管参数数量减少了 99%，但 InstructGPT 在用户偏好、真实性和减少危害方面的表现却优于 GPT-3。

从 2022 年 3 月开始，OpenAI 开始发布 GPT-3.5 系列模型。具体来说，InstructGPT 是 GPT-3.5 系列的一个变体，它在传统的微调方法之外加入了 RLFH 方法，为改进语言模型开辟了新的途径。RL 训练可能不稳定，而且计算成本高昂；尽管如此，它的成功还是激发了人们对改进 RLHF 技术的进一步研究，降低了对齐数据的要求，并开发出更强大、更易于使用的模型，以满足广泛的应用需求。

2. 低秩适应

随着大规模语言模型越来越大，在消费者硬件上对其进行训练变得越来越困难，而且为每个特定任务部署大规模语言模型的成本也越来越高。有几种方法可以降低计算、内存和存储成本，同时提高低数据和域外场景的性能。

参数高效微调(Parameter-Efficient Fine-Tuning，PEFT)方法可以为每个任务使用小检查点，使模型更具可移植性。这个小的训练权重集可添加到大规模语言模型上，从而使同一模型可用于多个任务，而不需要更换整个模型。

低秩适应(Low-Rank Adaptation，LoRA)是 PEFT 的一种，其中预训练模型权重被冻结。它在 Transformer 架构的每一层中引入可训练的秩分解矩阵，以减少可训练参数的数量。与微调相比，LoRA 可实现相当的模型质量，同时具有更少的可训练参数和更高的训练吞吐量。

QLORA 方法是 LoRA 的扩展，它通过将梯度反向传播到冻结的四位量化模型中的可学习低秩适配器，实现对大模型的高效微调。这样就可以在单个 GPU 上对 650 亿参数模型进行微调。QLORA 模型利用新数据类型和优化器等创新技术，在 Vicuna 上实现了 ChatGPT 99%的性能。QLORA 将微调 650 亿参数模型所需的内存从大于 780 GB 减少到小于 48 GB，而不会影响运行时间或预测性能。

注意：

量化指的是降低大规模语言模型等神经网络中权重和激活的数值精度的技术。量化的主要目的是减少大模型的内存占用和计算要求。

关于大规模语言模型量化的一些要点：

- 与标准单精度浮点(FP32)相比，它使用更少的比特来表示权重和激活。例如，权重可以量化为 8 位整数。
- 这样可以将模型大小减少 75%，并提高专用硬件的吞吐量。
- 量化通常对模型的准确性影响不大，尤其是在重新训练时。
- 常见的量化方法包括标量量化、向量量化和点积量化，它们分别或分组对权重进行量化。
- 激活也可以通过估计其分布并适当分档来量化。
- 量化感知训练会在训练过程中调整权重，以尽量减少量化损失。
- 事实证明，BERT 和 GPT-3 等大规模语言模型可以通过微调实现 4～8 位量化。

在下一节中，将讨论在推理时调节大规模语言模型的方法，其中包括提示工程。

3. 推理时调节

另外一种常用的方法是在**推理时(输出生成阶段)进行调节**，即动态提供特定输入或条件，以指导输出生成过程。在某些情况下，大规模语言模型微调并不总是可行或有益的，这些方法就会派上用场。

- **微调服务有限**：当模型只能通过缺乏微调功能或微调功能有限的 API 访问时。
- **数据不足**：缺乏用于微调的数据，包括特定下游任务或相关应用领域的数据。
- **动态数据**：在数据经常变化的应用中，如在新闻相关平台中，微调模型经常变得具有挑战性，从而导致潜在的弊端。
- **上下文敏感型应用**：个性化聊天机器人等动态和特定于上下文的应用无法根据单个用户数据进行微调。

为了在推理时进行调节，最常见的做法是在文本生成过程开始时提供文本提示或指令。这种提示可以是几个句子，甚至是一个单词，作为所需的输出的明确指示。推理时间调节的一些常用技术包括

- **提示调整**：为预期行为提供自然语言指导。对提示设计敏感。
- **前缀调整**：为大规模语言模型层预置可训练向量。
- **限制词元**：强制包含/排除某些词。
- **元数据**：提供类型、目标受众等高级信息。

提示可以帮助生成符合特定主题、风格甚至模仿特定作者写作风格的文本。这些技术涉及在推理过程中提供上下文信息，例如用于上下文学习或检索增强。

提示调整的一个例子是前缀提示,比如在提示前添加"写一个关于……的儿童故事"之类的指令。例如,在聊天机器人应用中,用户信息对模型进行调节,有助于它生成个性化且与正在进行的对话相关的响应。

更多的例子包括在提示中预置相关文档,以帮助大规模语言模型完成写作任务(例如,新闻报道、维基百科页面和公司文档),或者在提示大规模语言模型之前检索并预置用户特定数据(财务记录、健康数据和电子邮件),以确保提供个性化的答案。通过在运行时根据上下文信息调整大规模语言模型的输出,这些方法可以指导模型,而不需要依赖传统的微调过程。

通常情况下,演示是推理任务指令的一部分,通过提供少样本示例来诱导所需的行为。强大的大规模语言模型(如 GPT-3)可以通过提示技术解决任务,而不需要进一步的训练。在这种方法中,需要解决的问题会以文本提示的形式呈现给模型,并附带一些类似问题及其解决方案的文本示例。模型必须通过推理完成提示。**零样本提示**不涉及任何已解决问题的示例,而少样本提示则包括少量类似(问题和解决方案)对的示例。研究表明,提示可以轻松控制像 GPT-4 这样的大型冻结模型,并在不进行大量微调的情况下引导模型行为。提示能以较低的开销根据新知识对模型进行调节,但要获得最佳效果,还需要仔细的提示工程。这也是我们将在本章讨论的内容。

在前缀调优中,特定任务的连续向量是经过训练的,并在推理时提供给模型。类似的想法也被用于适配器方法,如**参数高效迁移学习(Parameter Efficient Transfer Learning,PETL)或梯形图边调整(Ladder Side-Tuning,LST)**。

在采样过程中也可以进行推理时调节,例如基于语法的采样,其输出可以被限制为与某些定义明确的模式(如编程语言语法)兼容。

在了解了各种调节方法之后,接下来把重点转回到微调上。在下一节中,将使用 PEFT 和量化来微调用于**问答(QA)**的小型开源大规模语言模型(OpenLLaMa),并将其部署到 Hugging Face 上。

8.2 微调

正如在本章第一节中所讨论的,对大规模语言模型进行模型微调的目的是优化模型,以生成比原始基础模型更适合任务和上下文的输出。之所以需要对模型进行微调,是因为预训练大规模语言模型的设计目的是为一般语言知识建模,而不是为特定的下游任务建模。它们的能力只有在适应应用时才能体现出来。微调允许根据目标数据集和目标更新预训练权重。这样,既能从通用模型中转移知识,又能为专门任务定制模型。

一般来说,对这些模型的用户而言,微调有 3 个显而易见的优势。

- **可控性**:模型遵循指令的能力(指令微调)。
- **可靠的输出格式化**:这对于 API 调用/函数调用等非常重要。

- **自定义音调**：这样就可以根据任务和受众调整输出风格。
- **对齐**：模型的输出应符合核心价值，例如，有关安全、安保和隐私的考虑。

微调预训练神经网络的想法起源于 2010 年代初的计算机视觉研究。Howard and Ruder(2018)证明了微调模型(如 ELMo 和 ULMFit)在下游任务中的有效性。开创性的 BERT 模型(Devlin 等，2019)将预训练 Transformer 的微调作为 NLP 的实际方法。

在本节中，我们将对问题回答模型进行微调。此方法并非专门针对 LangChain，但我们会指出一些 LangChain 可以应用的定制方法。一如既往，你可以在本书 GitHub 代码库的 chapter8 目录中找到最新更新的代码。第一步，将使用库和环境变量设置微调。

8.2.1　微调设置

微调可以在各种任务中持续获得强大的结果，但需要大量的计算资源。因此，我们最好在可以访问强大 GPU 和内存资源的环境中进行微调。我们将在 Google Colab 而非本地环境中运行，在这里可以免费运行大规模语言模型的微调(仅有少数限制)。

> **注意：**
> Google **Colab** 是一个计算环境，它为计算任务[如张量处理单元(TPU)和图形处理单元(GPU)]的硬件加速提供了不同的方法。这些设备既有免费的，也有专业的。对于本节的任务，免费层就足够了。可以通过以下网址登录到 Colab 环境：https://colab.research.google.com/。

请确保将顶部菜单中的 Google Colab 机器设置为 TPU 或 GPU，以确保有足够的资源运行以下代码，并确保训练时间不会太长。我们将在 Google Colab 环境中安装所有必需的库，将添加这些库的版本来进行可重复的微调。

- peft：PEFT(版本 0.5.0)
- trl：近端策略优化(0.6.0 版)
- bitsandbytes：量化所需的 k 位优化器和矩阵乘法例程(0.41.1)
- accelerate：训练和使用多 GPU、TPU 和混合精度的 PyTorch 模型(0.22.0)
- transformer：带有 JAX、PyTorch 和 TensorFlow 后端的 Hugging Face Transformer 库(4.32.0)
- datasets：Hugging Face 社区驱动的开源数据集库(2.14.4)
- sentencepiece：用于快速标记化的 Python 封装器(0.1.99)
- wandb：用于监控权重和偏差的训练进度(0.15.8)
- 用于加载大规模语言模型链的 langchain (0.2.5)
- langchain-openai 用于在 LangChain 中加载 OpenAI 模型(0.1.11)
- langchain-huggingface 用于在 LangChain 中加载 Hugging Face 模型(0.0.3)

可以从 Colab notebook 中安装这些库，具体如下：

```
!pip install -U accelerate bitsandbytes datasets transformers peft trl
sentencepiece wandb langchain huggingface-hub langchain-openai langchainhuggingface
```

要从 Hugging Face 下载和训练模型，需要通过平台验证。注意，如果稍后你想将模型推送到 Hugging Face，则需要生成一个在 Hugging Face 上具有写入权限的新 API 令牌：https://huggingface.co/settings/tokens(见图 8.1)。

o⟋ **Create a new access token**	×

Name

model_creation

Role

write ∨

Generate a token

图 8.1　在 Hugging Face 上创建具有写权限的新 API 令牌

可以像这样从笔记上进行身份验证。

```
from huggingface_hub import notebook_login
notebook_login()
```

出现提示时，粘贴你的 Hugging Face 访问令牌。

注意：
开始前注意，执行代码时需要登录到不同的第三方服务，因此运行笔记时请务必小心！

Weights and Biases(W&B)是一个 MLOps 平台，可以帮助开发人员从头到尾监控和记录 ML 训练工作流。如前所述，将使用 W&B 了解训练的效果如何，以及模型是否随着时间的推移而不断改进。对于 W&B，需要为项目命名；或者，我们也可以使用 wandb 的 init()方法。

```
import os
os.environ["WANDB_PROJECT"] = "finetuning"
```

要通过 W&B 验证身份，需要在 https://www.wandb.ai 上创建一个免费账户。可以在授权页面上找到 API 密钥：https://wandb.ai/authorize。

同样，需要粘贴 API 令牌。

如果之前的训练运行仍处于激活状态(如果是第二次运行，则可能来自之前的笔记执行)，那么确保我们开始一个新的训练运行！这将确保我们在 W&B 上获得新的报告和仪表板。

```
import wandb
if wandb.run is not None:
    wandb.finish()
```

接下来，需要选择一个数据集进行工作。在这里，可以使用许多不同的数据集，它们适用于编码、讲故事、工具使用、SQL 生成、**小学数学题**(GSM8k)或许多其他任务。Hugging Face 提供了丰富的数据集，可通过以下网址查看: https://huggingface.co/datasets。这些数据集涵盖了许多不同的任务，甚至是最细分的任务。

我们还可以定制自己的数据集。例如，可以使用 LangChain 建立训练数据。有很多可用的过滤方法可以帮助减少数据集中的冗余。在本章中将数据收集作为一种实用的方法来展示原本会很有趣，不过由于过于复杂，因此不在本书讨论的范围之内。

从网络数据中筛选质量可能会更加困难，但也有很多可能性。对于代码模型，可以将代码验证技术应用于分数段，作为质量过滤器。如果代码来自 GitHub，则可以根据星级或仓库所有者的星级进行筛选。

对于自然语言文本而言，质量过滤是非常重要的。搜索引擎的位置可以作为流行度过滤器，因为它通常基于用户对内容的参与度。此外，知识蒸馏技术也可以根据事实密度和准确性作为过滤器进行调整。

在这个方法中，使用 Squad V2 数据集对问题回答性能进行微调。可以在 Hugging Face 上查看详细的数据集说明: https://huggingface.co/spaces/evaluate-metric/ squad_v2。

```
from datasets import load_dataset
dataset_name = "squad_v2"
dataset = load_dataset(dataset_name, split="train")
eval_dataset = load_dataset(dataset_name, split="validation")
```

我们正在进行训练和验证划分。正如在 load_dataset(dataset_name)的输出中看到的，Squad V2 数据集有一部分用于训练，另一部分用于验证。

```
DatasetDict({
    train: Dataset({
        features: ['id', 'title', 'context', 'question', 'answers'],
        num_rows: 130319
    })
    validation: Dataset({
        features: ['id', 'title', 'context', 'question', 'answers'],
        num_rows: 11873
    })
})
```

我们将使用验证划分早停训练。当验证误差开始下降时，就可以停止训练。

Squad V2 数据集由各种特征组成，可以在以下代码中看到。

```
{'id': Value(dtype='string', id=None),
 'title': Value(dtype='string', id=None),
 'context': Value(dtype='string', id=None),
```

```
'question': Value(dtype='string', id=None),
'answers': Sequence(feature={'text': Value(dtype='string', id=None),
'answer_start': Value(dtype='int32', id=None)}, length=-1, id=None)}
```

训练的基本思路是向模型提出问题,并将答案与数据集进行比较。在下一节中,我们将使用这种设置微调开源大规模语言模型。

8.2.2 开源模型

我们需要一个小型模型,可以在本地以适当的词元率运行该模型。LLaMa-2 模型需要用电子邮件地址签署许可协议并获得确认(公平地说,这可能非常快),因为它对商业用途有限制。像 OpenLLaMa 这样的 LLaMa 衍生产品表现得相当不错,这可以从高频排行榜上得到证明:https://huggingface.co/spaces/HuggingFaceH4/open_llm_leaderboard。

OpenLLaMa 版本 1 不能用于编码任务,因为有词元分析器。因此,我们使用版本 2!我们将使用 30 亿参数模型,即使在较旧的硬件上也能使用。

```
model_id = "openlm-research/open_llama_3b_v2"
new_model_name = f"openllama-3b-peft-{dataset_name}"
```

请注意,该代码可能会触发一次大下载,耗时数分钟。还可以使用更小的模型,如 EleutherAI/gpt-neo-125m,它也能在资源使用和性能之间实现适当的折中。

接下来加载模型:

```
import torch
from transformers import AutoModelForCausalLM, BitsAndBytesConfig

bnb_config = BitsAndBytesConfig(
    load_in_4bit=True,
    bnb_4bit_quant_type="nf4",
    bnb_4bit_compute_dtype=torch.float16,
)

device_map="auto"

base_model = AutoModelForCausalLM.from_pretrained(
    model_id,
    quantization_config=bnb_config,
    device_map="auto",
    trust_remote_code=True,
)
base_model.config.use_cache = False
```

通过比特和字节配置,可以将模型量化为 8 比特、4 比特、3 比特甚至 2 比特,从而大大加快推理速度并减少内存占用,而不会使性能大打折扣。

将在 Google Drive 上存储模型检查点;你需要确认已登录 Google 账户。

```
from google.colab import drive
drive.mount('/content/gdrive')
```

注意：
需要通过谷歌验证才能运行。

可以将模型检查点和日志的输出目录设置为 Google Drive。

```
output_dir = "/content/gdrive/My Drive/results"
```

如果不想使用 Google Drive，只需要将其设置为计算机上的一个目录即可。
要进行训练，需要设置一个词元分析器。

```
from transformers import AutoTokenizer
tokenizer = AutoTokenizer.from_pretrained(model_id, trust_remote_
code=True)
tokenizer.pad_token = tokenizer.eos_token
tokenizer.padding_side = "right"
```

现在，将定义训练配置。我们将设置 LoRA 和其他训练参数：

```
from transformers import TrainingArguments, EarlyStoppingCallback
from peft import LoraConfig
# 更多信息: https://github.com/huggingface/transformers/pull/24906
base_model.config.pretraining_tp = 1

peft_config = LoraConfig(
    lora_alpha=16,
    lora_dropout=0.1,
    r=64,
    bias="none",
    task_type="CAUSAL_LM",
)
training_args = TrainingArguments(
    output_dir=output_dir,
    per_device_train_batch_size=4,
    gradient_accumulation_steps=4,
    learning_rate=2e-4,
    logging_steps=10,
    max_steps=2000,
    num_train_epochs=100,
    evaluation_strategy="steps",
    eval_steps=5,
    save_total_limit=5,
    push_to_hub=False,
    load_best_model_at_end=True,
    report_to="wandb"
)
```

有必要解释其中的一些参数。push_to_hub 参数意味着我们可以在训练过程中定期将模型检查点推送到 HuggingSpace Hub。要做到这一点，需要设置 HuggingSpace 身份验证(如前所述，要有写入权限)。如果我们选择这样做，则可以使用 new_model_name 作为 output_dir。这将是模型在 Hugging Face 上的仓库名称，模型在 https://huggingface.co/models 可用。

或者，就像我在这里所做的那样，你可以将模型保存在本地或云端，例如，保存在 Google Drive 的某个目录中。我将 max_steps 和 num_train_epochs 设置得很高，因为我注意到在许多步后训练仍能有所改进。早期的步进大量的最大训练步数应该有助于提高模型的性能。为了早停，需要将 evaluation_strategy 设置为"steps"，并将 load_best_model_ at_end 设置为 True。

eval_steps 是两次评估之间的更新步数。save_total_limit=5 表示只保存最后 5 个模型。最后，report_to="wandb"表示我们将向 W&B 发送训练统计信息、一些模型元数据和硬件信息，在那里我们可以查看每次运行的图表和仪表板。

然后，训练就可以使用我们的配置了。

```python
from trl import SFTTrainer

trainer = SFTTrainer(
    model=base_model,
    train_dataset=dataset,
    eval_dataset=eval_dataset,
    peft_config=peft_config,
    dataset_text_field="question", # 这取决于数据集
    max_seq_length=512,
    tokenizer=tokenizer,
    args=training_args,
    callbacks=[EarlyStoppingCallback(early_stopping_patience=200)]
)
trainer.train()
```

即使在 TPU 设备上运行，训练也需要相当长的时间。频繁的评估会大大降低训练速度。如果禁用早停功能，就能大大加快训练速度。

随着训练的进行，我们应该能看到一些统计数据，但显示性能图会更好，就像我们在 W&B 上看到的那样，见图 8.2。

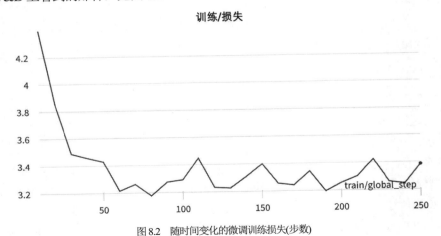

图 8.2　随时间变化的微调训练损失(步数)

训练完成后，可以将最终检查点保存在磁盘上，以便重新加载。

```
trainer.model.save_pretrained(
    os.path.join(output_dir, "final_checkpoint"),
)
```

现在，就可以与朋友分享我们的最终模型了，炫耀我们手动按下 Hugging Face 后取得的效果。

```
trainer.model.push_to_hub(
    repo_id=new_model_name
)
```

现在，可以使用我们的 Hugging Face 用户名和仓库名称(新模型名称)的组合来加载模型。接下来快速演示如何在 LangChain 中使用该模型。通常，peft 模型是作为适配器存储的，而不是完整的模型；因此，加载方式有些不同。

```
from peft import PeftModel, PeftConfig
from transformers import AutoModelForCausalLM, AutoTokenizer, pipeline
from langchain_huggingface import HuggingFacePipeline

model_id = 'openlm-research/open_llama_3b_v2'
config = PeftConfig.from_pretrained("benji1a/openllama-3b-peft-squad_v2")
model = AutoModelForCausalLM.from_pretrained(model_id)
model = PeftModel.from_pretrained(model, "benji1a/openllama-3b-peft-squad_v2")
tokenizer = AutoTokenizer.from_pretrained(model_id, trust_remote_
code=True)
tokenizer.pad_token = tokenizer.eos_token
pipe = pipeline(
    "text-generation",
    model=model,
    tokenizer=tokenizer,
    max_length=256
)
llm = HuggingFacePipeline(pipeline=pipe)
```

到目前为止，我们已经在 Google Colab 上完成了所有工作，但我们同样可以在本地执行；只需注意，你需要安装 huggingface peft 库！

8.2.3　商业模型

到目前为止，我们已经展示了如何微调和部署开源大规模语言模型。一些商业模型也可以根据自定义数据进行微调。例如，OpenAI 的 GPT-3.5 和 Google 的 PaLM 模型都具有这种功能。它已经与一些 Python 库集成。

使用 Scikit-LLM 库，只需几行代码即可实现。我们不会在本节中详细介绍，但请查阅 Scikit-LLM 库或不同云大规模语言模型提供商的文档，以了解所有细节。Scikit-LLM 库不在第 3 章中讨论的设置中，所以你必须手动安装。我也没有提供训练数据 X_train。你必须自己建立一个训练数据集。

要对 PaLM 模型进行针对文本分类的微调，可以如以下代码所示操作：

```
from skllm.models.palm import PaLMClassifier
clf = PaLMClassifier(n_update_steps=100)
clf.fit(X_train, y_train) # y_train 是一个标签列表
labels = clf.predict(X_test)
```

同样，也可以像以下代码所示对 GPT-3.5 模型进行针对文本分类的微调：

```
from skllm.models.gpt import GPTClassifier
clf = GPTClassifier(
        base_model = "gpt-3.5-turbo-0613",
        n_epochs = None, # int 或 None。无时，将由 OpenAI 自动确定
        default_label = "Random", # 可选
)
clf.fit(X_train, y_train) # y_train 是一个标签列表
labels = clf.predict(X_test)
```

有趣的是，在 OpenAI 提供的微调中，所有输入都会通过一个审核系统，以确保输入符合安全标准。

微调工作到此结束。我们可以部署和查询大规模语言模型，而不需要进行针对特定任务的微调。通过提示，可以完成少样本学习，甚至是零样本学习。我们将在下一节讨论。

8.3 提示工程

你可能已经知道，提示是我们为语言模型提供的指令和示例，用于引导它们的行为。它们对于引导大规模语言模型的行为非常重要，因为它们可以使模型输出与人类意图保持一致，而不必进行昂贵的重新训练。经过精心设计的提示可以让大规模语言模型胜任各种任务，而不局限于最初训练的任务。提示就像指令一样，向大规模语言模型演示所需的输入输出映射。

提示由以下三个主要部分组成：
- 描述任务要求、目标和输入/输出格式的**指令**。它们明确地向模型解释了任务。
- 演示所需输入输出对的**示例**。它们提供了不同的示范，说明不同的输入应如何映射到输出。
- 模型生成输出所必需的**输入**。

图 8.3 展示了一些提示不同语言模型的示例(来源：*Pretrain, Prompt, and Predict - A Systematic Survey of Prompting Methods in Natural Language Processing*，Liu 等，2021)。

图8.3　提示示例，特别是近似形式的知识探究和总结

提示工程，又称上下文学习(语境学习)[1]，是指在不改变模型权重的情况下，通过精心设计的提示来引导大规模语言模型行为的技术。其目的是使模型输出与特定任务的人类意图保持一致。另一方面，提示微调可对模型行为进行直观控制，但对提示的精确措辞和设计非常敏感，这表明需要精心设计的指导才能达到预期效果。但好的提示是什么样的呢？

最重要的第一步是从简单开始，迭代地工作。从简洁明了的指示开始，根据需要逐步增加复杂性。将复杂的任务分解成更简单的子任务。这样可以避免模型在初期不堪重负。尽可能具体、详细地描述确切的任务和所需的输出格式。提供相关示例对于展示所需的推理链或输出风格非常有效。

对于复杂的推理任务，提示模型解释其逐步推进的思维过程可提高准确性。**思维链(Chain-of-Thought，CoT)提示**等技术可以引导模型明确地进行推理。提供少样本示例可以进一步展示所需的推理格式。问题分解提示可将复杂的问题分解为更小、更易于管理的子任务，这也能使推理过程更有条理，从而提高可靠性。与依赖单一模型输出相比，对多个候选回答进行采样并选出最一致的回答有助于减少错误和不一致。

与其关注"不应该做什么"，不如明确说明所需的操作和结果。直接、明确的指示效果最佳。避免不精确或模糊的提示。从简单入手、具体明确、提供示例、提示解释、分解问题并对多种回答进行采样——这些都是使用谨慎的提示工程有效引导大规模语言模型的一些最佳实践。通过迭代和实验，可以对提示进行优化，以提高可靠性，即使是复杂的任务也不例外，而且其性能通常可与微调相媲美。

在了解了最佳实践之后，接下来看看从简单到高级的几种提示技术！

---

1 译者注：提示工程，又称上下文学习或语境学习。

8.3.1 提示技术

基本的提示方法包括仅使用输入文本的零样本提示，以及带有几个演示示例的少样本提示，这些示例显示所需的输入-输出对。研究人员发现，多数标签偏差和复现偏差等偏差会改变少样本提示的性能。通过示例选择、排序和格式化来精心设计提示，有助于减轻这些问题。

更先进的提示技术包括指令提示，即明确描述任务要求，而不仅仅是演示。自一致性抽样会生成多个输出，并选择与示例最匹配的输出。CoT 提示会生成明确的推理步骤，从而产生最终输出。这对复杂的推理任务尤其有利。CoT 提示可以手动编写，也可以通过**增强-修剪-选择**等方法自动生成。

表 8.2 简要介绍了与微调相比的几种提示方法。

表8.2　大规模语言模型的提示技术与微调技术的比较

技术	描述	核心思想	性能考虑因素
零样本提示	不提供示例；依靠模型的训练	利用模型的预训练	适用于简单任务，但难以进行复杂推理
少样本提示	提供一些输入和所需输出的演示	显示所需的推理格式	小学数学的准确率提高了两倍
CoT	在回答前添加中间推理步骤	在回答前给模型推理的空间	数学数据集的准确率提高了 4 倍
从少到多提示	先提示模型完成较简单的子任务	将问题分解成更小的片段	在某些任务上，准确率从 16%提高到 99.7%
自一致性	从多个样本中挑选最常见的答案	增加冗余度	在各种基准测试中提高 1～24 个百分点
密度链	通过添加实体迭代创建密集摘要	生成丰富、简洁的摘要	提高摘要的信息密度
验证链 (CoV)	通过生成和回答问题来验证初始响应	模拟人工验证	增强稳健性和可信度
主动提示	挑选不确定的样本作为人类标记的示例	找到有效的少样本示例	提高少样本性能
思维树	生成并自动评估多个响应	允许推理路径回溯	找到最佳推理路径
验证器	训练一个单独的模型来评估响应	过滤掉不正确的响应	将小学数学准确率提高约 20 个百分点
微调	对通过提示生成的解释数据集进行微调	提高模型的推理能力	在常识性QA 数据集上的准确率为 73%

有些提示技术结合了外部信息检索，在生成输出之前为大规模语言模型提供缺失的

上下文。对于开放域 QA，可通过搜索引擎检索相关段落并将其纳入提示。对于闭卷 QA，采用证据-问题-答案格式的少样本示例比 QA 格式更有效。

在接下来的几个小节中，我们将介绍上述几种技术。LangChain 提供了一些工具来实现高级提示工程策略，如零样本提示、少样本提示学习、思维链、自一致性和思维树。通过提供更清晰的指令、利用目标数据进行微调、采用问题分解策略、整合多种采样方法、集成验证机制以及采用概率建模框架，本文介绍的所有这些技术都能提高大规模语言模型在复杂任务中推理能力的准确性、一致性和可靠性。

可以在本书 GitHub 仓库的 prompting 目录中找到本节的所有示例。让我们从普通策略开始：我们只需要一个解决方案。

零样本提示

零样本提示与少样本提示不同(下文将讨论)，它直接向大规模语言模型发送任务指令，而不提供任何演示或示例。这种提示测试预训练模型理解和遵循指令的能力。

```
from langchain_core.prompts import PromptTemplate
from langchain_openai import ChatOpenAI
model = ChatOpenAI()
prompt = PromptTemplate(input_variables=["text"], template="Classify the
sentiment of this text: {text}")
chain = prompt | model
print(chain.invoke({"text": "I hated that movie, it was terrible!"}))
```

这将在不提供任何示例的情况下输出带有输入文本的情感分类提示：

```
content='The sentiment of this text is negative.' additional_kwargs={}
example=False
```

少样本学习

少样本学习只向大规模语言模型提供一些与任务相关的输入-输出示例，而没有明确的指令。这样，模型就能纯粹从演示中推断出意图和目标。经过精心挑选、排序和格式化的示例可以提高模型的推理能力。然而，"少样本学习"容易产生偏差，在不同试验之间容易出现差异。添加明确的指令可以让模型更清楚地了解意图，并提高稳健性。总的来说，提示结合了指令和示例的优势，可以最大限度地引导大规模语言模型完成手头的任务。

通过 FewShotPromptTemplate，你只需要向模型展示几个任务的示范示例，就能为其提供指导，而不需要明确的指令。接下来把零样本提示用于情感分类的例子扩展到少样本提示。在这个例子中，我们希望大规模语言模型将客户反馈分为"正面""负面"或"中性"。我们为它提供了几个示例：

```
examples = [{
    "input": "I absolutely love the new update! Everything works seamlessly.",
    "output": "Positive",
},{
```

```
        "input": "It's okay, but I think it could use more features.",
        "output": "Neutral",
    }, {
        "input": "I'm disappointed with the service, I expected much better performance.",
        "output": "Negative"
}]
```

可以在以下代码所示的提示中使用这些示例：

```
from langchain.prompts import FewShotPromptTemplate, PromptTemplate
from langchain.chat_models import ChatOpenAI
example_prompt = PromptTemplate(
    template="{input} -> {output}",
    input_variables=["input", "output"],
)
prompt = FewShotPromptTemplate(
    examples=examples,
    example_prompt=example_prompt,
    suffix="Question: {input}",
    input_variables=["input"]
)
print((prompt | ChatOpenAI()).invoke({"input": " This is an excellent book
with high quality explanations."}))
```

我们应该得到以下输出结果：

```
content='Positive' additional_kwargs={} example=False
```

你可以期待大规模语言模型使用这些示例来指导它对新句子进行分类。少样本方法不需要对模型进行大量训练，而是依靠其预训练的知识和示例提供的上下文来为模型打基础。

为了选择适合每个输入的示例，FewShotPromptTemplate 可以接受一个 Semantic-SimilarityExampleSelector，基于嵌入而非硬编码的示例。SemanticSimilarityExampleSelector 能自动为每个输入找到最相关的示例。

对于许多任务来说，标准的少样本提示效果很好，但在处理更复杂的推理任务时，还有许多其他技术和扩展方法。

8.3.2 思维链提示

思维链提示的目的是通过让模型提供中间步骤来促进推理，从而得出最终答案。具体做法是在提示前加上说明，以显示其思维。思维链提示有两种变体，即零样本和少样本。

在零样本 CoT 中，我们只需要在提示中添加"让我们一步步思考!"。

在要求大规模语言模型对问题进行推理时，通常更有效的做法是让大规模语言模型先解释其推理过程，然后再给出最终答案。这样可以鼓励大规模语言模型先从逻辑上思考问题，而不是先猜测答案，然后再试图证明答案的正确性。要求大规模语言模型解释其思考过程与其核心能力是一致的。例如

```
from langchain_core.prompts import PromptTemplate
```

```
from langchain_openai import ChatOpenAI

reasoning_prompt = "{question}\nLet's think step by step!"
prompt = PromptTemplate(
    template=reasoning_prompt,
    input_variables=["question"]
)
model = ChatOpenAI()
chain = prompt | model
print(chain.invoke({
    "question": "There were 5 apples originally. I ate 2 apples. My friend
gave me 3 apples. How many apples do I have now?",
}))
```

运行之后，就能得到如下的推理过程和结果。

```
content='Step 1: Originally, there were 5 apples.\nStep 2: I ate 2
apples.\nStep 3: So, I had 5 - 2 = 3 apples left.\nStep 4: My friend gave
me 3 apples.\nStep 5: Adding the apples my friend gave me, I now have 3 +
3 = 6 apples.' additional_kwargs={} example=False
```

少样本思维链提示是一种少样本提示，在示例解决方案中解释了推理过程，其目的是鼓励大规模语言模型在做出决定前解释其推理过程。

如果我们回过头来看前面的几个例子，可以将它们扩展如下：

```
examples = [{
    "input": "I absolutely love the new update! Everything works
seamlessly.",
    "output": "Love and absolute works seamlessly are examples of positive
sentiment. Therefore, the sentiment is positive",
    },{
    "input": "It's okay, but I think it could use more features.",
    "output": "It's okay is not an endorsement. The customer further
thinks it should be extended. Therefore, the sentiment is neutral",
    }, {
    "input": "I'm disappointed with the service, I expected much better
performance.",
    "output": "The customer is disappointed and expected more. This is
negative"
}]
```

在这些例子中，决策的理由都得到了解释。这就鼓励大规模语言模型给出类似的结果来解释其推理。

研究表明，CoT 提示可以带来更准确的结果；但是，这种性能提升与模型的大小成正比，在较小的模型中，这种提升可以忽略不计，甚至是负的。建议对较小的模型使用少样本提示。

8.3.3　自一致性

通过自一致性提示，模型会对一个问题生成多个候选答案。然后对这些答案进行比较，选出最一致或最常见的答案作为最终输出。使用大规模语言模型进行自一致性提示的一个很好的例子就是事实验证或信息合成，在这种情况下，准确性是最重要的。下面通过一个例子理解这一点。

第一步，为一个问题或难题创建多个解决方案。

```python
from langchain.chains import LLMChain
from langchain_core.prompts import PromptTemplate
from langchain_openai import ChatOpenAI
solutions_template = """
Generate {num_solutions} distinct answers to this question:
{question}

Solutions:
"""
solutions_prompt = PromptTemplate(
    template=solutions_template,
    input_variables=["question", "num_solutions"]
)
solutions_chain = LLMChain(
    llm=ChatOpenAI(),
    prompt=solutions_prompt,
    output_key="solutions"
)
```

第二步，统计不同的答案。可以再次使用大规模语言模型。

```python
consistency_template = """
For each answer in {solutions}, count the number of times it occurs.
Finally, choose the answer that occurs most.

Most frequent solution:
"""
consistency_prompt = PromptTemplate(
    template=consistency_template,
    input_variables=["solutions"]
)
consistency_chain = LLMChain(
    llm=ChatOpenAI(),
    prompt=consistency_prompt,
    output_key="best_solution"
)
```

现在，用 SequentialChain 将这两条链组合在一起。这样，两条链会依次运行。第一条链会多次提出一个问题，第二条链会获取第一条链的答案，并选择出现次数最多的答案输出最终答案。

```python
from langchain.chains import SequentialChain
answer_chain = SequentialChain(
    chains=[solutions_chain, consistency_chain],
    input_variables=["question", "num_solutions"],
    output_variables=["best_solution"]
)
```

最后一步，下面来问一个简单的问题并检查答案：

```
print(answer_chain.run(
    question="Which year was the Declaration of Independence of the United
States signed?",
    num_solutions="5"
))
```

我们应该得到以下代码所示的响应。

```
1776 is the year in which the Declaration of Independence of the United
States was signed. It occurs twice in the given answers (3 and 4).
```

根据投票结果，我们应该得到正确的响应。然而，在我们得到的 5 个响应中，有 3 个是错误的。

这种方法充分利用了模型推理和利用内部知识的能力，同时通过关注最常出现的答案，降低了异常值或虚假信息的风险，从而提高了大规模语言模型所给出答案的整体可靠性。

8.3.4 思维树

在**思维树(Tree-of-Thought，ToT)**提示中，我们为给定的提示生成多个解决问题的步骤或方法，然后使用人工智能模型对其进行批评。批评将基于模型的判断，即解决方案是否适合问题。

现在，LangChain 实验软件包中已经有了 ToT 的实现；不过，接下来通过一个有指导意义的例子来逐步说明如何使用 LangChain 实现 ToT。

首先，使用 PromptTemplates 定义四个链组件。我们需要一个解决方案模板、一个评估模板、一个推理模板和一个排名模板。

首先，生成解决方案。

```
solutions_template = """
Generate {num_solutions} distinct solutions for {problem}. Consider
factors like {factors}.

Solutions:
"""
solutions_prompt = PromptTemplate(
    template=solutions_template,
    input_variables=["problem", "factors", "num_solutions"]
)
```

让大规模语言模型评估这些解决方案：

```
evaluation_template = """
Evaluate each solution in {solutions} by analyzing pros, cons,
feasibility, and probability of success.

Evaluations:
"""
```

```
evaluation_prompt = PromptTemplate(
    template=evaluation_template,
    input_variables=["solutions"]
)
```

在这一步之后，要对这些解决方案进行更多推理。

```
reasoning_template = """
For the most promising solutions in {evaluations}, explain scenarios,
implementation strategies, partnerships needed, and handling potential
obstacles.

Enhanced Reasoning:
"""
reasoning_prompt = PromptTemplate(
    template=reasoning_template,
    input_variables=["evaluations"]
)
```

最后，可以根据目前的推理对这些解决方案进行排序。

```
ranking_template = """
Based on the evaluations and reasoning, rank the solutions in {enhanced_
reasoning} from most to least promising.

Ranked Solutions:
"""
ranking_prompt = PromptTemplate(
    template=ranking_template,
    input_variables=["enhanced_reasoning"]
)
```

接下来，先用这些模板创建链，然后再将这些链组合在一起。

```
from langchain.chains import LLMChain
from langchain_openai import ChatOpenAI

solutions_chain = LLMChain(
    llm=ChatOpenAI(),
    prompt=solutions_prompt,
    output_key="solutions"
)
evalutation_chain = LLMChain(
    llm=ChatOpenAI(),
    prompt=evaluation_prompt,
    output_key="evaluations"
)
reasoning_chain = LLMChain(
    llm=ChatOpenAI(),
    prompt=reasoning_prompt,
    output_key="enhanced_reasoning"
)
ranking_chain = LLMChain(
    llm=ChatOpenAI(),
```

```
    prompt=ranking_prompt,
    output_key="ranked_solutions"
)
```

注意，每个 output_key 都与下面链提示中的 input_key 相对应。最后，将这些链连接成 SequentialChain。

```
from langchain.chains import SequentialChain
tot_chain = SequentialChain(
    chains=[solutions_chain, evalutation_chain, reasoning_chain, ranking_
chain],
    input_variables=["problem", "factors", "num_solutions"],
    output_variables=["ranked_solutions"]
)
print(tot_chain.run(
    problem="Prompt engineering",
    factors="Requirements for high task performance, low token use, and few
calls to the LLM",
    num_solutions=3
))
```

接下来运行 tot_chain 并查看如下打印输出。

```
1. Train or fine-tune language models using datasets that are relevant to
the reasoning task at hand.
2. Develop or adapt reasoning algorithms and techniques to improve the
performance of language models in specific reasoning tasks.
3. Evaluate existing language models and identify their strengths and
weaknesses in reasoning.
4. Implement evaluation metrics to measure the reasoning performance of
the language models.
5. Iteratively refine and optimize the reasoning capabilities of the
language models based on evaluation results.

It is important to note that the ranking of solutions may vary depending
on the specific context and requirements of each scenario.
```

我完全同意这些建议。它们显示了 ToT 的优势。其中很多主题都是本章的内容，而有些主题将在第 9 章中出现，我们将在该章讨论评估大规模语言模型及其性能。

这样，我们就能在推理过程的每个阶段利用大规模语言模型。ToT 方法有助于通过促进探索来避免死胡同。如果你想了解更多示例，可以在 LangChain 学习手册中找到玩数独的思维树(ToT)案例。

提示设计对于释放大规模语言模型的推理能力意义重大，并为模型和提示技术的未来发展提供了潜力。这些原则和技术为从事大规模语言模型工作的研究人员和从业人员提供了宝贵的工具包。

8.4 小结

调节允许引导生成式人工智能提高性能、安全性和质量。本章的重点是通过微调和提示进行调节。在微调过程中，语言模型会在许多任务示例中接受训练，这些任务示例由自然语言指令的形式表述，并带有适当的响应。这通常是通过带有人工反馈的强化学习来实现的；不过，我们也开发了其他技术，这些技术已被证明可以产生具有竞争力的结果，而资源占用较少。在本章的第一个方法中，对一个小型开源问题回答模型进行了微调。

有许多提示技术可以提高大规模语言模型在复杂的推理任务中的可靠性，包括逐步提示、交替选择、推理提示、问题分解、对多个响应进行采样，以及采用单独的验证模型。这些方法已被证明能提高推理任务的准确性和一致性。正如在示例中展示的那样，LangChain 提供了构建模块来解锁高级提示策略，如少样本学习、CoT、ToT 等。

在第 9 章中，将讨论生成式人工智能的生产以及与之相关的关键问题，例如评估大规模语言模型应用程序，将其部署到服务器上并对其进行监控。

8.5 问题

如果你对这些问题的答案不确定，我建议你重新阅读本章的相应章节进行复习。

1. 什么是调节，什么是对齐？
2. 调节有哪些不同的方法，如何区分它们？
3. 什么是指令微调，它的重要性是什么？
4. 列举几种微调方法。
5. 什么是量化？
6. 什么是少样本学习？
7. 什么是 CoT 提示？

第**9**章
生产中的生成式人工智能

正如在本书中所讨论的，近年来，大规模语言模型因其生成类人文本的能力而备受关注。从创意写作到对话聊天机器人，这些生成式人工智能模型在各行各业都有不同的应用。然而，将这些复杂的神经网络系统从研究推向实际应用却面临着巨大的挑战。

到目前为止，我们已经讨论了模型、智能体和大规模语言模型应用程序以及不同的用例，但在将这些应用程序部署到生产中以与客户互动，并做出可能产生重大财务影响的决策时，还有许多问题显得非常重要。本章将探讨生产生成式人工智能(特别是大规模语言模型应用程序)的注意事项和最佳实践。在部署应用程序之前，我们需要确保符合性能和法规要求，应用程序需要在规模上保持稳健，最后还需要进行监控。保持严格的测试、审计和道德保障对于可信的部署至关重要。将讨论评估和可观察性，并涵盖广泛的主题，其中包括可操作人工智能和决策模型(包括生成式人工智能模型)的治理和生命周期管理。

在让大规模语言模型应用程序做好生产准备时，离线评估可以让我们初步了解模型在受控环境中的能力，而在生产中，可观察性可以让我们持续了解模型在实时环境中的表现。将讨论用于这两种情况的一些工具，并举例说明。还将讨论大规模语言模型应用程序的部署，并概述可用的部署工具和示例。

本章主要内容：
- 如何让大规模语言模型应用程序做好生产准备
- 如何评估大规模语言模型应用程序
- 如何部署大规模语言模型应用程序
- 如何观察大规模语言模型应用程序

> **注意：**
> 你可以在本书 GitHub 仓库的 chapter9 目录中找到本章的代码。鉴于该领域的快速发展和 LangChain 库的更新，致力于保持 GitHub 仓库的最新状态。最新的代码请访问 https://github.com/benman1/generative_ai_with_langchain。
> 有关设置说明请参阅第 3 章。如果你在运行代码时有任何疑问或遇到问题，请在 GitHub 上创建一个问题，或加入 Discord 上的讨论: https://packt.link/lang。

首先，概述让大规模语言模型应用程序做好生产准备的含义和涉及的内容！

9.1 如何让大规模语言模型应用程序做好生产准备

将大规模语言模型应用程序部署到生产环境是一项复杂的工作，其中包括稳健的数据管理、道德准则、高效的资源分配、勤勉的监控以及与行为准则保持一致。确保部署准备就绪的做法如下所示。

- **数据管理：** 严格关注数据质量对于避免由于不平衡或不适当的训练数据产生的偏差至关重要。需要大力开展数据整理工作，并对模型输出进行持续审查，以减少新出现的偏差。同样重要的是，开发具有相关基准的标准化数据集，以测试和衡量模型的能力，同时检测回归情况，确保与组织/业务目标保持一致。
- **道德部署与合规性：** 大规模语言模型应用程序可能会生成有害内容，因此需要严格的审查流程、安全指南，并遵守 HIPAA 等法规，尤其是在医疗保健等敏感领域。关于部署大规模语言模型应用程序的建议包括一系列旨在应对技术挑战、提高性能和保持完整性的做法。
- **资源管理：** 大规模语言模型的资源需求要求基础设施既要高效又要环保。基础设施的创新有助于降低成本，并解决与大规模语言模型能源需求相关的环境问题。需要采用分布式技术(如数据并行或模型并行)优化基础架构和资源使用，从而促进工作负载在多个处理单元之间的分配。可以采用模型压缩或其他计算机架构优化等技术，在推理速度和延迟管理方面实现更高效的部署。第 8 章中讨论的模型量化或模型蒸馏等技术也有助于减少模型的资源占用。此外，存储模型输出可以减少重复查询的延迟和成本。

- **性能管理**：必须持续监控模型的数据漂移(输入数据模式的变化会改变模型的性能)和模型随时间推移下降的性能。检测这些偏差需要及时进行重新训练或模型调整。衡量标准应针对具体任务，以准确衡量模型的能力。此外，还需要有一个稳健的框架，其中包括道德准则、安全协议和审查流程，防止生成和传播有害内容。人工审核员是内容验证的重要检查点，他们会对人工智能输出的内容进行道德鉴别，确保在所有情况下都遵守相关规定。

- **可解释性**：为了建立信任并深入了解大规模语言模型的决策过程，为了解释输出，我们应该投资可解释性工具和方法，以解释生成式人工智能模型是如何做出决策的。将注意力机制可视化或分析特征重要性可以剥开层层复杂性，这对于医疗保健或金融等高风险行业尤为重要。具有前瞻性的用户体验可以促进与用户之间的透明关系，同时加强合理使用。这可以包括预测不准确性，如关于限制和归因的免责声明，以及收集丰富的用户反馈。

- **数据安全**：保护大规模语言模型流程中的敏感信息对于隐私和合规性至关重要。强大的加密措施和严格的访问控制加强了安全措施。在安全方面，可以加强基于角色的访问政策，采用严格的数据加密标准，在可行的情况下采用匿名化最佳实践，并通过合规性审计确保持续验证。在大规模语言模型中，安全性是一个很大的话题，不过，本章将重点讨论评估、可观察性和部署问题。

- **模型行为标准**：除基本功能外，模型还必须符合道德准则——确保输出具有建设性、无害和可信。这意味着模型才会稳定且被社会接受。

- **减少幻觉**：幻觉指的是大规模语言模型无意中从其训练数据语料库中生成或回忆起敏感个人信息，尽管输入源中没有提示此类细节。这表明，人工智能幻觉会引发严重的隐私问题，因此需要制定缓解策略。在第 4 章中讨论了幻觉问题。减少技术包括外部检索和工具增强，以提供相关上下文，在第 5 章和第 6 章中特别讨论了这一点。模型存在调用私人信息的危险，而数据过滤、架构调整和推理技术等方法的不断进步则有望缓解这些问题。

正如你看到的，有了深刻的规划和准备，生成式人工智能有望改变各行各业。但是，随着这些系统不断渗透到日益多样化的领域，如何深思熟虑地驾驭其复杂性仍然至关重要。本章旨在为我们在本书中尚未涉及的部分内容提供实用指南，以帮助你构建有影响力、负责任的生成式人工智能应用。我们将介绍数据整理、模型开发、基础设施、监控和透明度方面的策略。

注意

在继续讨论之前，有必要先介绍术语。接下来先介绍 MLOps 和类似术语，并定义它们的含义和内涵。

● **MLOps** 是一种范式，侧重于在生产中可靠、高效地部署和维护机器学习模型。它将 DevOps 与机器学习的实践相结合，将算法从实验系统过渡到生产系统。MLOps 旨在提高自动化程度，改善生产模型的质量，并满足业务和监管要求。

LLMOps 是 MLOps 的一个专门子类。它指的是将大规模语言模型作为产品的一部分进行微调和操作所需的操作能力和基础设施。虽然它与 MLOps 的概念没有太大不同，但区别在于处理、完善和部署大规模语言模型(如包含 1750 亿个参数的 GPT-3)的具体要求。

术语 **LMOps** 比 LLMOps 涵盖的内容更广，因为它包括各种类型的语言模型，既有大规模语言模型，也有较小的生成式模型。此术语承认了语言模型的不断扩展及其在操作环境中的相关性。

基础模型编排(Foundational Model Orchestration，FOMO) 专门解决在使用基础模型时所面临的挑战。也就是说，在广泛数据上训练的模型可以适应广泛的下游任务。它强调了管理多步骤流程、整合外部资源以及编排涉及这些模型的工作流的需求。

术语 **ModelOps** 侧重于人工智能和决策模型部署后的治理和生命周期管理。更广义地说，**AgentOps** 涉及大规模语言模型和其他人工智能智能体的操作管理，确保其行为适当，管理其环境和资源访问，促进智能体之间的交互，同时解决与意外结果和不兼容目标相关的问题。

所有这些非常专业的术语的出现凸显了该领域的快速发展；然而，它们的长期流行情况尚不明确。MLOps 被广泛使用，通常包含我们刚刚介绍的许多更专业的术语。因此，在本章的其余部分，我们将坚持使用 MLOps。

在制作任何大规模语言模型应用程序之前，首先应该对其输出进行评估，因此应该从这里入手。下面将重点介绍 LangChain 提供的评估方法。

9.2 如何评估大规模语言模型应用程序

评估大规模语言模型的目的是了解它们的优缺点，以便提高准确性和效率，同时减少误差，从而最大限度地发挥它们在解决实际问题中的作用。这一评估过程通常在开发阶段离线进行。离线评估可以让我们初步了解受控测试条件下的模型性能，包括超参数微调和对照同行模型或既定标准进行基准测试等方面。它们为在部署前完善模型提供了必要的第一步。

虽然人工评估有时被视为黄金标准，但它们难以缩放，需要精心设计，以避免主观偏好或权威语气造成的偏差。目前有许多标准化的基准测试，如 **MBPP**，用于测试基本编程技能，而 **GSM8K** 则用于多步骤数学推理。**API-Bank** 评估模型对 API 调用做出决策的能力。**ARC** 将模型的问题回答能力与复杂的信息整合进行比较，而 HellaSwag 则使用对抗过滤来评估物理情况下的常识推理能力。

HumanEval 注重代码生成的功能正确性而非语法相似性。大规模多任务语言理解评估不同深度的各种主题的语言理解能力，显示专业领域的熟练程度。**SuperGLUE** 在 GLUE 的基础上更进一步，完成更具挑战性的任务，以监测语言模型的公平性和理解能力。**TruthfulQA** 对大规模语言模型响应的真实性进行基准测试，带来了一个独特的视角，突出了真实性的重要性。

MATH 等基准测试要求对高级推理能力进行评估。GPT-4 在这一基准测试上的表现随提示方法的复杂程度而变化，从少样本提示到带有奖励建模方法的强化学习。值得注意的是，基于对话的微调有时会削弱通过大规模多任务语言理解等指标评估的能力。

通过评估，可以深入了解大规模语言模型在生成相关、准确和有用的输出方面的表现。**FLAN** 和 **FLASK** 等测试强调行为维度，从而优先考虑负责任的人工智能系统部署。图 9.1 比较了 FLASK 基准测试中的几种开源和闭源模型(*FLASK: Fine-grained Language Model Evaluation based on Alignment Skill Set*，Ye 等，2023)。

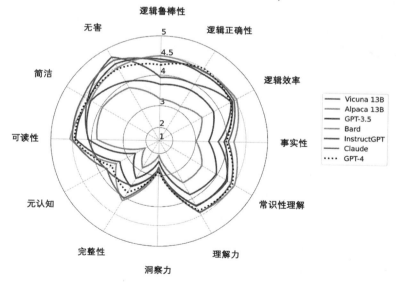

图9.1 以 Claude 作为评估语言模型的评估结果

在图 9.1 报告的结果中，Claude 是评估所有输出的大规模语言模型。这使得结果偏向 Claude 及其类似模型。通常情况下，GPT-3.5 或 GPT-4 被用作评估器，这表明 OpenAI 模型正在胜出。

在 LangChain 中，有多种评估大规模语言模型输出的方法，包括比较链输出、成对字符串比较、字符串距离和嵌入距离。评估结果可用于根据输出比较确定首选模型。还可以计算置信区间和 p 值，以评估评估结果的可靠性。

LangChain 提供了几种评估大规模语言模型输出的工具。常见的方法是使用 PairwiseStringEvaluator 比较不同模型或提示的输出。这种方法会提示评估模型在输入相同的情况下，对两个模型的输出做出选择，并将结果汇总以确定总体首选模型。

其他评估器允许根据特定标准(如正确性、相关性和简洁性)来评估模型输出。CriteriaEvalChain 可以根据自定义或预定义的原则对输出进行评分，而不必参考标签。还可以通过指定不同的聊天模型(如 ChatGPT)作为评估器来配置评估模型。

可以在本书 GitHub 项目的 monitoring_and_evaluation 文件夹下在线查看本节的代码。让我们用 PairwiseStringEvaluator 比较不同提示或大规模语言模型的输出，该工具会提示大规模语言模型在给定特定输入的情况下选择首选输出。

9.2.1　比较两个输出

这种评估需要一个评估器、一个输入数据集和两个或多个大规模语言模型、链或智能体进行比较。评估会将结果汇总，以确定首选模型。

评估过程包括几个步骤。

(1) **创建评估器**：使用 load_evaluator()函数加载评估器，并指定评估器的类型(本例中为 pairwise_string)。

(2) **选择数据集**：使用 load_dataset()函数加载输入数据集。

(3) **定义要比较的模型**：使用必要的配置初始化要比较的大规模语言模型、链或智能体。这包括初始化语言模型和所需的其他工具或智能体。

(4) **生成响应**：在对每个模型进行评估之前，为它们生成输出。这通常分批进行，以提高效率。

(5) **评估对**：通过比较每个输入的不同模型的输出来评估结果。这通常使用随机选择顺序来完成，以减少位置偏差。

下面是文档中关于成对字符串比较的示例。

```
from langchain.evaluation import load_evaluator

evaluator = load_evaluator("labeled_pairwise_string")
evaluator.evaluate_string_pairs(
    prediction="there are three dogs",
    prediction_b="4",
    input="how many dogs are in the park?",
    reference="four",
)
```

评价器的输出结果应如下所示。

```
{'reasoning': "Both assistants provided a direct answer to the user's
question. However, Assistant A's response is incorrect as it stated there
are three dogs in the park, while the reference answer indicates there are
four. On the other hand, Assistant B's response is accurate and matches
the reference answer. Therefore, considering the criteria of correctness
and accuracy, Assistant B's response is superior. \n\nFinal Verdict:
[[B]]",
'value': 'B',
'score': 0

}
```

评估结果为 0 到 1 之间的分数，表示每个智能体的有效性，有时还包括概述评估过程和说明得分理由的推理。在这个针对参考的具体例子中，根据输入内容得出的两个结果都与事实不符。我们可以去掉参考值，让大规模语言模型来判断输出。

9.2.2　根据标准进行比较

LangChain 为不同的评估标准提供了多个预定义的评估器。这些评估器可用于根据特定的标准或标准集评估输出。一些常见的标准包括简洁性、相关性、正确性、连贯性、有用性和争议性。

CriteriaEvalChain 允许你根据自定义或预定义的标准来评估模型输出。它提供了一种方法来验证大规模语言模型或链的输出是否符合一组定义的标准。你可以使用该评估器来评估生成输出的正确性、相关性、简洁性和其他方面。

CriteriaEvalChain 可配置为使用或不使用参考标签。在没有参考标签的情况下，评估器会依赖大规模语言模型预测的答案，并根据指定的标准进行评分。有参考标签时，评估器将预测答案与参考标签进行比较，并确定其是否符合标准。它可以配置为有参考标签或无参考标签。在没有参考标签的情况下，评估人员依靠大规模语言模型预测的答案，并根据指定的标准进行评分。在有参考标签的情况下，评估人员会将预测答案与参考标签进行比较，并确定其是否符合标准。

LangChain 默认使用的评估大规模语言模型是 GPT-4。不过，你也可以通过指定其他聊天模型(如 ChatAnthropic 或 ChatOpenAI)来配置评估大规模语言模型，并进行所需的设置(如温度)。通过将大规模语言模型对象作为参数传递给 load_evaluator()函数，可以用自定义大规模语言模型加载评估器。

LangChain 支持自定义标准和预定义评估原则。自定义标准可以使用criterion_name: criterion_description 对的字典来定义。这些标准可用于根据特定要求或标准来评估输出。下面是 LangChain 文档中的一个简单示例。

```
custom_criteria = {
    "simplicity": "Is the language straightforward and unpretentious?",
    "clarity": "Are the sentences clear and easy to understand?",
    "precision": "Is the writing precise, with no unnecessary words or
```

```
    details?",
        "truthfulness": "Does the writing feel honest and sincere?",
        "subtext": "Does the writing suggest deeper meanings or themes?",
    }
    evaluator = load_evaluator("pairwise_string", criteria=custom_criteria)

    evaluator.evaluate_string_pairs(
        prediction="Every cheerful household shares a similar rhythm of joy;
    but sorrow, in each household, plays a unique, haunting melody.",
        prediction_b="Where one finds a symphony of joy, every domicile of
    happiness resounds in harmonious,"
        " identical notes; yet, every abode of despair conducts a dissonant
    orchestra, each"
        " playing an elegy of grief that is peculiar and profound to its own
    existence.",
        input="Write some prose about families.",
    )
```

如以下结果所示，可以对两个输出进行非常细致的比较。

```
{'reasoning': 'Response A is simple, clear, and precise. It uses
straightforward language to convey a deep and sincere message about
families. The metaphor of music is used effectively to suggest deeper
meanings about the shared joys and unique sorrows of families.\n\nResponse
B, on the other hand, is less simple and clear. The language is more
complex and pretentious, with phrases like "domicile of happiness" and
"abode of despair" instead of the simpler "household" used in Response A.
The message is similar to that of Response A, but it is less effectively
conveyed due to the unnecessary complexity of the language.\n\nTherefore,
based on the criteria of simplicity, clarity, precision, truthfulness,
and subtext, Response A is the better response.\n\n[[A]]', 'value': 'A',
'score': 1}
```

或者，也可以使用 LangChain 中的预定义原则，例如 Constitutional AI 中的原则。
这些原则旨在评估输出是否道德、有害或敏感。在评估中使用原则可以对生成的文本进
行更有针对性的评估。

9.2.3 字符串和语义比较

LangChain 支持用于评估大规模语言模型输出的字符串比较和距离度量。字符串距
离度量(如 **Levenshtein** 和 **Jaro**)提供了预测字符串和参考字符串之间相似性的量化度量。
嵌入距离使用 SentenceTransformer 等模型计算生成文本和预期文本之间的语义相似性。

嵌入距离评估器可使用嵌入模型(如基于 GPT-4 或 Hugging Face 的嵌入模型)来计算
预测字符串和参考字符串之间的向量距离。这可以衡量两个字符串之间的语义相似性，
并能深入了解生成文本的质量。

下面是文档中的一个快速示例。

```
from langchain.evaluation import load_evaluator
from langchain_huggingface.embeddings import HuggingFaceEmbeddings
```

```
embeddings = HuggingFaceEmbeddings()
evaluator = load_evaluator("embedding_distance", embeddings=embeddings)
evaluator.evaluate_strings(prediction="I shall go", reference="I shan't
go")
```

评估器会返回评估分数。你可以更改 load_evaluator()调用中的 embeddings 参数所使用的嵌入。

这通常会比用老式的字符串距离度量方法得到的结果更好,但这些方法也可用来进行简单的单元测试和准确性评估。字符串比较评估器将预测字符串与参考字符串或输入进行比较。

字符串距离评估器使用距离度量(如 Levenshtein 或 Jaro 距离)来衡量预测字符串和参考字符串之间的相似性或不相似性。这为预测字符串与参考字符串相似程度提供了量化指标。

最后,还有一个智能体轨迹评估器,其中的 evaluate_agent_trajectory()方法用于评估输入、预测和智能体轨迹。

还可以使用 **LangChain** 的配套项目 LangSmith 来比较性能与数据集。接下来举例说明!

9.2.4　根据数据集进行评估

如前所述,全面的基准测试和评估(包括测试)对于安全性、稳健性和预期行为至关重要。可以在 LangSmith 中根据基准数据集运行评估。首先,请确保你在 LangSmith 中创建了一个账户:https://smith.langchain.com/。

可以在环境中获取一个 API 密钥,并将其设置为 LANGCHAIN_API_KEY。还可以为项目 ID 和跟踪设置环境变量。

```
import os
os.environ["LANGCHAIN_TRACING_V2"] = "true"
os.environ["LANGCHAIN_PROJECT"] = "My Project"
```

这将把 LangChain 配置为记录跟踪。如果我们不告诉 LangChain 项目 ID,它就会根据默认项目进行记录。设置完成后,当我们运行 LangChain 智能体或链时,就能在 LangSmith 上看到跟踪记录。

让我们记录一次运行吧!

```
from langchain.chat_models import ChatOpenAI

llm = ChatOpenAI()
llm.predict("Hello, world!")
```

我们可以在 LangSmith 项目主页上找到所有运行记录。LangSmith 在 LangSmith 项目页面上列出了迄今为止的所有运行:https://smith.langchain.com/projects。

还可以通过 LangSmith API 查找所有运行。

```
from langsmith import Client

client = Client()
runs = client.list_runs()
print(runs)
```

可以列出特定项目的运行或按运行类型(如链)列出。每个运行都有输入和输出，分别为 runs[0].inputs 和 runs[0].outputs。

可以使用 create_example_from_run()函数从现有的智能体运行创建数据集，也可以从其他数据集创建数据集。下面演示了如何用一组问题创建数据集。

```
questions = [
    "A ship's parts are replaced over time until no original parts remain.
Is it still the same ship? Why or why not?", # 特修斯之船悖论
    "If someone lived their whole life chained in a cave seeing only shadows, how would they
react if freed and shown the real world?", # 柏拉图的洞穴寓言
    "Is something good because it is natural, or bad because it is unnatural? Why can this
be a faulty argument?", # 诉诸自然谬论
    "If a coin is flipped 8 times and lands on heads each time, what are the odds it will
be tails next flip? Explain your reasoning.", # 赌徒谬论
    "Present two choices as the only options when others exist. Is the
statement \"You're either with us or against us\" an example of false
dilemma? Why?", # 假两难
    "Do people tend to develop a preference for things simply because they
are familiar with them? Does this impact reasoning?", # 单纯暴露
    "Is it surprising that the universe is suitable for intelligent life since if it weren't,
no one would be around to observe it?", # 人类学原理
    "If Theseus' ship is restored by replacing each plank, is it still the
same ship? What is identity based on?", # 特修斯悖论
    "Does doing one thing really mean that a chain of increasingly
negative events will follow? Why is this a problematic argument?", # 滑坡谬误
    "Is a claim true because it hasn't been proven false? Why could this
impede reasoning?", # 诉诸无知
]
shared_dataset_name = "Reasoning and Bias"
ds = client.create_dataset(
    dataset_name=shared_dataset_name, description="A few reasoning and
cognitive bias questions",
)
for q in questions:
    client.create_example(inputs={"input": q}, dataset_id=ds.id)
```

然后，可以像这样在数据集上定义一个大规模语言模型智能体或链。

```
from langchain.chains import LLMChain
from langchain_openai import ChatOpenAI

llm = ChatOpenAI(model="gpt-4", temperature=0.0)
def construct_chain():
    return LLMChain.from_string(
        llm,
        template="Help out as best you can.\nQuestion: {input}\nResponse:
```

```
",
)
```

在此，我们对应用中的更改进行评估。更改是否能改善结果？更改可以是应用程序的任何部分，无论是新模型、新提示模板，还是新链或智能体。可以使用相同的输入示例运行两个版本的应用程序，并保存运行结果。然后，将并排比较这两个版本的结果进行评估。

要在数据集上运行评估，可以指定一个大规模语言模型，或者为了并行，使用一个构造函数为每个输入初始化模型或大规模语言模型应用程序。现在，为了根据数据集评估性能，需要定义一个评估器，正如在上一节中所看到的那样。

```
from langchain.smith import RunEvalConfig

evaluation_config = RunEvalConfig(
    evaluators=[
        RunEvalConfig.Criteria({"helpfulness": "Is the response helpful?"}),
        RunEvalConfig.Criteria({"insightful": "Is the response carefully thought out?"})
    ]
)
```

如前所述，标准是由一个字典定义的，该字典包括作为键的标准和作为值的要检查的问题。现在，将把一个数据集连同带有评估器的评估配置一起传给 run_on_dataset()，以生成指标和反馈。

```
from langchain.smith import run_on_dataset

results = run_on_dataset(
    client=client,
    dataset_name=shared_dataset_name,
    dataset=dataset,
    llm_or_chain_factory=construct_chain,
    evaluation=evaluation_config
)
```

同样，也可以将数据集和评估器传递给 run_on_dataset()，以异步方式生成度量和反馈。可以在 LangSmith UI 中查看评估器反馈，以确定需要改进的地方(见图 9.2)。

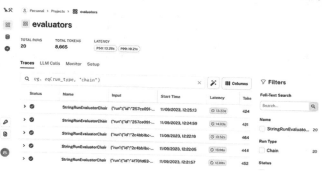

图9.2　LangSmith 中的评估器

可以点击其中任何一个评估来查看一些细节，例如，对于仔细思考评估器，我们会得到这样的提示，其中包括来自大规模语言模型的原始答案。

```
You are assessing a submitted answer on a given task or input based on a
set of criteria. Here is the data:
[BEGIN DATA]
***
[Input]: Is something good because it is natural, or bad because it is
unnatural? Why can this be a faulty argument?
***
[Submission]: The argument that something is good because it is natural,
or bad because it is unnatural, is often referred to as the "appeal to
nature" fallacy. This argument is faulty because it assumes that what is
natural is automatically good or beneficial, and what is unnatural is
automatically bad or harmful. However, this is not always the case. For
example, many natural substances can be harmful or deadly, such as certain
plants or animals. Conversely, many unnatural things, such as modern
medicine or technology, can greatly benefit our lives. Therefore, whether
something is natural or unnatural is not a reliable indicator of its value
or harm.
***
[Criteria]: insightful: Is the response carefully thought out?
***
[END DATA]
Does the submission meet the Criteria? First, write out in a step by step
manner your reasoning about each criterion to be sure that your conclusion
is correct. Avoid simply stating the correct answers at the outset. Then
print only the single character "Y" or "N" (without quotes or punctuation)
on its own line corresponding to the correct answer of whether the
submission meets all criteria. At the end, repeat just the letter again by
itself on a new line.
```

得到了关于缜密思维标准的输出结果：

```
The criterion is whether the response is insightful and carefully thought out.

The submission provides a clear and concise explanation of the "appeal to
nature" fallacy, demonstrating an understanding of the concept. It also
provides examples to illustrate why this argument can be faulty, showing
that the respondent has thought about the question in depth. The response
is not just a simple yes or no, but a detailed explanation that shows
careful consideration of the question.

Therefore, the submission does meet the criterion of being insightful and
carefully thought out.
```

对于少数类型的问题，提高性能的一种方法是使用少样本提示。LangSmith 也可以在这方面帮到我们。可以在 LangSmith 文档中找到更多示例。

还没有讨论过数据注释队列，它是 LangSmith 的一项新功能，可以解决原型开发后出现的一个关键问题。每条日志都可以通过错误等属性进行过滤，以便重点关注有问题的情况，也可以根据需要通过标签或反馈进行手动检查和注释，并进行编辑。编辑后的日志可以添加到数据集中，用于对模型进行微调。

"评估"这个主题到这里就告一段落。现在我们已经对智能体进行了评估，假设我们对智能体的性能很满意，并决定对其进行部署！下一步该怎么做呢？

9.3　如何部署大规模语言模型应用程序

鉴于大规模语言模型在各行各业的使用越来越多，了解如何有效地将模型和应用程序部署到生产中是势在必行的。部署服务和框架可以帮助克服技术障碍。将大规模语言模型应用程序或具有生成式人工智能的应用程序生产化的方法多种多样。

生产部署需要对生成式人工智能生态系统进行研究和了解，其中包括以下不同方面。

- **模型和大规模语言模型即服务**：大规模语言模型和其他模型可以在企业内部运行，也可以在供应商提供的基础设施上作为 API 提供。
- **推理启发法**：检索增强生成(RAG)、思想树(Tree-of-Thought)等。
- **向量数据库**：有助于为提示检索上下文相关信息。
- **提示工程工具**：这些工具有助于在上下文中学习，而不需要昂贵的微调或敏感数据。
- **预训练和微调**：针对特定任务或领域的专用模型。
- **提示记录、测试和分析**：这是一个新兴领域，其灵感来自人们对了解和提高大规模语言模型性能的渴望。
- **定制大规模语言模型堆栈**：用于构建和部署基于大规模语言模型的解决方案的一系列工具。

在第 1 章和第 3 章中讨论了模型，在第 4～7 章中讨论了推理启发式，在第 5 章中讨论了向量数据库，在第 8 章中讨论了提示和微调。在本章中，将重点介绍日志记录、监控和自定义部署工具。

大规模语言模型通常使用外部大规模语言模型提供商或自托管模型。对于外部提供商，计算负担由 OpenAI 或 Anthropic 等公司承担，而 LangChain 则负责促进业务逻辑的实现。不过，自托管开源大规模语言模型可以大大降低成本、减少延迟和隐私问题。

一些具有基础设施的工具提供全套服务。例如，可以利用 Chainlit 部署 LangChain 智能体，利用 Chainlit 创建类似 ChatGPT 的用户界面。主要功能包括中间步骤可视化、元素管理和显示(图像、文本、轮播等)以及云部署。BentoML 是一个框架，可实现机器学习应用的容器化，将其用作微服务，通过自动生成 OpenAPI 和 gRPC 端点来独立运行和缩放。

还可以将 LangChain 部署到不同的云服务端点，例如 Azure 机器学习在线端点。借助 Steamship，LangChain 开发人员可以快速部署应用程序，其功能包括生产就绪端点、跨依赖的水平扩展、应用程序状态的持久存储以及多租户支持。

维护 LangChain 的公司 LangChain AI 正在开发一个名为 LangServe 的新库。它建立在 FastAPI 和 Pydantic 的基础之上,可以简化文档和部署。通过与包括 GCP 的 Cloud Run 和 Replit 在内的平台集成,可以从现有的 GitHub 仓库快速克隆,从而进一步促进部署。根据用户的输入,将在短期内为其他平台提供更多的部署说明。

表 9.1 总结了可用于部署大规模语言模型应用程序的服务和框架。

表9.1　部署大规模语言模型应用程序的服务和框架

名称	描述	类型
Streamlit	用于构建和部署 Web 应用程序的开源 Python 框架	框架
Gradio	可将模型封装在接口中,并托管在 Hugging Face 上	框架
Chainlit	构建和部署类似 ChatGPT 的对话式应用程序	框架
Google Mesop	用 Python 快速构建 Web 用户界面	框架
Apache Beam	用于定义和编排数据处理工作流的工具	框架
Vercel	用于部署和扩展 Web 应用程序的平台	云服务
FastAPI	用于构建 API 的 Python 网络框架	框架
Fly.io	具有自动扩展和全局 CDN 功能的应用程序托管平台	云服务
数字海洋应用程序平台	构建、部署和扩展应用程序的平台	云服务
谷歌云	用于托管和扩展容器化应用程序的 Cloud Run 等服务	云服务
Steamship	用于部署和扩展模型的 ML 基础设施平台	云服务
Langchain 服务	将 LangChain 智能体作为 Web API 提供服务的工具	框架
BentoML	用于模型服务、打包和部署的框架	框架
OpenLLM	为商用大规模语言模型提供开放式 API	云服务
Databutton	构建和部署模型工作流的无代码平台	框架
Azure ML	Azure 上针对模型的 MLOps 托管服务	云服务
LangServe	构建于 FastAPI 之上,但专门用于大规模语言模型应用程序部署	框架

所有这些服务和框架都有不同的用例,通常都直接参考大规模语言模型。我们已经展示了 Streamlit 和 Gradio 的示例,并以如何将它们部署到 Hugging Face Hub 为例进行了讨论。

运行大规模语言模型应用程序有几个主要要求,如下所示。
- 可扩展的基础设施,以处理计算密集型模型和潜在的流量峰值
- 模型输出的实时服务的低延迟
- 用于管理长期对话和应用程序状态的持久存储
- 集成到最终用户应用程序的 API
- 监控和日志记录,以跟踪指标、模型行为以及调试问题

由于大量的用户交互和与大规模语言模型服务相关的高昂成本,维持成本效率可能

具有挑战性。管理效率的策略包括自托管模型、基于流量的自动缩放资源分配、使用点实例、独立缩放和批量请求，以便更好地利用 GPU 资源。

工具和基础设施的选择决定了这些需求之间的权衡。灵活性和易用性非常重要，因为我们希望能够快速迭代，而这对于 ML 和大规模语言模型的动态性质至关重要。避免被一种解决方案束缚是至关重要的。关键是要有一个灵活、可扩展、可容纳各种模型的服务层。模型组成和云提供商的选择是灵活性等式的一部分。

为了获得最大程度的灵活性，Terraform、CloudFormation 或 Kubernetes YAML 文件等**基础设施即代码(IaC)**工具可以可靠、快速地重新创建基础设施。此外，**持续集成和持续交付(CI/CD)**管道可以实现测试和部署流程自动化，从而减少错误并加快反馈和迭代。

如前所述，LangChain 与多个开源项目和框架(如 Ray Serve、BentoML、OpenLLM、Modal 和 Jina)配合默契。在接下来的章节中，将使用不同的工具部署应用程序。我们将从基于 FastAPI 的聊天服务 Web 服务开始。

9.3.1 FastAPI Web 服务

FastAPI 是部署 Web 服务的首选。它设计得快速、易用、高效，是一个现代的高性能 Web 框架，可用于使用 Python 构建 API。Lanarky 是一个用于部署大规模语言模型应用程序的小型开源库，为 Flask API 和 Gradio 部署大规模语言模型应用程序提供了方便的封装器。这意味着你只需几行代码，就能同时获得 REST API 端点和浏览器内可视化。

> **注意：**
> 表现层状态转移应用编程接口(REST API)是一套允许不同软件应用程序在互联网上相互通信的规则和协议。它遵循 REST 原则，REST 是一种设计 Web 应用程序的架构风格。REST API 使用 HTTP 方法(如 GET、POST、PUT 或 DELETE)对资源执行操作，通常以标准格式(如 JSON 或 XML)发送和接收数据。

在库文档中有几个示例，包括一个带源链的检索 QA、一个对话检索应用程序和一个零样本智能体。根据另一个示例，将使用 Lanarky 实现一个聊天机器人 Web 服务。

我们将使用 Lanarky 设置一个 Web 服务，创建一个带有 LLM 模型和设置的 ConversationChain 实例，并定义用于处理 HTTP 请求的路由。本方法的完整代码可在 GitHub 仓库 chapter9 目录下获取。

首先，将导入必要的依赖，包括用于创建 Web 服务的 FastAPI、用于处理大规模语言模型会话的 LangChain 的 ConversationChain 和 ChatOpenAI，以及其他一些必要的模块。

```
from fastapi import FastAPI
from langchain import ConversationChain
from langchain_openai import ChatOpenAI
from lanarky import LangchainRouter
```

```
from starlette.requests import Request
from starlette.templating import Jinja2Templates
```

注意，你需要按照第 3 章中的说明设置环境变量。可以从 config 模块中导入 setup_environment()方法来设置环境变量，这在之前的许多示例中都有所体现。

```
from config import set_environment
set_environment()
```

现在，创建一个 FastAPI 应用程序，它将负责大部分路由，除了 LangChain 特定的请求将由 Lanarky 负责，稍后会做介绍。

```
app = FastAPI()
```

可以创建一个 ConversationChain 实例，指定 LLM 模型及其设置。

```
chain = ConversationChain(
        llm=ChatOpenAI(
            temperature=0,
            streaming=True,
        ),
        verbose=True,
    )
```

templates 变量被设置为一个 Jinja2Templates 类，指定要呈现的模板所在的目录。这指定了网页的显示方式，允许各种定制。

```
templates = Jinja2Templates(directory="webserver/templates")
```

使用 FastAPI 装饰器@app.get，在根路径(/)上定义了一个用于处理 HTTP GET 请求的端点。与该端点相关的函数会返回一个模板响应，用于呈现 index.html 模板。

```
@app.get("/")
async def get(request: Request):
    return templates.TemplateResponse("index.html", {"request": request})
```

router 对象是作为 LangChainRouter 类创建的。该对象负责定义和管理与 ConversationChain 实例相关的路由。可以为路由器添加额外的路由，以处理基于 JSON 的聊天，甚至可以处理 WebSocket 请求。

```
langchain_router = LangchainRouter(
    langchain_url="/chat", langchain_object=chain, streaming_mode=1
)
langchain_router.add_langchain_api_route(
    "/chat_json", langchain_object=chain, streaming_mode=2
)
langchain_router.add_langchain_api_websocket_route("/ws", langchain_
object=chain)
app.include_router(langchain_router)
```

现在，我们的应用程序知道如何处理向路由器中定义的指定路由发出的请求，并将其引导至相应的函数或处理程序进行处理。接下来，我们将使用 Uvicorn 运行应用程序。

Uvicorn 擅长支持高性能异步框架，如 FastAPI 和 Starlette。Uvicorn 以其处理大量并发连接的能力而著称，并且由于其异步特性，在重负载下也能表现出色。

可以像这样从终端运行 Web 服务。

```
uvicorn webserver.chat:app –reload
```

此命令将启动 Web 服务，可以在浏览器中查看该服务的本地地址：http://127.0.0.1:8000。重载开关(--reload)特别方便，因为它意味着一旦你做了任何更改，服务器就会自动重启。

图 9.3 是我们刚刚部署的聊天机器人应用程序的快照。

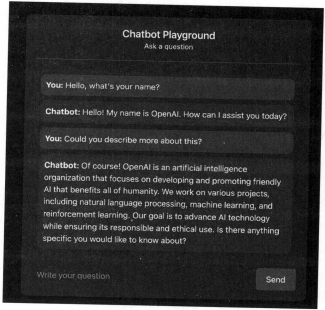

图 9.3　Flask/Lanarky 中的聊天机器人

我认为这看起来已经相当不错了，毕竟我们只做了少量工作。它还具有一些不错的功能，如 REST API、Web UI 和 WebSocket 接口。虽然 Uvicorn 本身并不提供内置的负载均衡功能，但它可以与 Nginx 或 HAProxy 等其他工具或技术配合使用，在部署设置中实现负载均衡，将传入的客户端请求分配给多个工作进程或实例。将 Uvicorn 与负载均衡器配合使用，可以实现横向扩展以处理大流量，缩短客户端的响应时间，并增强容错能力。最后，Lanarky 还能很好地与 Gradio 配合使用，因此只需几行额外的代码，我们就能将该 Web 服务作为 Gradio 应用程序运行。

在下一节中，我们将了解如何使用 Ray 构建稳健且经济高效的生成式人工智能应用。将使用 LangChain 构建一个简单的搜索引擎来处理文本，然后使用 Ray 进行缩放索引和服务。

9.3.2　Ray

Ray 提供了一个灵活的框架，通过在集群间扩展生成式人工智能工作负载来应对生产中复杂神经网络的基础设施挑战。Ray 可帮助满足常见的部署需求，如低延迟服务、分布式训练和大规模批量推理。Ray 还能轻松实现按需微调或将现有工作负载从一台机器扩展到多台机器。其功能包括：

- 使用 Ray Train 在 GPU 集群上调度分布式训练作业。
- 利用 Ray Serve 大规模部署预训练模型，以提供低延迟服务。
- 利用 Ray Data 在 CPU 和 GPU 上并行运行大批量推理。
- 编排端到端生成式人工智能工作流，将训练、部署和批处理结合起来。

我们将按照 Waleed Kadous 在 anyscale 博客和 GitHub 上的 langchain-ray 仓库中实现的示例，使用 LangChain 和 Ray 为 Ray 文档构建一个简单的搜索引擎。可以在这里找到：https://www.anyscale.com/blog/llm-open source-search-engine-langchain-ray。

你可以将其视为第 5 章中的扩展。你还将看到如何将其作为 FastAPI 服务运行。语义搜索下这一方法的完整代码可在 GitHub 仓库 chapter9 目录下获取。

首先，对 Ray 文档进行摄取和索引，这样就可以快速找到搜索查询的相关段落。

```
from langchain_community.document_loaders import RecursiveUrlLoader
from langchain_text_splitters import RecursiveCharacterTextSplitter
from langchain_huggingface import HuggingFaceEmbeddings
from langchain_community.vectorstores import FAISS

# 使用 LangChain 加载器加载 Ray 文档
loader = RecursiveUrlLoader("docs.ray.io/en/master/")
docs = loader.load()

# 使用 LangChain 划分器将文档分割成句子
text_splitter = RecursiveCharacterTextSplitter(chunk_size=500, chunk_
overlap=0)
chunks = text_splitter.create_documents(
    [doc.page_content for doc in docs],
    metadatas=[doc.metadata for doc in docs])

# 使用 transformer 将句子嵌入向量
embeddings = HuggingFaceEmbeddings(model_name='multi-qa-mpnet-basedot-
v1')

# 通过 LangChain 使用 FAISS 索引向量
db = FAISS.from_documents(chunks, embeddings)
```

这将通过摄取文档、将文档划分成块、嵌入句子和索引向量来建立我们的搜索索引。另外，还可以通过并行嵌入步骤来加速索引。

```
# 定义分块处理任务
@ray.remote(num_gpus=1)
  embeddings = HuggingFaceEmbeddings(model_name='multi-qa-mpnet-basedot-
```

```
v1')
  return FAISS.from_documents(shard, embeddings)
def process_shard(shard):

# 将分块划分成 8 个分片
shards = np.array_split(chunks, 8)

# 并行处理分片
futures = [process_shard.remote(shard) for shard in shards]
results = ray.get(futures)

# 合并索引分片
db = results[0]
for result in results[1:]:
  db.merge_from(result)
```

通过在每个分片上并行运行嵌入，可以大大缩短索引时间。将数据库索引保存到磁盘。FAISS_INDEX_PATH 是一个任意文件名。将其设置为 faiss_index.db。

```
db.save_local(FAISS_INDEX_PATH)
```

接下来，将了解如何使用 Ray Serve 服务搜索查询。这将加载我们生成的索引，并让我们以 Web 端点的形式提供搜索查询！

```
# 加载索引和嵌入
db = FAISS.load_local(FAISS_INDEX_PATH)
embedding = HuggingFaceEmbeddings(model_name='multi-qa-mpnet-base-dot-v1')

@serve.deployment
class SearchDeployment:

  def __init__(self):
    self.db = db
    self.embedding = embedding

  def __call__(self, request):
    query_embed = self.embedding(request.query_params["query"])
    results = self.db.max_marginal_relevance_search(query_embed)
    return format_results(results)

deployment = SearchDeployment.bind()

# 启动服务
serve.run(deployment)
```

如果我们将其保存到名为 serve_vector_store.py 的文件中，就可以在 search_engine 目录下使用以下命令启动并运行服务。

```
PYTHONPATH=../ python serve_vector_store.py
```

在终端运行这条命令会得到以下输出。

```
Started a local Ray instance.
View the dashboard at 127.0.0.1:8265
```

该信息显示了仪表盘的 URL，可以在浏览器中访问该 URL。不过，搜索服务器运行在本地主机上，端口为 8080。可以通过 Python 对其进行查询。

```
import requests

query = "What are the different components of Ray"
        " and how can they help with large language models (LLMs)?"
response = requests.post("http://localhost:8000/", params={"query": query})
print(response.text)
```

对于我来说，服务获取的 Ray 用例页面地址是：https://docs.ray.io/en/latest/ray-overview/use-cases.html。

我最喜欢使用 Ray 控制面板进行监控，它看起来如图 9.4 所示。

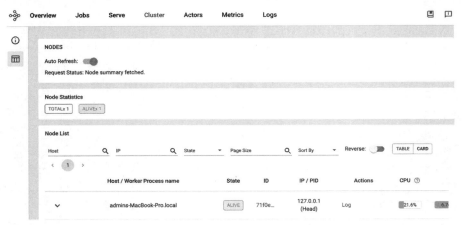

图 9.4 Ray 控制面板

这个仪表盘功能强大，可以提供大量指标和其他信息。收集指标非常简单，只需要在部署对象或参与者中设置和更新计数器、仪表、直方图等类型的变量即可。对于时间序列图表，应该安装 Prometheus 或 Grafana 服务。

本实用指南介绍了使用 LangChain 和 Ray 在本地部署大规模语言模型应用程序的关键步骤。正如你在 GitHub 上看到的完整实现一样，也可以将其作为 FastAPI 服务运行。至此，我们使用 LangChain 和 Ray 的简单语义搜索引擎就完成了。还可以探索更多的工具，例如最近出现的 LangServe，它就是针对 LangChain 应用而开发的。虽然它还相对新颖，但未来的更多发展绝对值得关注。

随着模型和大规模语言模型应用程序越来越复杂，并且与业务应用程序的结构高度交织，在生产过程中观察和监控就变得非常必要，以确保它们的准确性、效率和可靠性。下一节将重点介绍监控大规模语言模型的意义，并强调全面监控策略需要跟踪的关键指标。

9.4　如何观察大规模语言模型应用程序

实际操作的动态性质意味着离线评估期间所评估的条件很难涵盖大规模语言模型在生产系统中可能遇到的所有潜在情况。因此，我们需要在生产中进行可观察性测试，即进行更连续、更实时的观察，以捕捉离线测试无法预测的异常情况。

我们需要实施监控工具，定期跟踪重要指标。这包括用户活动、响应时间、流量、财务支出、模型行为模式以及对应用程序的总体满意度。通过持续监控，可以及早发现数据漂移或功能意外失效等异常情况。

可观察性允许在模型与生产中的实际输入数据和用户交互时监控行为和结果。它包括日志、跟踪、追踪和警报机制，以确保系统健康运行、性能优化，并及早发现模型漂移等问题。

> **注意：**
>
> 跟踪、追踪和监控是软件操作和管理领域的三个重要概念。虽然它们都与了解和提高系统性能有关，但各自都有不同的作用。跟踪和追踪是为了保存详细的历史记录以供分析和调试，而监控则是为了实时观察和即时发现问题，以确保系统在任何时候都能发挥最佳功能。这三个概念都属于可观察性范畴。
>
>
>
> 监控是监督系统或应用程序性能的持续过程。这可能涉及持续收集和分析与系统健康有关的指标，如内存使用率、CPU 利用率、网络延迟和整体应用程序/服务性能(如响应时间)。有效的监控包括针对异常或意外行为设置警报系统——在超过特定阈值时发送通知。跟踪和追踪的目的是保存详细的历史记录，以便分析和调试，而监控的目的则是实时观察和即时发现问题，以确保系统在任何时候都能发挥最佳功能。

监控和可观察性的主要目的是通过实时数据深入了解大规模语言模型应用程序的性能和行为。这有助于做到以下几点。

- **防止模型漂移**：由于输入数据或用户行为特征的变化，大规模语言模型性能可能会随时间的推移而下降。定期监控可以及早发现这种情况并采取纠正措施。
- **性能优化**：通过跟踪推理时间、资源使用和吞吐量等指标，你可以进行调整，以提高大规模语言模型应用程序在生产中的效率和有效性。
- **A/B 测试**：有助于比较模型中的细微差别如何导致不同的结果，从而改进模型的决策。
- **调试问题**：监控有助于识别运行时可能出现的意外问题，从而快速解决问题。
- **避免幻觉**：我们要确保响应的事实准确性，如果我们使用的是 RAG，还要确保检索到的上下文质量以及使用上下文的充分有效性。

- **确保行为适当**：响应应具有相关性、完整性、有用性、无害性，符合规定的格式，并遵循用户的意图。

由于监控的方法有很多，因此制定监控策略非常重要。在制定策略时应考虑以下几点。

- **监控指标**：根据所需的模型性能定义关键指标，如预测准确性、延迟、吞吐量等。
- **监控频率**：应根据模型对运行的关键程度确定监控频率——高度关键的模型可能需要近乎实时的监控。
- **日志记录**：日志应提供有关大规模语言模型执行的每项相关操作的全面详细信息，以便分析人员追踪任何异常情况。
- **警报机制**：如果检测到异常行为或性能急剧下降，系统应发出警报。

监控生产中的大规模语言模型和大规模语言模型应用程序有多种用途，包括评估模型性能、检测异常或问题、优化资源利用率以及确保一致和高质量的输出。通过验证、影子启动和解释，以及可靠的离线评估，持续评估大规模语言模型应用程序的行为和性能，企业可以识别和降低潜在风险，维护用户信任，并提供最佳体验。

在监控大规模语言模型和大规模语言模型应用程序时，企业可以依靠一系列不同的指标来衡量性能和用户体验的不同方面。以下是一份扩展清单，涵盖了更广泛的评估领域。

- **推理延迟**：衡量大规模语言模型应用程序处理请求和生成响应所需的时间。延迟越低，用户得到的响应越快、越热情。
- **每秒查询次数(Query per Second，QPS)**：计算大规模语言模型在给定时间内可处理的查询或请求数量。监控 QPS 有助于评估可缩放性和容量规划。
- **每秒词元数(Token per Second，TPS)**：跟踪大规模语言模型应用程序生成词元的速度。TPS 指标有助于估算计算资源需求和了解模型效率。
- **词元使用量**：词元数量与硬件利用率、延迟和成本等资源使用情况相关。
- **错误率**：监控大规模语言模型应用程序响应中发生的错误或故障，确保错误率保持在可接受的范围内，以保持输出质量。
- **资源利用率**：测量计算资源(如 CPU、内存和 GPU)的消耗情况，降低成本并避免瓶颈。
- **模型漂移**：通过将大规模语言模型应用程序的输出与基线或基本事实进行比较，检测大规模语言模型应用程序行为随时间发生的变化，来确保模型保持准确并与预期结果保持一致。
- **超出分布范围的输入**：识别超出大规模语言模型训练数据预期分布的输入或查询，这些输入或查询可能会导致意外或不可靠的响应。
- **用户反馈指标**：监控用户反馈渠道，深入了解用户满意度，确定需要改进的地方，并验证大规模语言模型应用程序的有效性。
- **用户参与度**：可以跟踪用户与应用程序的互动情况；例如，会话的频率和持续时间或特定功能的使用情况。
- **工具/检索使用情况**：检索和工具使用情况的实例分解。

上述清单只是一小部分。网站可靠性工程(Site Reliability Engineering，SRE)中与任务性能或应用行为相关的更多指标可以轻松扩展此列表。

数据科学家和机器学习工程师应使用 LIME 和 SHAP 等模型解释工具检查过时、不正确的学习和偏差。最具预测性的特征突然发生变化可能表明存在数据泄露。

离线指标(如 AUC)并不总是与在线对转化率的影响相关联，因此必须找到可靠的离线指标，将其转化为与业务相关的在线收益，最好是直接指标，如系统直接影响的点击和购买。

在下一节中，将通过监控智能体的轨迹开始学习可观察性之旅。本节方法的完整代码可在 GitHub 上获取，位于本书对应的代码库的 monitoring_and_evaluation 目录中。

9.4.1　跟踪响应

这里的跟踪是指记录响应的完整来源，包括工具、检索、包含的数据以及生成输出时使用的大规模语言模型。这是审计和重现响应的关键。

> **注意：**
> **跟踪**一般是指记录和管理应用程序或系统中特定操作或一系列操作信息的过程。例如，在机器学习应用或项目中，跟踪可能涉及记录不同实验或运行中的参数、超参数、指标和结果。它提供了一种记录随时间推移的进展和变化的方法。
> 另一方面，**追踪**是一种更专业的跟踪形式。它涉及记录软件/系统的执行流程。特别是在分布式系统中，单个事务可能跨越多个服务，追踪有助于维护审计或面包屑跟踪，这是有关请求通过系统路径的详细信息来源。通过这种细粒度的信息源，开发人员可以了解各种微服务之间的交互，并通过准确识别事务路径中出现延迟或故障的位置来排除故障。
> 为了便于理解大规模语言模型上下文，将在本节中交替使用跟踪和追踪这两个术语。

由于智能体具有广泛的操作和生成能力，因此跟踪智能体的轨迹可能具有挑战性。LangChain 自带轨迹跟踪和评估功能，因此通过 LangChain 查看智能体的轨迹非常简单！只需要在初始化智能体或大规模语言模型时将 return_intermediate_steps 参数设置为 True 即可。

让我们将工具定义为函数。重复使用函数 docstring 作为工具描述很方便。该工具首先向一个网站地址发送 ping，然后返回有关传输包和延迟的信息，如果出现错误，则返回错误信息。

```
import subprocess
from urllib.parse import urlparse
from pydantic import HttpUrl
from langchain.tools import StructuredTool
```

```
def ping(url: HttpUrl, return_error: bool) -> str:
    """Ping the fully specified url. Must include https:// in the url."""
    hostname = urlparse(str(url)).netloc
    completed_process = subprocess.run(
    ["ping", "-c", "1", hostname], capture_output=True, text=True
    )
    output = completed_process.stdout
    if return_error and completed_process.returncode != 0:
        return completed_process.stderr
    return output

ping_tool = StructuredTool.from_function(ping)
```

现在，建立一个智能体，使用该工具和大规模语言模型根据提示进行调用。

```
from langchain_openai.chat_models import ChatOpenAI
from langchain.agents import initialize_agent, AgentType

llm = ChatOpenAI(model="gpt-3.5-turbo-0613", temperature=0)
agent = initialize_agent(
    llm=llm,
    tools=[ping_tool],
    agent=AgentType.OPENAI_MULTI_FUNCTIONS,
    return_intermediate_steps=True, # 重要
)
result = agent("What's the latency like for https://langchain.com?")
```

智能体报告以下内容：

```
The latency for https://langchain.com is 13.773 ms
```

在 results["intermediate_steps"]中，可以看到大量有关智能体操作的信息。

```
[(_FunctionsAgentAction(tool='ping', tool_input={'url': 'https://
langchain.com', 'return_error': False}, log="\nInvoking: `ping` with
`{'url': 'https://langchain.com', 'return_error': False}`\n\n\n", message_
log=[AIMessage(content='', additional_kwargs={'function_call': {'name':
'tool_selection', 'arguments': '{\n "actions": [\n {\n "action_
name": "ping",\n "action": {\n "url": "https://langchain.
com",\n "return_error": false\n }\n }\n ]\n}'}},
example=False)]), 'PING langchain.com (35.71.142.77): 56 data bytes\
n64 bytes from 35.71.142.77: icmp_seq=0 ttl=249 time=13.773 ms\
n\n--- langchain.com ping statistics ---\n1 packets transmitted, 1
packets received, 0.0% packet loss\nround-trip min/avg/max/stddev =
13.773/13.773/13.773/0.000 ms\n')]
```

通过提供系统的可视性以及帮助问题识别和优化，这种跟踪和评估非常有用。

LangChain 文档演示了如何使用轨迹评估器来检查整个行动序列及其生成的响应，并对 OpenAI 功能智能体进行评分。这可能是非常强大的功能！

让我们看看 LangChain 之外还有哪些可观察性工具！

9.4.2　可观察性工具

下面来看看 LangChain 之外还有哪些可观察性。在 LangChain 中集成或通过回调的工具有很多，如下所示。

- **Argilla**：Argilla 是一个开源的数据整理平台，可以将用户反馈(人机回环工作流程)与提示和响应集成在一起，以整理数据集进行微调。
- **Portkey**：Portkey 为 LangChain 增加了基本的 MLOps 功能，如监控详细指标、追踪链、缓存以及通过自动重试实现可靠性。
- **Comet.ml**：Comet 为跟踪实验、比较模型和优化人工智能项目提供了强大的 MLOps 功能。
- **LLMonitor**：跟踪大量指标，包括成本和使用分析(用户跟踪)、追踪和评估工具(开源)。
- **DeepEval**：记录默认指标，包括相关性、偏差和毒性。还有助于测试和监控模型漂移或退化。
- **Aim**：ML 模型的开源可视化和调试平台。它记录输入、输出和组件的序列化状态，可对单个 LangChain 执行进行可视化检查，并对多个执行进行并排比较。
- **Argilla**：一个开源平台，用于跟踪机器学习实验中的训练数据、验证准确性、参数等。
- **Splunk**：Splunk 的机器学习工具包可为生产中的机器学习模型提供可观察性。
- **ClearML**：一款开源工具，用于自动化训练管道，实现从研究到生产的无缝转移。
- **IBM Watson OpenScale**：该平台可通过快速识别和解决问题来洞察人工智能的健康状况，从而帮助降低风险。
- **DataRobot MLOps**：监控和管理模型，在问题影响性能之前发现问题。
- **Datadog APM 集成**：通过该集成，可以捕获 LangChain 请求、参数、提示完成，并可视化 LangChain 操作。还可以捕获请求延迟、错误和词元/成本使用等指标。
- **权重和偏差(Weights and Biases，W&B)追踪**：已经举例说明了如何使用 W&B 监控精细训练的收敛性，但它也有跟踪其他指标、记录和比较提示的功能。
- **Langfuse**：有了这一开源工具，就能方便地监控有关 LangChain 智能体和工具的延迟、成本和分数的详细信息。
- **LangKit**：从提示和响应中提取信号，以确保安全。它目前专注于文本质量、相关性指标和情感分析。

还有更多处于不同成熟阶段的工具。例如，AgentOps SDK 的目标是提供一个接口，用于评估和开发稳健可靠的人工智能智能体，它还与 LangChain 集成。

这些集成大多很容易集成到大规模语言模型管道中。例如，对于 W&B，可以通过将 LANGCHAIN_WANDB_TRACING 环境变量设置为 True 来启用追踪功能。或者，你也可以使用带有 wandb_tracing_enabled() 的上下文管理器来追踪特定代码块。使用

Langfuse，可以将 langfuse.callback.CallbackHandler()作为参数传递给 chain.run()调用。

其中一些工具是开源的，这些平台的最大优点是允许完全定制和内部部署，适用于注重隐私的用例。例如，Langfuse 是开源的，并提供自托管选项。选择最适合你需求的选项，并按照 LangChain 文档中提供的说明为你的智能体启用追踪功能。由于该平台最近才发布，我相信它还会有更多新功能，但能看到智能体执行的踪迹、检测循环和延迟问题已经很棒了。它还能与合作者共享追踪和统计信息，共同讨论改进措施。

现在让我们看看 LangSmith，它是 LangChain 的另一个配套项目，专为可观察性而开发！

9.4.3　LangSmith

LangSmith 是一个用于调试、测试、评估和监控大规模语言模型应用程序的框架，由 LangChain 背后的组织机构 LangChain AI 开发和维护。LangSmith 通过提供涵盖 MLOps 流程多个方面的功能，成为 MLOps(特别是大规模语言模型)的有效工具。通过提供调试、监控和优化功能，它可以帮助开发人员将大规模语言模型应用程序从原型推向生产。

LangSmith 允许你
- 记录 LangChain 智能体、链和其他组件的运行轨迹。
- 创建数据集，对模型性能进行基准测试。
- 配置人工智能辅助评估器，对模型进行评级。
- 查看指标、可视化和反馈，以迭代和改进大规模语言模型。

在 LangSmith Web 界面上，可以获得大量统计图表，这些统计图表对于优化延迟、硬件效率和成本非常有用，见图 9.5。

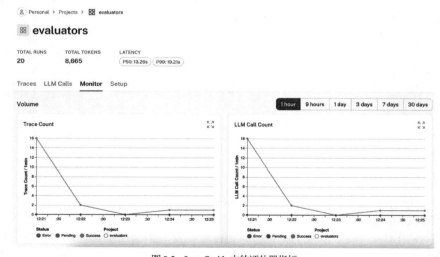

图 9.5　LangSmith 中的评估器指标

监控仪表板包括表 9.2 所示的可按不同时间间隔细分的图表。

表 9.2　LangSmith 中的统计数据

统计资料	类别
追踪计数、大规模语言模型调用计数、追踪成功率、大规模语言模型调用成功率	数量
追踪延迟(秒)、大规模语言模型延迟(秒)、每次追踪的大规模语言模型调用、词元/秒	延迟
总词元数、每次追踪的词元数、每次大规模语言模型调用的词元数	词元
带流的追踪百分比、带流的大规模语言模型调用百分比、追踪到首次词元的时间(毫秒)、大规模语言模型到首次词元的时间(毫秒)	流

图 9.6 所示是 LangSmith 中运行基准数据集的跟踪示例，在"如何评估大规模语言模型应用程序"部分看到了这个示例。

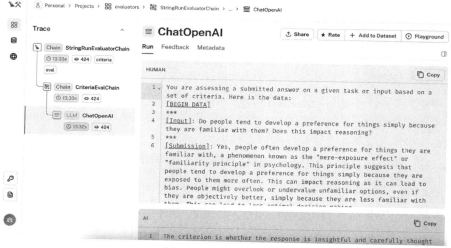

图 9.6　LangSmith 中的追踪

该平台本身并不开源，不过，LangSmith 和 LangChain 背后的公司 LangChain AI 为有隐私顾虑的组织提供了一些自托管支持。不过，LangSmith 也有一些替代品，如 Langfuse、Weights and Biases、Datadog APM、Portkey 和 PromptWatch，它们在功能上有一些重叠。在此，将重点介绍 LangSmith，因为它具有大量评估和监控功能，而且与 LangChain 集成在一起。

在下一节中，将演示如何利用 PromptWatch 在生产环境中对大规模语言模型进行及时跟踪。

9.4.4　PromptWatch

PromptWatch 记录了交互过程中有关响应缓存、链执行、提示和生成输出的信息。

追踪和监控对于调试和确保审计踪迹非常有用。通过 PromptWatch.io，甚至可以跟踪大规模语言模型链、操作、检索文档、输入、输出、执行时间、工具详细信息等各个方面，从而实现系统的完全可见性。

注意
请确保在线注册 PromptWatch.io，并获取 API 密钥——可以在账户设置中找到该密钥。

下面先把导入依赖软件包，然后就可以使用 LangChain 和 PromptWatch 了：

```
from langchain import LLMChain
from langchain_core.prompts import PromptTemplate
from langchain_openai import OpenAI
from promptwatch import PromptWatch
```

正如第 3 章中所述，已经在 set_environment()函数中设置了环境中的所有 API 密钥。如果你听从了我的建议，就可以用它完成导入。

```
from config import set_environment

set_environment()
```

如果没有，请确保按照自己喜欢的方式设置环境变量。接下来，需要设置一个提示和一个链。通过使用 PromptTemplate 类，可以在提示模板中配置一个变量 input，该变量表示用户输入应放在提示中的哪个位置。

```
prompt_template = PromptTemplate.from_template("Finish this sentence
{input}")
my_chain = LLMChain(llm=OpenAI(), prompt=prompt_template)
```

可以创建一个 PromptWatch 块，在该块中调用大规模语言模型链的输入提示。

```
with PromptWatch() as pw:
    my_chain("The quick brown fox jumped over")
```

这是模型根据所提供的提示生成响应的一个简单示例。可以在 PromptWatch.io 上看到(见图 9.7)。

可以看到提示以及大规模语言模型的响应。还可以获得一个带有活动时间序列的仪表板，在仪表板上可以深入查看特定时间的响应。这对于有效监控和分析实际场景中的提示、输出和成本似乎非常有用。

该平台允许在 Web 界面上进行深入分析和故障排除，使用户能够找出问题的根本原因并优化提示模板。我们本可以探讨更多内容，例如提示模板和版本管理，但这里只能介绍这么多。promptwatch.io 还可以帮助我们进行单元测试和版本管理提示模板。

图 9.7 PromptWatch.io 中的提示跟踪

9.5 小结

将经过训练的大规模语言模型从研究带入现实世界的生产中，需要克服许多复杂的挑战，如可扩展性、监控和意外行为。要负责任地部署有能力、可靠的模型，就必须围绕可扩展性、可解释性、测试和监控进行周密计划。微调、安全干预和防御性设计等技术使我们能够开发出产生有益、无害和可读输出的应用程序。通过精心设计和准备，生成式人工智能将为从医疗到教育的各个行业带来巨大的潜在利益。

我们深入研究了部署和用于部署的工具。特别是，我们使用 FastAPI 和 Ray 部署了应用程序。在前面的章节中，我们使用了 Streamlit。还可以探索更多的工具，例如最近新出现的 LangServe，它是针对 LangChain 应用程序开发的。虽然它还相对较新，但它未来大有发展，因此绝对值得关注。要评估大规模语言模型的性能和质量，对其进行评估非常重要。然后，讨论了监测大规模语言模型的意义，强调了全面监测战略需要跟踪的关键指标，并举例说明了如何在实践中跟踪指标。最后，研究了不同的可观测性工具，如 PromptWatch 和 LangSmith。

在下一章，也就是最后一章中，将讨论生成式人工智能的未来。

9.6 问题

请试试看能否凭记忆回答这些问题。如果你对其中任何一个问题不确定，不妨参考本章的相应章节。

1. 在你看来，描述语言模型、大规模语言模型应用程序或依赖于生成式模型的应用程序的操作化的最佳术语是什么？

2. 什么是词元，为什么在查询大规模语言模型时要了解词元的使用情况？

3. 如何评估大规模语言模型应用程序？

4. 哪些工具有助于评估大规模语言模型应用程序？

5. 在生产部署智能体时有哪些注意事项?

6. 列举几个用于部署的工具。

7. 在生产中监控大规模语言模型有哪些重要指标?

8. 如何监控大规模语言模型应用程序?

9. 什么是 LangSmith?

第**10**章
生成式模型的未来

在本书中，到目前为止，已经讨论了用于构建应用程序的生成式模型，并实现了一些简单的模型——例如，用于语义搜索、内容创建的应用程序、客户服务智能体，以及用于开发人员和数据科学家的助手。探讨了工具使用、智能体策略、语义搜索与检索增强生成，以及通过提示和微调对模型进行调节等技术。在本章中，将讨论这一切给我们带来的影响，以及未来将如何发展。将考虑生成式模型的弱点和社会技术挑战，以及缓解和改进策略。将重点关注创造价值的机会，在这些机会中，针对特定用例的基础模型的独特定制尤为突出。目前仍无法确定哪些实体——大型科技公司、初创企业或基础模型开发者——将获得最大的收益。我们还将评估和解决人工智能带来的灭绝威胁等问题。

鉴于人工智能在提高各行各业生产率方面的巨大潜力我们将讨论对多个行业就业的潜在影响，以及创意产业、教育、法律、制造、医疗和军事领域的颠覆性变革。最后，我们将评估和解决诸如虚假信息、网络安全、隐私和公平性等问题，并思考生成式人工智能带来的变化和颠覆应如何影响法规和实际实施。

本章主要内容：
- 生成式人工智能的现状
- 经济后果
- 社会影响

10.1　生成式人工智能的现状

正如本书所讨论的，近年来，生成式人工智能模型在制作文本、图像、音频和视频等各种模式的类人内容方面取得了新的里程碑。OpenAI 的 GPT-4 和 DALL-E 2 以及 Anthropic 的 Claude 等领先模型在内容生成方面的流畅程度令人印象深刻，无论是文本还是创意视觉艺术。

2022 年至 2023 年间，人工智能模型取得了长足进步，能够生成高质量的三维图像、视频和连贯的文本，其流畅程度可与人类相媲美。利用大型数据集和计算能力，这些模型可以理解语言、翻译、摘要、创造艺术和描述图像。它们模仿人类的创造力，生成原创艺术、诗歌和具有人类水平的散文，并综合来自不同来源的信息。然而，这些模型也有弱点。它们经常会产生似是而非但不正确的陈述，在数学、逻辑或因果推理方面也很吃力。它们可能会被复杂的问题所迷惑，缺乏可解释性，并且存在控制问题。此外，人工智能模型可能会延续其训练数据中存在的偏见，加剧社会不平等。

表 10.1 总结了当前生成式人工智能与人类认知相比的主要优势和不足之处。

表 10.1 大规模语言模型的优势与不足

类别	人类认知	生成式人工智能模型
语言流畅度	与语境相关，从世界知识中汲取意义	能言善辩，反映语言模式
知识	从学习和经验中获得概念理解	缺乏基础的统计综合
创造性	反映个性和天赋的独创性	富有想象力，但局限于训练分布
事实准确性	通常符合事实和物理现实	幻觉会反映训练数据偏差
推理能力	凭直觉，但可在训练后应用启发式方法	逻辑严格受限于训练分布
偏见	有时能识别并克服固有偏见	在数据中传播系统性偏见
透明度	通过"有声思维"技巧获得部分的、主观的见解	通过思维链提示进行合理的推理

不过，我们应该记住，这种人类与人工智能的差距分析是为了突出有待改进的领域——正如在雅达利游戏、国际象棋和围棋等领域所看到的那样，如果训练得当，人工智能可以达到超人的水平，而我们在很多领域还未曾达到上限。让我们从更广泛的角度看待释放生成式人工智能系统能力所涉及的一些社会技术挑战，并讨论克服这些挑战的方法！

10.1.1 挑战

生成式人工智能系统拥有巨大的潜力，如果继续以这样的速度发展下去，它将有大好前景。表 10.2 总结了一些技术和组织方面的挑战，以及应对这些挑战的方法。

表 10.2 生成式人工智能的挑战和潜在解决方案

挑战	潜在的解决方案
知识新鲜度(+概念漂移)	持续学习方法，如弹性权重整合、数据流摄取管道和高效的重新训练程序
专业知识	针对特定任务的演示和提示、作为检索增强生成(RAG)的知识检索
下游适应性	策略性微调方法、灾难性遗忘缓解和优化硬件访问
偏差输出	偏差缓解算法、平衡训练数据、审计、包容性训练和跨学科研究
有害内容的生成	调节系统、中断和纠正，以及 RLHF 等调节方法

(续表)

挑战	潜在的解决方案
逻辑不一致	混合架构、知识库和检索增强
事实不准确	检索增强、知识库和一致的知识库更新
缺乏可解释性	模型自省、概念归属和可解释的模型设计
隐私风险	差异化隐私、联邦学习、加密和匿名化
高延迟和计算成本	模型蒸馏、微调、量化、优化硬件和高效模型设计
许可限制	开放/合成数据、定制数据和公平许可协议
安全性/脆弱性	对抗鲁棒性和网络安全最佳实践
治理	合规框架和道德发展治理

如你所见，生成式人工智能面临的挑战不仅仅是改进内容生成，还包括环境可持续性、算法公平性和个人隐私。为了确保人工智能的公平性，纳入平衡数据集、应用偏差缓解算法、通过约束优化来实现公平性以及促进包容性等步骤尽管复杂，但也是必不可少的。为了消除人工智能输出的潜在危害，如毒性或虚假信息(幻觉)，可以采用基于人类反馈的强化学习等技术，并将反应建立在经过验证的知识基础上。此外，通过差分隐私、联邦学习和实时内容校正等保护隐私的方法来保护敏感数据，也是维护用户尊严的基础。

与此同时，随着生成模型在现实世界中的渗透，如何跟上不断发展的信息环境、理解专业领域以及灵活适应新出现的需求，都成为了新的障碍。要应对这些挑战，必须考虑到人工智能发展的整个生命周期，采取广泛的应对措施。这些对策包括以一致性和结构性知识整合为重点的创新训练目标、提高可控性的模型设计，以及提高基础设施效率的软件和硬件优化。

最有效的发展之一是灵活的用户控制。在研发方面的共同努力下，我们的目标是引导生成式人工智能与社会价值观保持一致。出于计算效率和成本的考虑，这意味着要从预训练转向专门的下游调节(特别是微调和提示技术)。反过来，这又会导致应用人工智能核心技术的初创企业激增。技术创新加上人工智能发展的监管和透明度，将确保生成式人工智能在提高人类能力的同时不损害道德标准。

下面看看模型开发的一些新趋势！

10.1.2　模型开发的趋势

目前，超大模型的训练计算时间约 8 个月翻一番，超过了摩尔定律(晶体管密度的成本增长速度目前约为 18 个月)和洛克定律(GPU 和 TPU 等硬件的成本每 4 年降低一半)等缩放法则。

图 10.1 说明了大模型训练计算的这一趋势(来源：Epoch, *Parameter, Compute, and Data Trends in Machine Learning*. 取自 https://epochai.org/mlinputs/visualization)。

著名的人工智能模型

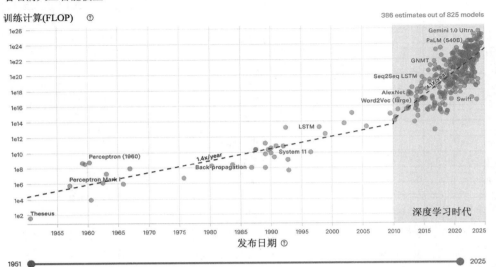

图 10.1　著名人工智能系统的训练 FLOP

　　图 10.1 的要点是计算量的增加，这一点自 20 世纪 60 年代以来就很明显，而右上方则是深度学习时代模型的寒武纪大爆发。正如第 1 章中所讨论的，大型系统的参数大小一直在与训练计算相似的速度增长，这意味着如果这种增长继续下去，可能出现更大、更昂贵的系统。

　　根据给定的训练预算、数据集大小和参数数量，经验得出的缩放法则可以预测大规模语言模型的性能。这可能意味着功能强大的系统将集中在大科技公司手中。

>
>
> **注意：**
>
> Kaplan 等人通过对不同数据规模、模型规模和训练计算量下的模型性能进行经验分析和拟合，提出了 **KM 缩放法则**，呈现出幂律关系，表明模型性能与模型规模、数据集规模和训练计算量等因素之间存在很强的相互依赖性。
>
> 谷歌 DeepMind 团队开发的**钦奇拉缩放法则**涉及更广泛的模型大小和数据大小实验，并提出将计算预算分配到模型大小和数据大小的最佳分配方案，该方案可通过在约束条件下优化特定的损失函数来确定。

　　然而，未来的进展可能更多地取决于数据效率和模型质量，而不是单纯的规模。虽然庞大的模型抢占了头条新闻，但计算力和能源约束限制了模型的无限制增长。此外，目前还不清楚性能是否会随着参数的增长而进一步提高。未来，大规模通用模型可能会与更小、更易使用的专业利基模型并存，后者的训练、维护和推理更快、成本更低。

　　事实已经表明，较小的专门模型也能提供很高的性能。正如第 6 章中提到的，我们最近看到了一些模型，如 phi-1(*Textbooks Are All You Need*，Gunasekar 等，2023)，拥有约 10 亿个参数，尽管规模较小，但在评估基准测试上却达到了很高的准确性。作者认为，提高数据质量可以显著改变缩放法则的形状。

此外，还有大量关于简化模型架构的工作，这些模型架构的参数少得多，但准确度却仅略有下降(例如，*One Wide Feedforward is All You Need*，Pessoa Pires 等，2023)。此外，微调、量化、蒸馏和提示技术等技术可以使较小的模型利用大型基础的能力，而不需要复制其成本。为了弥补模型的局限性，搜索引擎和计算器等工具已被整合到智能体中，多步推理策略、插件和扩展可能会越来越多地用于扩展能力。

人工智能模型训练成本迅速降低，代表格局发生了重大转变，更多人能够参与到人工智能的前沿研究中来。如前所述，这一趋势主要由几个因素促成，包括训练机制的优化、数据质量的提高以及新型模型架构的引入。下面简要总结使生成式人工智能更易获得、更有效的技术和方法。

- **简化模型架构**：简化模型设计，以便于管理、提高可解释性和降低计算成本。
- **合成数据生成**：创建人工训练数据，在保护隐私的同时增强数据集。
- **模型蒸馏**：将大模型中的知识转移到更小、更高效的模型中，以便于部署。
- **优化推理引擎**：提高在特定硬件上执行人工智能模型的速度和效率的软件框架。
- **专用人工智能硬件加速器**：GPU 和 TPU 等专用硬件，可显著加快人工智能计算速度。
- **开源和合成数据**：高质量的公共数据集可促进合作，合成数据可提高隐私性并有助于减少偏见。
- **量化**：通过减少权重和激活的比特大小，将模型转换为更低精度的模型，从而减少模型大小和计算成本。
- **纳入知识库**：将模型输出建立在事实数据库的基础上，可减少幻觉并提高准确性。
- **检索增强生成**：通过检索来源的相关信息来增强文本生成。
- **联邦学习**：在分散数据上训练模型，以提高隐私性，同时从不同来源中获益。
- **多模态**：越来越多的顶级模特不仅使用语言，还使用图像、视频和其他模态。

在有助于降低这些成本的技术进步中，量化技术已成为一个重要的贡献者。开源数据集和合成数据生成等技术通过提供高质量、数据高效的模型开发，并消除对庞大的专有数据集的依赖，进一步实现了人工智能训练的民主化。开源计划为创新提供了具有成本效益的协作平台，从而推动了这一趋势。

这些创新成果通过以下方式共同降低了迄今为止阻碍现实世界中生成式人工智能在各个领域应用的障碍。

- 通过量化和蒸馏，将大模型的性能压缩到更小的形式因素中，从而降低了财务障碍。
- 通过联邦和合成技术规避暴露，降低了隐私风险。
- 通过外部信息的基础生成，缓解了小型模型的精度限制。

- 专用硬件成倍提高吞吐量，而优化软件则最大限度地利用现有基础设施。
- 通过解决成本、安全性和可靠性等制约因素，实现访问的民主化，为更多的受众带来益处，将生成创造力从狭隘的集中转向增强人类的各种才能。

目前的趋势正在从单纯关注模型大小和粗暴计算转向采用巧妙、细致的方法，最大限度地提高计算效率和模型效率。随着量化和相关技术门槛的降低，我们将迎来一个更加多样化、更加充满活力的人工智能发展时代。在这个时代，资源财富并不是决定人工智能创新领导力的唯一因素。

这可能意味着市场的民主化，我们现在就将看到这一点。

10.1.3 大科技公司与小企业

至于技术的传播，主要存在两种情况。在集中式场景中，生成式人工智能和大规模语言模型主要由大型科技公司开发和控制，这些公司在必要的计算硬件、数据存储和专业人工智能/大规模语言模型人才方面投入巨资。这些实体从规模经济和资源中获益，从而能够承担训练和维护这些复杂系统的高昂成本。它们制作的通用专有模型通常可通过云服务或 API 供他人使用，但这些一刀切的解决方案可能无法完全满足每个用户或组织的要求。

相反，在自助场景中，公司或个人承担起训练自己的人工智能模型的任务。这种方法可以根据用户的特定需求和专有数据定制模型，提供更有针对性和相关性的功能。然而，这一途径传统上需要大量的人工智能专业知识、大量的计算资源和严格的数据隐私保护措施，这对于规模较小的实体来说可能过于昂贵和复杂。

关键问题是这些场景将如何共存和发展。目前，由于自助服务模式所需的成本和专业知识方面的障碍，集中式场景占主导地位。然而，随着人工智能的民主化——计算成本的下降、人工智能训练和工具的普及以及简化模型训练的创新——对于小型组织、地方政府和社区团体来说，自助服务场景可能会变得越来越可行。

随着这两种商业模式的不断发展，可能会出现一种混合格局，在这种格局中，两种方法都能根据用例、资源、专业知识和隐私考虑因素发挥不同的作用。大型公司可能会继续在提供行业特定模型方面表现出色，而小型实体则会越来越多地训练或微调自己的模型，以满足利基需求。这种格局的演变将在很大程度上取决于人工智能的进步速度，这种进步能使人工智能更容易获得、更具成本效益、更简单易用，同时又不影响其稳健性或隐私性。

如果出现了稳健的工具来简化人工智能开发并使其自动化，那么地方政府、社区团体和个人甚至可以采用定制的生成式模型来应对超本地化的挑战。虽然大型科技公司目前主导着生成式人工智能的研发，但较小的实体最终可能会从这些技术中获得最大收益。随着计算、数据存储和人工智能人才成本的下降，定制预训练专业模型对中小型公司来说变得可行。

在 3～5 年的时间内，计算和人才可用性方面的限制可能会大大缓解，从而侵蚀大规模投资所形成的集中式护城河。具体来说，如果云计算成本如预计的那样下降，并且人工智能技能通过教育和自动化工具变得更加普及，那么对许多公司来说，自我训练定制大规模语言模型可能变得可行。

不依赖大科技公司的通用模型，根据细分数据集进行微调的定制生成式人工智能可以更好地满足独特的需求。初创企业和非营利组织往往擅长快速迭代，为专业领域打造最前沿的解决方案。通过降低成本实现民主化访问，可以让这些专注于特定领域的公司训练出性能超越通用系统的模型。

在下一节中，将讨论通用人工智能(Artificial General Intelligence，AGI)的潜力以及超级智能人工实体的恶意行为所带来的灭绝威胁。

10.1.4　通用人工智能

并非所有大规模语言模型的能力都能随着模型规模大小而变化。由于计算力增长以外的因素，上下文中学习等能力可能仍然是特别大型的模型所独有的。有人猜测，持续扩展——在更大的数据集上训练更大的模型——可能会带来更广泛的技能组合，有人认为，这将有助于开发出推理能力与人类相当或超越人类的 AGI。

然而，目前的神经科学观点和现有人工智能结构的局限性提供了令人信服的论据，反对立即向 AGI 跃进[受 Jaan Aru 等 2023 年撰写的文章 "The feasibility of artificial consciousness through the lens of neuroscience" 中的讨论启发]

- **缺乏具身的嵌入式信息**：当前一代的大规模语言模型缺乏多模态和具身体验，主要是在文本数据上进行训练。相比之下，人类的常识和对物理世界的理解是通过涉及多种感官的丰富多样的互动形成的。
- **与生物大脑不同的架构**：GPT-4 等模型中使用的堆叠 Transformer 架构相对简单，缺乏丘脑皮层系统的复杂递归和层次结构，而丘脑皮层系统被认为是人类意识和一般推理的基础。
- **能力狭窄**：现有模型仍然专门用于文本等特定领域，在灵活性、因果推理、规划、社交技能和一般的问题解决能力方面存在不足。这种情况可能会随着工具使用的增加或模型的根本性变化而发生改变。
- **最低限度的社交能力或意图**：目前的人工智能系统除了训练目标之外，没有与生俱来的动机、社会智能或意图。对恶意目标或统治欲望的担忧似乎是没有根据的。
- **对现实世界的了解有限**：尽管可以摄取大量数据集，但与人类相比，大模型的事实知识和常识仍然非常有限。这阻碍了其在物理世界中的适用性。
- **数据驱动的局限性**：依赖于训练数据的模式识别而非结构化知识，很难对新情况进行可靠的泛化。

鉴于当前模型的局限性和智能体能力的缺乏，今天的人工智能迅速演变成危险的超级智能是几乎不可能的。在制定法规时，我们必须警惕"监管俘虏"，即占主导地位的行业参与者援引人工智能驱动毁灭的牵强场景，来转移人们对紧迫问题的关注，并制定符合自身利益的规则，从而可能将较小实体和公众的关注边缘化。然而，持续关注安全研究和伦理问题至关重要，尤其是随着人工智能的发展。

下面讨论更广泛的经济问题，以及一个被大家视而不见的棘手问题——就业问题！

10.2　经济后果

通过跨行业的自动化任务，集成生成式人工智能有望大大提高生产率——尽管考虑到变革的速度，仍存在劳动力中断的风险。假设计算规模可持续扩大，预计到 2030 年，30%～50%的现有工作活动将实现自动化，全球 GDP 每年将增加 6 万亿至 8 万亿美元。客户服务、市场营销、软件工程和研发等部门的用例价值可能超过 75%。然而，过去的创新最终催生了新的职业，这表明了长期的重新调整。

发达地区的自动化普及速度可能会更快，最初会取代行政、创意和分析类职位。然而，自动化不仅仅会造成就业机会的流失——目前，美国工人的工作中只有不到 20%似乎可以直接通过大规模语言模型实现自动化。但是，经过大规模语言模型增强的软件可以改变 50%的工作任务，这证明了互补性创新所带来的力量倍增效应。因此，自动化对劳动力的影响依然复杂——在提高生产力的同时，过渡性阵痛依然存在。不过，人工智能的进步与新兴专业化之间的良性循环表明，人们希望人工智能的发展超过冗余。

语言模型和生成式人工智能的进步会对工作产生什么影响呢？以下是一些重要预测。

- 起草草案等常规法律工作将逐渐实现自动化，从而改变初级律师和律师助理的工作角色。
- 软件工程领域将出现越来越多的人工智能编码助手来处理琐碎的工作，从而使开发人员能够专注于复杂问题的解决。
- 数据科学家将把更多时间花在完善人工智能系统上，而不是从头开始建立预测模型。
- 专业职位的需求将继续上升。
- 教师将利用人工智能备课和为学生提供个性化支持。
- 记者、律师助理和平面设计师将利用生成式人工智能提高内容创作水平。
- 对人工智能伦理、法规和安全专家的需求将不断增长，以监督负责任的发展。
- 音乐家和艺术家将与人工智能合作，促进创造性表达和可访问性。
- 共同点是，虽然日常工作面临越来越多的自动化，但引导人工智能方向并确保负责任结果的人类专业知识仍然不可或缺。

虽然某些工作在短期内可能会被人工智能取代，尤其是常规认知任务，但人工智能可能会使某些活动自动化，而不是淘汰整个职业。数据科学家和程序员等技术专家仍将是开发人工智能工具并充分发挥其商业潜力的关键。通过自动执行生搬硬套的任务，模型可以腾出人类的时间来从事更高价值的工作，从而提高经济产出。

由于使用基础模型构建生成式人工智能工具相对容易，人们开始担心饱和度。对模型和工具进行定制将有助于创造价值，但目前还不清楚谁能获得最大的收益，也不清楚这些应用的功能有多强大。虽然目前市场炒作很热，但鉴于 2021 年人工智能繁荣/萧条周期后估值降低和怀疑态度，投资者的决策也会有所收敛。长期的市场影响和成功的人工智能商业模式尚未展现。

> **注意：**
> **2021 年的人工智能繁荣/萧条周期是指人工智能初创领域的投资和增长迅速加速，随后由于预测未能实现，估值下降，市场在 2022 年趋冷并趋于稳定。**
> 以下是简要概述。
>
> - **繁荣阶段(2020—2021 年)：** 人们对提供计算机视觉、自然语言处理、机器人技术和机器学习平台等创新能力的人工智能初创企业兴趣浓厚，投资激增。2021 年，人工智能初创企业的融资总额创下了纪录，根据 Pitchbook 的数据，全球投资额超过 730 亿美元。在此期间，数百家人工智能初创企业成立并获得融资。
> - **萧条期(2022 年)：** 2022 年，市场出现调整，人工智能初创企业的估值从 2021 年的高点大幅下降。Anthropic 和 Cohere 等几家备受瞩目的人工智能初创企业面临估值缩水。许多投资者在投资人工智能初创企业时变得更加谨慎和挑剔。更广泛的科技行业的市场调整也是导致萧条的原因之一。
> - **成熟期开始(2023—2024 年)：** 尽管市场出现调整，但企业开始大量投资人工智能硬件。这表现在"Nvidia 现象"中，当时 Nvidia 的市场估值上升到了微软和苹果的水平。人工智能开始在企业软件中普及。新的参与者推出了最先进的大规模语言模型，如 01.AI(Yi 模型)、Reca 和 Quen。

随着人工智能模型变得越来越复杂，操作成本也越来越低，我们可以预见，生成式人工智能和大规模语言模型应用将大量涌入新领域。除了历来遵循摩尔定律的硬件成本直线下降外，规模经济也影响着人工智能系统。

随着成本的降低，人工智能的应用范围不断扩大，反过来又刺激了成本的进一步降低和效率的提高。这就形成了一个反馈循环，每一次效率的提升都会催化使用率的提高，而使用率的提高本身又会带来更高的效率——这种动态将极大地推动人工智能能力的前沿发展。

下面从创意行业入手，看看生成式模型将在近期产生深远影响的各个领域。

10.2.1 创意产业

游戏和娱乐行业正在利用生成式人工智能技术打造独一无二的沉浸式用户体验。创意任务自动化带来的重大效率提升可增加人们花在网上的休闲时间。生成式人工智能可以让机器通过学习模式和范例，生成新的原创内容，如艺术、音乐和文学。这对创意产业具有重要意义，因为它可以加强创意过程，并有可能创造新的收入来源。对于媒体、电影和广告业来说，人工智能为个性化动态内容创作开辟了新的领域。在新闻业，利用海量数据集自动生成文章可以让记者腾出手来，专注于更复杂的调查性报道。在新闻业，文本生成工具将传统上由人类记者完成的写作任务自动化，在保持时效性的同时大幅提高了工作效率。美联社等媒体每年使用人工智能生成的内容(AI-Generated Content，AIGC)生成数千篇报道。像《洛杉矶时报》的 Quakebot 这样的机器人记者可以迅速撰写关于突发新闻的文章。其他应用还包括彭博新闻社的 Bulletin 服务，聊天机器人可以创建个性化的单句新闻摘要。AIGC 还支持人工智能新闻主播，通过文本输入模仿人类的外表和语音，与真人主播共同播报新闻。

AIGC 正在将电影创作从编剧转变为后期制作。人工智能编剧工具分析数据，生成优化的剧本。视觉特效团队将人工智能增强的数字环境和去老化技术与实拍镜头相结合，打造沉浸式的视觉效果。深度伪造技术可以令人信服地再现或复活角色。在后期制作方面，Colourlab AI 和 Descript 等人工智能调色和编辑工具利用算法简化了色彩校正等流程。人工智能还能自动生成字幕，甚至通过在大量音频样本上训练模型来预测无声电影中的对白。这就通过字幕扩大了可访问性，并重现了与场景同步的配音。

在广告行业，AIGC 为高效、定制化的广告创意和个性化挖掘了新的潜力。人工智能生成的内容使广告商能够大规模地为个人消费者量身打造个性化、有吸引力的广告。创意广告系统(Creative Advertising System，CAS)和智能生成系统个性化广告文案(Smart Generation System Personalized Advertising Copy，SGS-PAC)等平台利用数据自动生成针对特定用户需求和兴趣的广告信息。Vinci 等工具可根据产品图片和口号定制极具吸引力的海报，Brandmark.io 等公司则可根据用户偏好生成各种 logo。GAN 技术利用关键字自动生成产品列表，实现有效的点对点营销。合成广告制作也在兴起，可实现高度个性化、可扩展的营销活动，节省时间。

在音乐领域，谷歌的 Magenta、IBM 的 Watson Beat 和索尼 CSL 的 Flow Machine 等工具可以生成原创旋律和作品。AIVA 同样可以根据用户调整的参数生成独特的作品。LANDR 的人工智能处理利用机器学习为音乐家处理和改善数字音频质量。

在视觉艺术领域，MidJourney 利用神经网络生成灵感图像，从而启动绘画项目。艺术家们利用其输出结果创作出了获奖作品。GAN 可以生成趋同于所需风格的抽象画。人工智能绘画保护对艺术品进行分析，以数字方式修复损坏和复原作品。Adobe 的 Character Animator 和 Anthropic 的 Claude 等动画工具，可以帮助生成定制的角色、场景和动作序列，让非专业人员也有可能制作动画。

在所有这些应用中，先进的人工智能通过生成内容和数据驱动的洞察力拓展了创作的可能性。在所有情况下，质量控制和正确属性都来自人类艺术家、开发人员和训练数据的贡献。随着采用范围的扩大，这一挑战将持续存在。

10.2.2　教育

在教育领域，生成式人工智能已经在改变我们的教学方式。像 ChatGPT 这样的工具可用于自动生成个性化课程和针对学生个人的定制内容。因此，一个潜在的近未来场景是，个性化人工智能辅导员和导师的崛起，可以使与人工智能驱动的经济相匹配的高需求技能教育实现民主化。人工智能辅导员可对学生的写作作业提供实时反馈，让教师能够专注于更复杂的技能。由生成式人工智能驱动的虚拟仿真还能创造出引人入胜、量身定制的学习体验，满足不同学习者的需求和兴趣。

不过，随着这些技术的发展，还需要进一步研究偏见永久化和传播虚假信息等风险。知识更新速度的加快和科学发现的过时意味着，对儿童好奇心驱动学习的训练应侧重于开发激发和维持好奇心所涉及的认知机制，如意识到知识差距并使用适当的策略来进行解决。此外，虽然为每个学生量身定制的人工智能辅导员可以让学生提高学习成绩和参与度，但较差的学校可能会落后，从而加剧不平等。各国政府应促进平等准入，防止生成式人工智能成为富裕阶层的特权。为所有学生提供民主化的机会仍然至关重要。

如果经过慎重的实施，个性化的人工智能驱动的教育可以让任何有学习动机的人都能获得关键技能。交互式人工智能助手根据学生的优势、需求和兴趣调整课程，可以使学习变得高效、吸引人和公平。然而，还需要应对与准入、偏见和社会化有关的挑战。

10.2.3　法律

像大规模语言模型这样的生成式模型可以自动完成常规法律任务，如合同审查、文件生成和摘要准备。它们还有助于更快、更全面地进行法律研究和分析。其他应用还包括用通俗易懂的语言解释复杂的法律概念，以及利用案例数据预测诉讼结果。不过，考虑到透明度、公平性和问责制等因素，负责任和合乎道德的使用仍然至关重要。总之，正确使用人工智能工具有望提高法律工作效率，促进司法公正，同时也需要对可靠性和道德规范进行持续审查。

10.2.4　制造业

在汽车领域，生成式模型被用于生成三维环境模拟，帮助汽车开发。此外，生成式人工智能还用于使用合成数据对自动驾驶汽车进行道路测试。这些模型还可以处理物体信息以理解周围环境，通过对话理解人类意图，对人类输入生成自然语言响应，并创建操作计划以协助人类完成各种任务。

还可能会看到一种由大规模语言模型控制机器人的新方法。这种趋势为创造智能机器人并将其应用于各个领域打开了大门。

由大型模型控制的机器人可能会改变所有行业，取代几乎所有劳动力。

10.2.5 医学

能够根据基因序列准确预测物理特性的模型将是医学领域的重大突破，并将对社会产生深远影响。它可以进一步加快药物发现和精准医疗的进程，更早地预测和预防疾病，加深对复杂疾病的理解，并改进基因疗法。然而，这一突破引发了有关基因工程的重大伦理问题，并可能加剧社会不平等。

神经网络新技术已被用于降低 DNA 长读取测序的错误率(Baid 等；*DeepConsensus improves the accuracy of sequences with a gap-aware sequence transformer*，2022 年 9 月)，根据 ARK 投资管理公司的一份报告(2023 年)，在短期内，这样的技术可以使人们以不到 1000 美元的价格提供第一个高质量的全长读取基因组。这意味着，大规模的基因表达模型可能也不远了。

10.2.6 军事

世界各国的军队都在投资研究致命自主武器系统(Lethal Autonomous Weapons Systems，LAWS)。机器人和无人机可以识别目标并部署致命武力，而不需要人类监督。机器可以比人类更快地处理信息和做出反应，从而消除致命决策中的情感因素。然而，这也引发了重大的道德问题。让机器决定是否应该夺取生命，跨越了一个令人不安的门槛。即使有了先进的人工智能，战争中的复杂因素，如相称性和区分平民与战斗人员，仍需要人类的判断。

如果部署完全自主的致命武器，就意味着向放弃对生死决策的控制迈出了令人震惊的一步。它们可能违反国际人道主义法，或被专制政权用来恐吓民众。一旦完全独立释放，自主杀人机器人的行动将无法预测或约束。

在未来几年里，除了经济和某些工作的中断之外，能力超强的生成式人工智能的出现可能会改变社会的许多方面。让我们从更广阔的角度思考其社会影响！

10.3 社会影响

在创意内容生成和消费方式这一更广泛社会趋势中的生成式人工智能的兴起是一个重要里程碑。互联网已经孕育了一种混搭文化，在这种文化中，衍生作品和共同创作成为规范。生成式人工智能通过重新组合现有的数字材料来创造新内容，促进了共享、迭代创作的精神，很自然地融入了这一范式。

然而，生成式人工智能大规模合成和重新混合受版权保护材料的能力带来了错综复杂的法律和道德挑战。在广泛的语料库中对这些模型进行训练，其中包括文学作品、文章、图片和其他受版权保护的作品，这就创建了一个复杂的归因和补偿网络。现有的工具很难识别人工智能生成的内容，这使得应用传统版权和著作权原则的工作变得更加复杂。这种困境凸显了对法律框架的迫切需求，这种框架既要能跟上技术进步的步伐，又要能驾驭版权所有者与人工智能生成内容之间复杂的相互作用。

我能看到的主要问题之一是虚假信息，无论是出于政治利益集团、外国行为者还是大公司的利益。

让我们讨论一下这种威胁！

10.3.1　虚假信息与网络安全

人工智能是打击虚假信息的一把双刃剑。在实现可扩展检测的同时，自动化也使复杂的个性化宣传更容易传播。人工智能对安全既有帮助也有危害，这取决于人类是否负责任地使用它。它增加了虚假信息以及使用生成黑客和社会工程学的网络攻击的脆弱性。

与微定位和深度伪造等人工智能技术相关的威胁很大。虚假信息已转变为一种多方面的现象，包括有偏见的信息，操纵、宣传和影响政治行为的意图。例如，在 2019 年新冠病毒大流行期间，虚假信息和信息误导的传播一直是一大挑战。人工智能可以影响舆论，左右选举。它还可以生成虚假的音频/视频内容，会损害声誉，制造混乱。国家和非国家行为者正在将这些能力武器化，用于破坏声誉和制造混乱。政党、政府、犯罪集团甚至法律系统都可以利用人工智能发起诉讼和/或榨取钱财。

这很可能会在各个领域产生深远影响。很大一部分互联网用户可能会在不访问外部网站的情况下获得所需的信息。还有一种危险的情况是，大公司有可能成为信息的守门人，控制公众舆论，从而能限制某些行为或观点。

谨慎的管理和数字素养对于建立复原力至关重要。虽然没有单一的解决方案，但促进负责任的人工智能发展的集体努力可以帮助民主社会应对新出现的威胁。

再谈谈规章制度吧！

10.3.2　法规和实施挑战

以负责任的方式发挥生成式人工智能的潜力，需要解决一系列实际的法律、伦理和监管问题。

- **法律**：对于人工智能生成的内容，版权法仍然模糊不清。输出归谁拥有——模型创建者、训练数据贡献者还是最终用户？在训练中复制受版权保护的数据也会引发合理使用的争论，需要加以澄清。
- **数据保护**：收集、处理和存储训练高级模型所需的海量数据集会带来数据隐私和安全风险。确保同意、匿名和安全访问的管理模型至关重要。

- **监督和法规**：要求对先进的人工智能系统进行监督的呼声越来越高，以确保人工智能系统非歧视、准确性和问责制。然而，我们需要的是平衡创新与风险的灵活政策，而不是繁琐的官僚主义。
- **伦理**：指导开发实现有益成果的框架不可或缺。通过注重透明度、可解释性和人类监督的设计实践来整合伦理道德，有助于建立信任。

除此之外，人们对算法透明度的要求越来越高。这意味着，科技公司和开发人员应披露其系统的源代码和内部运作。然而，这些公司和开发者却在抵制，他们认为披露专有信息会损害他们的竞争优势。开源模式将继续蓬勃发展，欧盟和其他国家的地方立法也将推动人工智能的透明使用。

人工智能偏见的后果包括人工智能系统做出的带有偏见的决策可能对个人或群体造成伤害。将伦理训练纳入计算机科学课程有助于减少人工智能代码中的偏见。通过教导开发人员构建设计符合道德规范的应用程序，可以最大限度地降低代码中嵌入偏见的可能性。为了走在正确的道路上，企业需要优先考虑透明度、问责制和防范措施，以防止人工智能系统中出现偏见。

防止人工智能偏见是许多组织的长期优先事项；然而，如果没有立法推动，可能需要一段时间才能引入。例如，欧盟国家的地方立法，如欧盟委员会关于人工智能监管统一规则的提案，将推动更合乎道德地使用语言和图像。

德国现行的一项关于假新闻的法律规定或《网络执行法》(Netzwerkdurchsetzungsgesetz 或 NetzDG)，平台必须在 24 小时内删除假新闻和仇恨言论，不管是对于大型和小型平台来说，这都是不切实际的。此外，小型平台的资源有限，要它们对所有内容进行监管也不现实。此外，网络平台不应全权决定什么是事实，因为这可能导致过度审查。需要制定更细致的政策，在言论自由、问责制和各种技术平台遵守的可行性之间取得平衡。仅仅依靠私营公司来监管网络内容，会让人们担心缺乏监督和正当程序。在政府、公民社会、学术界和产业界之间进行更广泛的合作，可以制定更有效的框架，在保护权利的同时打击虚假信息。

为了实现利益最大化，公司需要确保发展过程中的人为监督、多样性和透明度。政策制定者可能需要设置防护措施，防止滥用，同时为工人提供支持，以适应活动的变化。通过负责任的实施，生成式人工智能可以推动增长、创造力和可得性，从而建设一个更加繁荣的社会。尽早解决潜在风险，确保公平分配旨在服务于公共福利的利益，将培养利益相关者之间的信任感。例如：

- **进步的动力**——微调转型步调对于避免一切不良后果至关重要。此外，发展过于缓慢可能会扼杀创新，这表明通过广泛的公共讨论来确定理想的步调至关重要。
- **人类与人工智能的共生**——更有利的系统并不追求完全的自动化，而是将人类的创造力与人工智能的生产效率相融合、相辅相成。这种混合模式将确保最佳监督。

- **促进获取和包容**——公平获取与人工智能有关的资源、相关教育和无数机会，是消除差距扩大的关键。应优先考虑代表性和多样性。
- **预防措施和风险管理**——要避免未来的危险，就必须通过跨学科的洞察力不断评估新出现的能力。然而，过度的担忧不应阻碍潜在的进步。
- **坚持民主准则**——在确定人工智能的未来发展方向时，合作讨论、共同努力和达成妥协无疑会被证明比单独实体单方面颁布法令更具建设性。公众利益必须放在首位。

10.4 未来之路

即将到来的生成式人工智能时代带来了机遇和挑战。最近的突破凸显了在精准度、推理能力和可控性方面的进步，但偏见依然存在。虽然超级智能人工智能即将到来的宏大说法似乎有些夸张，但预计会取得重大进展。

像 ChatGPT 这样的生成式模型通常像黑箱一样，限制了透明度和可解释性。人们仍然担心不完善的训练数据会产生偏差。这些模型需要大量的计算资源，但趋势正在改变这一点。人工智能可以使技能民主化，让业余爱好者也能制作出专业品质的作品，以更快、更便宜的产出使企业受益。然而，这也引发了对失业、虚假信息、剽窃和冒名顶替的担忧。人工智能生成的深度伪造威胁着人们的信任，并可能被恶意行为者利用。生成式人工智能的快速发展激起了人们对工作岗位流失和经济鸿沟的不安，对认知工作类别造成了影响。

展望未来几十年，最严峻的挑战可能是伦理问题。随着人工智能被赋予更重要的决策权，与人类价值观保持一致变得至关重要。虽然未来的能力仍不确定，但积极主动的管理和民主化的使用对于引导这些技术实现公平、有益的结果至关重要。研究人员、政策制定者和民间社会围绕透明度、问责制和伦理等问题开展合作，有助于使新兴创新与人类的共同价值观保持一致。我们的目标应该是增强人类的潜能，而不仅仅是技术进步。